教师教育系列教材

网络教育概论

黎 军 主 编

胡晓玲 吴全洲 副主编

清华大学出版社

北 京

内 容 简 介

本书在总结我国网络教育的理论与实践的基础上,对网络教育的基本概念、基本理论、技术实现等内容做了全新的阐述。全书分为上、下两篇共 11 章。上篇(第 1 章至第 6 章)从理论层面整体阐述了网络教育的概念、发展以及网络教与学、网络评价和网络教育的法律法规问题等。下篇(第 7 章至第 11 章)探讨了网络教育的技术实现问题,主要包括网络教育的资源、平台以及技术应用等。

本书可作为高等学校教育技术或远程教育专业教材,也可供网络教育工作者和广大教师阅读、参考。

图书在版编目(CIP)数据

网络教育概论/黎军主编;胡晓玲,吴全洲副主编. --北京:清华大学出版社,2011.2
(教师教育系列教材)
ISBN 978-7-302-24240-6

Ⅰ. ①网… Ⅱ. ①黎… ②胡… ③吴… Ⅲ. ①计算机网络—应用—教育—师资培训—教材 Ⅳ. ①G434

中国版本图书馆 CIP 数据核字(2010)第 230679 号

责任编辑:孙兴芳 郑期彤
装帧设计:山鹰工作室
责任校对:王 晖
责任印制:孟凡玉
出版发行:清华大学出版社　　　　　　　　地　　　址:北京清华大学学研大厦 A 座
　　　　　http://www.tup.com.cn　　　　　邮　　编:100084
　　　　　社　总　机:010-62770175　　　　邮　　购:010-62786544
　　　　　投稿与读者服务:010-62776969,c-service@tup.tsinghua.edu.cn
　　　　　质　量　反　馈:010-62772015,zhiliang@tup.tsinghua.edu.cn
印　刷　者:北京富博印刷有限公司
装　订　者:北京市密云县京文制本装订厂
经　　销:全国新华书店
开　　本:185×260　印　张:17.25　字　数:410 千字
版　　次:2011 年 2 月第 1 版　　印　　次:2011 年 2 月第 1 次印刷
印　　数:1~4000
定　　价:28.00 元

产品编号:035396-01

编　委　会

主　编：黎　军

副主编：胡晓玲　吴全洲

委　员：黎　军　胡晓玲　黎占兴

　　　　吴全洲　王晓玲　柳春艳

前　言

　　网络教育是一种具有自我教化功能的特殊教育形式，它体现了"以学习者为中心"的教育理念和"服务于学生"的管理模式。它客观上能够实现教育的公正，为每一个人提供公平接受教育的机会，为人类教育的理想化实现创造一个新的视点。但网络教育是一个新的事物，没有多少经验可以借鉴，而理论的研究更是空白。因此，加强对网络教育的研究，推进网络教育的实践工作是十分必要的，也是很有意义的。

　　本书主要从理论与实践、原理与技术等视角对网络教育进行了全面梳理，并在借鉴教育技术学以及远程教育学的理论体系之上进一步规范了网络教育理论体系，同时对网络教育的实践进行了逐层阐述与分析。

　　本书编写的指导思想：①力求对网络教育的基本概念、基本理论、技术和方法等做出全面、系统的阐释；②力求确立网络教育学的理论体系，为构建规范的网络教育学理论体系而努力；③考虑学习者的学习需求，达到为学习者服务的目的。

　　本书分为上、下两篇，共 11 章。上篇包括 6 章，分别涉及网络教育概述、网络教育中的教、网络教育中的学、网络教育的评价、网络教育的法律规范与社会管理以及网络教育的效益等。下篇包括 5 章，分别涉及网络教育的技术基础、网络教育资源、网络教育的平台建设、网络教育应用以及网络教育未来展望。

　　本书可作为高等学校教育技术或远程教育专业教材，并可供网络教育工作者和广大教师阅读、参考。本书由黎军任主编，胡晓玲、吴全洲任副主编，各章编写分工为：第一至三章由胡晓玲撰写，第四、五章由吴全洲撰写，第六、七章由魏占兴撰写，第九、十章由王晓玲撰写，第八、十一章由柳春艳撰写。全书由黎军统稿。

　　本书在编写过程中，参考、引用了许多国内外有关文献资料，在此向作者深致谢意。

　　本书的出版得到了清华大学出版社的大力支持，我们深表感谢。

编　者

目　　录

第一章　网络教育概述

本章学习目标

➤ 网络教育的界定
➤ 网络教育的起源
➤ 网络教育的发展
➤ 网络教育学的学科体系

核心概念

网络教育(Internet Education); 起源(Originate); 发展(Developing); 学科体系(Disciplinary System)

引导案例

北京大学 MBA 网络远程教育的实施案例

2000 年北京大学光华管理学院利用双威通讯网络公司提供的基于卫星的宽频多媒体教育平台，推出了基于卫星、宽带多媒体 MBA 管理课程，帮助企业管理人员进行 MBA 在职培训，让地处边远山区的用户也能享受到与名校学生相同的教育服务。

针对远程教学应用本身所表现出很强的交互性和信息流的不对称性，双威网络卫星远程教学系统在教师和学生的应用终端使用了具有很强的交互性的应用系统，在信息流的传输上使用了稳定的、具有连续广播能力的、传输速度不受调制解调器限制的卫星直播网络。该直播网络基于美国休斯网络系统公司开发的 DirecPC 技术。对用户来说，可直接接收到同步传输的北大 MBA 教室的教学实况及相关教学课件，在需要时，还可与 MBA 教师进行语音交流，真正体验到宽带网络所提供的实时的清晰影像、悦耳声音以及缤纷图片。

内地为了保证教学质量，光华管理学院选择著名专家和优秀教师任教，并利用先进的传输手段，采取面对面的讨论、答疑、辅导和严格的考试等方式，收到了非常好的效果。

有人认为：坐在北京大学光华管理学院的 EMBA 学生，不一定比教室外的学习者有更大的优势，因为这个学院的教学内容已经通过卫星和互联网"原汁原味"地发送到了遍布全国各地的"远端教室"。

案例分析

此案例是我们认识网络远程教育的一个典型案例。北京大学针对网络远程教学应用本身所表现出来的很强的交互性和信息流的不对称性开展MBA课程,利用双威网络卫星网络远程教学系统在教师和学生的应用终端使用了具有很强的交互性的应用系统,在信息流的传输上使用了稳定的、具有连续广播能力的、传输速度不受调制解调器限制的卫星直播网络。使用户可以真正体验到宽带网络所提供的实时的清晰影像、悦耳声音以及缤纷图片,取得了很好的教学效果和经济效益。

资料来源: http://class.htu.cn/jxxtsj/anli/anli_ycjy12.htm

第一节　网络教育的界定

一、何谓网络教育

要认识网络教育,就必须从网络说起。对于网络的界定,曼纽尔·卡斯特有一个形象的表述:网络是一组相互连接的节点(Nodes)。节点是曲线与自身相交之处。具体来说,什么是节点要根据我们所谈的具体网络种类而定。这里所指的网络当然是为了传递信息来实现教育目的的、遍布全球的、以计算机为节点连接起来形成的教育网络环境。

计算机网络的构想,是美国20世纪60年代对分布式通信研究的结果。1964年8月,美国兰德公司公布了一篇有关分布式通信的研究报告,首次使用了计算机网络的概念。为了在战争中确保通信的畅通,有必要建立一个类似于蜘蛛网(Web)的通信系统,这个系统在某个交换节点遭到破坏的情况下,能够自动寻找其他途径,完成通信的自动、快捷修复;同时,能够同步传达指挥中心的命令,即可以共享通信的信息资源。为此,美国军方大力推进计算机网络研究,许多学术部门和研究机构都加入进来,到20世纪60年代末,计算机网络已成为美国社会最流行的概念之一,被描述为:各节点的计算机必须具备独立的功能,实现资源(文件、数据和打印机等)共享。

计算机网络就是把分布在不同地点、具有独立功能的多台计算机通过外接线路和设备,利用网络系统软件,按照网络协议进行通信,实现网络数据资源共享的环境系统。最简单的网络就是两台计算机互连,而复杂的计算机网络则是将全世界的计算机连在一起。计算机网络的主要特点是互连性、共享性、高效性和经济性。网络的组成主要包括负责数据处理的计算机(终端)和负责数据通信的通信控制处理机及通信线路,即网络系统是由通信子网和资源子网两个子网组成的;而网络软件系统和网络硬件系统是网络系统赖以存在的基础。网络软件主要包括:①网络协议和协议软件;②网络通信软件;③网络操作系统;④网络管理软件;⑤网络应用软件。网络硬件主要包括:①线路控制器;②通信控制器;③通信处理机;④前端处理机;⑤集线器;⑥主机;⑦终端。

以连接距离和规模为标准来划分，网络一般分为局域网(LAN)和广域网(WAN)。局域网是一种在小范围内实现的计算机网络，一般是在一个组织或部门所属区域内，通过自己所拥有的电缆线将计算机连接起来，按照内部规定，实现本组织或部门内部的数据资源共享的系统环境，并拥有该网络的隶属权。局域网适用于一些局部的、地理位置相近的场所，其包含的计算机数量比较有限。譬如，网络教育的校园系统主要是由局域网构成。而广域网是指通过公用的无线电通信设备、微波通信线路、光纤通信线路和卫星通信线路等通信服务设施，将各地难以计数的计算机连接起来，按照网络协议进行通信，实现数据资源共享的系统环境。广域网可以不受地域和计算机数量的限制，可实现更广泛的数据资源共享。(通过 Internet 或万维网实现的网络教育则属于广域网的范畴。)按网络拓扑结构，可以把网络分为星型网络、树型网络、总线型网络、环型网络和网状网络。这是按照网络电缆构成的几何形状所表示的网络服务器、工作站的网络配置和互相之间的连接。网络的功能：实现计算机与终端、计算机与计算机间的数据传输通信；计算机彼此之间可以实现资源共享；分布在很远位置的用户可以互相传输数据信息，互相交流，协同工作的远程传输；提高工作效率，增加经济效益的集中管理；可以实现许多小题目，由不同的计算机分别完成，然后再集中起来，解决问题的分布式处理以及负荷均衡。这些功能在网络教育中发挥着极其广泛的作用，大大扩展了计算机系统的功能，在为用户提供方便的同时，也减少了费用。

了解了网络，对于网络教育就有了初步认识。从字面上讲，网络教育就是通过以计算机为基础的网络开展教与学的活动，以实现教育目的的一种现代化教育形式。这里所称的网络(Network)是广义上的运用。按照不同标准，对网络的定义也是不同的，但本书所称的网络主要是基于计算机的应用与连接为基础的。近些年来，网络教育已经在教育领域得到了广泛的应用和普遍认同。网络教育这一现代化教育形式已经得到了广泛的应用，特别是国外，无论是大学还是中小学都已基本实现了网络教育的学习和教学。我们国家对于网络教育也是很重视的，但由于自身发展是从国外而来，所以对于网络教育的界定没有一个统一的范型，对其名称也有不同的翻译，主要有 network education、E-Learning、network-based education、web education、web-based education 等。无论是何种网络教育形式，都离不开计算机这一技术节点。

对于网络教育的概念认识虽然还处于研究阶段，但界定已经很多，代表性的观点主要有以下几种。南国农先生提出的，"网络教育是主要通过多媒体网络和以学习者为中心的非面授教育方式"，说明了网络教育的教学方式。张杰认为，网络教育是建立在网络技术平台上，利用网络环境所进行的教育、教学活动。程智认为，所谓网络教育指的是在网络环境下，以现代教育思想和学习理论为指导，充分发挥网络的各种教育功能和丰富的网络教育资源优势，向教育者和学习者提供一种网络教和学的环境，传递数字化内容，开展以学习者为中心的非面授教育活动。还有人认为，网络教育是为推动现代远程教育工程的进展，满足高等教育大众化的需要，实现可以远距离虚拟课堂实时交互式教学的新型教育模式。它是一种以学生为主体，培养学生自主学习能力，强调素质教育，教学信息极其丰富的新型教育形式。国外的界定则多从技术层面进行分析，如 Vaughan Waller、Jim Wilson 提出的E-Learning 定义是一个将数字化传递的内容同(学习)支持和服务结合在一起而建立起来的有效学习过程。

对于以上几种观点，从不同角度进行分析可以看到网络教育的不同特点。我们认为网络教育的界定还是应当以网络为基础，根据教育的需求，从现代技术的发展变化趋势进行整合分析。因此，在本书中，我们认为网络教育就其属性特征而言，它是一种通过技术的运用在教师与学生之间实现教学资源的转化和教学活动开展的教育形式。这种技术就是基于计算机应用的多媒体技术以及通信技术等的综合，在教与学之间通过互联网和万维网等完成教与学的交互，并辅之以多种教学媒体资源的综合运用。因此，可以说，没有网络就没有本书所称的网络教育，这是基于计算机所制作的页面(Web)以及其他形式传递知识，使用诸如 IE、网景等浏览器以及搜索引擎由 Internet 或 WWW 进行，包括使用 E-mail、会议视音频、资源的超链接技术、文字输送系统如 Word、Excel 和 Adobe Acrobat 等技术的综合运用。网络教育不仅限于校园网，还应当是可以进入 Internet 的所有网络资源的应用。从这一点上讲，网络教育要比以计算机辅助教学和在线教育(Online Education)广泛得多，它几乎包括了现代技术可以应用到网络的所有领域来获取资源的教育形式，譬如基于网络技术的移动通信所支撑的学习形式。应当说，网络教育不同于任何一种传统教育形式。作为教育者与被教育者都要学习新的技能，同时，还要跟上技术发展的脚步，并运用于网络教育中开展教育活动。

二、网络教育的特征

虽然我们侧重于运用技术传递教育资源，但教育的目的和功能都是相同的，可以说网络教育是通过网络传播的形式，运用技术手段实现教育目的，完成教育任务；它是以计算机应用为基础，以电子化学习为手段的教育活动；同时，它也是一种教与学的方法。因此，我们认为网络教育应当主要体现出以下几个特征。

1. 课程资源的预制性与技术媒体的综合化

任何教育都离不开课程资源的开发，这是教育实现的基本因素，网络教育也不例外，它是由课程学习材料的预先制作为开端的。网络教育中课程资源的预先制作是教学手段的工业化形式，它涉及教育机构及其教学人员一定量劳动力的分配，开发课程资源所需要的机器设备，电子数据的录入与传输文件格式的建立，集约化通信手段的预接等许多方面的内容，这是网络教育得以建立的基础。

多媒体技术综合利用视觉、听觉效果，形象逼真地展示教学内容，是教育网络化教学优势的重要体现。根据图形、音频、图像、动画以及电影和虚拟现实等多种形式的信息，使学生得以获得全面而真实的信息，能用最短的时间获得最大量的最接近原意的信息内涵，极大地提高了信息传递的效率。而且由于多种感觉通道的信息加工，大大减少了由语言文字带来的信息转换的认知负担。计算机技术的数字化特征，使得文本、声音、图形、图像、动画等多种教育信息可以更容易地得以处理、整合和传输，这为教师开发基于 Web 的多媒体课程提供了良好的技术条件。

2. 网络教学的交互性与个别化

课程资源制作后，需要进行传递，才能实现教育的目的。学生与教学机构及其教师之间利用计算机技术通过多种媒介的网络进行交互活动，这个因素为学生与教学机构及其教师之间的关系提供了一对一、一对多、多对多的双向及多向交互，比如通过电子邮件及电话通信等进行交互。一方面，课程资源的预先建制为网络教育奠定了基础，因为主要的教学内容都要求制作成适宜于网络浏览的格式文件上传于网络系统，或者宜于下载的文件格式；另一方面，这些课程资源也只有通过教师与学生或学生与学生之间的沟通和联系才能由资源转化为能力，因而，教学中课程资源机器可交互性就成为网络教育的基础。互联网为教师和学生提供了多种进行双向交流的服务。利用网络视频会议系统，教师可以进行正式的双向视频实时教学；利用网上谈话，教师和学生可以进行非正式的实时交谈；利用电子邮件、BBS、Usenet，教师和学生可以进行非实时的双向交流。利用这些网络交流工具，教师可以及时得到远程学生的反馈信息，从而不断优化自己的教学。对学生而言，他们不仅可以得到教师的在线辅导，还可以向有关专家进行学习咨询，与五湖四海的学习者开展合作学习。因此，实现网络教育就包括了资源库的建设与媒体传输和交互两个问题的结合。首先，学习者能够根据自己的实际，选择教育网络提供的信息序列及其所决定的教学目标和教学进度；其次，学习者按照网络的指导建议和步骤进行学习，完成计算机提供的测试和评价，并可以反复操作，直到掌握为止；最后，交互的反馈是在提示、指导、激励的过程中展开的，学习者与网络的相互作用几乎具有同等重要的地位，直接体现了教学过程的实时监控与个别化教学。

个别化体现为学生拥有根据自己的特点来安排学习的自主权。具体表现为：①由于互联网跨越时空的特点，学生可以更自由地选择教育服务机构。如果虚拟学校之间建立起学分互认和学分积累的制度，学生还可以自由地选择课程和辅导教师。②网上超链接的信息组织结构，以及数字化信息的易编辑性，使学生可以更方便地根据自己的学习进度选择学习内容以及学习内容的呈现方式。

3. 网络学习的自主性与多元化

这是指学习者有一定自觉性，能够自己确定学习目标和学习方式，可以选择教育内容，重组教学结构。也就是说学生可以根据自己的意愿决定学与不学、学什么、怎么学等，在计算机的指导与监控下掌握知识与技能，建构自己的认知体系并积极内化，实现迁移，最大程度地发挥主体性功能。参加远程学习的人们，不愿或不能参加面对面式的传统教学，希望得到网络教育提供的服务。这些学习者情况复杂，各不相同，贝特斯对此描述道："网络教育的学习者是一个目标一致而类型复杂的群体，有单独一人在家进行初级学习的学习者，有在岗工作而需要进一步培训的学习者，有工作之余为获得学历而上学的学习者，有在全日制学校上学，但又并不完全在学校上课的学习者，也有上述情况兼而有之的学习者。"网络教育使学习者对自己的学习活动保持自主和独立，对学习地点、学习时间与假期时间表的安排，甚至报到时间都可自由选择。如果提供网络教育，学习者就可以在任何时间与地点进行学习。"事实上，相当多的远程学习者都极少进行传统的、面对面的学习，而且也不受学习时间表或班级的限制。大多数网络教育机构或学校都允许学生随意开始或结束他们的学业，唯一的限制只是在于考试及其日期。学习者可以在由校方提供的学习内容中任意选择合适的课程、课程数量、时间及地点，从而锻炼他们的独立性。"与此同时，网络教育给个体学习者创造了自由学习的机会和专业及职业的培训，社会将从中获利，特别是从社会成员继续学习和终身学习、平等获得学习的机会来说，网络教育是一条重要的途径。网络教育的存在，使得以学生为中心的继续学习和终身学习与培训不仅可行，而且已经成为现实。只要网络教育机构不对学生入学进行特别要求，就没有什么因素可以限制人们对这种学习方式的需求与选择；只要网络教育课程合适，就有可能开展任何课程、任何水平阶段的远程学习。

多元化是网络的典型特征之一，教育网络传递的是以明码形式表征的信息。首先，它并不针对除技术以外任何标准划分的特定群体，即服务对象具有多元性、非确定性的特点，以统一的教学施加于学习者是不可能的。其次，教学有可能根据不同的课件开发者确定的目的进行知识的选择和加工，完成课件的设计和传播，使不同的课件体现出不同的价值取向、组织原则和结构体系。最后，学习者在网络的学习交流中具有某种跨文化的性质、不同的价值取向和社会文化背景，这必然带来多元化的冲突与调整。

4. 网络教育的开放性与民主化

网络教育具有"开放教育对象，开放教育时空，开放教学方法，开放教育观念"的特点。开放教育对象和开放教育时空，是指通过网络远程教育的方式使教育向更多的公众开放，使那些因工作繁忙、身体残疾、年龄限制、文化差异、地处偏僻的无法正常接受学校教育的群体有机会获得受教育的机会。这不仅为政府利用有限的资源扩大教育规模，提高全民文化素质提供了条件，同时也是教育民主化的需要。开放教学方法和开放教育观念，则是指网络远程教育较之常规学校教育和电化教育，不仅仅体现在媒体技术的改变上，还以先进的媒体技术为依托，改革教育观念、教育思想、教学方式和学习方式，使网络远程教育在教育质量上有质的突破。国际互联网是一个没有国界的虚拟世界，使得网络教育必须体现出开放的特征来。目前美国、英国等发达国家都已通过因特网面向全球进行远距离教学。例如，1996年底，中国6名哈工大的博士研究生在利用互联网选修了美国学校课程后，就获得了锡拉丘兹学校颁发的毕业证书。对学习者而言，网络教育的开放无疑丰富了他们的入学选择。对学校而言，它们将面对一个全球教育市场的发展机遇，同时也承受着来自全球同类机构的竞争压力。

网络教育能够真正实现教育民主化，体现了教育机会平等的理念。教育不平等主要是由受教育者的阶级属性以及地域、经济、传统观念的不平衡决定的。教育网络化最大程度地突破了时空限制，使拥有网络硬件并懂得基础操作的人不管年龄、地域、信仰、阶级、经济甚至受教育程度，都具备了平等使用网络教育资源，平等地参与到网络课堂中，得到网络上其他学习者及课件主持人(网络)的反馈的权利。特别值得一提的是，弱势群体、少数民族群体、残疾人也同样享受着教育网络的民主性，这对他们自身的发展是极为有利的。

"对网络教育来说，学习者与教学机构、学习指导者之间的相互关系，学习中的愉悦感和感悟力是学习活动的中心。感悟力与拥属感使学习者提高了学习的积极性，对他们的学习产生积极和正面的影响。这种感觉是通过学生的自主决定、学习材料的清晰方便、学习者与教学机构(指导教师)之间的平等对话以及教学管理机构灵活自由的管理来实现的。"教育是和人类的个性、希望与意愿密切相关的，网络教育对于学习者获得认知能力与认知技巧的学习、效率学习等，都能提供有效的帮助，并激发人们的认知能力，有效提高学习的效率。

总而言之，以上论述既是对网络教育特征的描述，也是一些理论推断，从中可以确定一些通用的方式与途径，有助于网络教育教与学的提高，实现网络教育的目的。

第二节　网络教育的起源

一、网络教育的产生条件——信息技术革命

网络教育的起源与信息技术革命的发展是紧密相连的。因此，我们在研究网络教育的演进过程时，就必须从信息技术革命的发展历史来认识。信息技术革命的发展变化从历史进程的角度来看是很短暂的，但这种发展给人类带来的变化却是剧烈的，它主要表现为电子工业的巨大变革，以电子学为基础的信息技术，带来了信息革命的开端。信息技术革命的科学和工业基础开始于19世纪末20世纪初，如1876年贝尔发明电话，1898年马可尼发明无线电，以及1906年福雷斯特发明真空管等，但电子学技术的重大突破则是可以处理程序的电子计算机及电晶体(Transistor)的发明，这不仅是微电子学的起源，更是20世纪信息技术革命的真正核心。20世纪70年代，随着微电子学(Microelectronics)、计算机(Computers)与电信(Telecommunications)技术的进步以及相互之间的交互聚合形式的发展，新信息技术得到了真正的广泛传播和加速发展。这三个主要技术领域不同阶段的创新，以及它们彼此紧密相关的发展，构成了以电子学为基础的信息技术革命的发展历史，也是网络教育的技术基础。

1947年，美国贝尔实验室的3位物理学家巴丁、布拉顿与夏克利发明了电晶体，使得人们能够通过阻断与扩大的两极模式来快速处理电子脉冲，从而实现了逻辑编码以及为机器内部与机器之间的沟通编码，通常称为晶片。夏克利于1951年又发明了接合电晶体，1954年美国德州仪器公司首度采用硅作为材料，开始批量生产价格低廉的半导体，随后，费尔查德半导体公司发明了平面制程，开始制造精密微细零件。1957年，德州仪器公司的工程师鲍伯·诺伊斯率先利用平面制程来制造集成电路板，这一技术手段使半导体价格从1959—1962年的短短3年间下降了85%，10年内产量增加了20倍。由于制造技术的改善，以及利用计算机，以更快和更强大的微电子装置设计出更好的晶片，使得一片集成电路的平均价格从1962年的50美元下降为1971年的1美元。

1971年，英特尔的工程师泰德·霍夫发明了微处理器，也就是附在晶片上的计算机，它可以随处增加信息处理能力。这是微电子装置应用到机器的开端。在单一晶片上容纳更

多电路的设计与制造的技术不断增多，晶片材质仍然以硅为基础。晶片的能力可以综合 3 种特性来看：集线能力，以晶片上最细的线宽来计算，单位是微米；记忆容量，以位元来度量，如千位元、百万位元；以及微处理器速度，以百万赫兹为度量单位。晶片能力的发展是相当迅速的，1971 年，最初的处理器线宽大约是 6.5 微米，1980 年是 4 微米，1987 年变成 1 微米。1995 年英特尔奔腾处理器晶片，线宽只有 0.35 微米，到 1999 年可达到 0.25 微米。因此，1971 年 2300 个电晶体可放在有如图钉大小的晶片上，1993 年同样大小的晶片上则有 3500 万个电晶体。记忆容量以动态随机存取记忆体(DRAM)的容量估算，1971 年是 1024 位元，1980 年是 6.4 万位元，1987 年是 102.4 万位元，1993 年是 1638.4 万位元，1999 年达到 2.56 亿位元。从速度上来讲，20 世纪 90 年代中期 64 位元的微处理器，要比 1972 年英特尔的第一个晶片快 550 倍。MPU 则每 18 个月快一倍。到 2002 年微电子技术加速增长，集线能力为 0.18 微米的晶片，DRAM 容量是 1024 百万位元，微处理器的速度则是 50 亿赫兹(1993 年为 15 亿赫兹)。

与利用多重微处理器(包括将多重微处理器结合在单一晶片上)的平行处理方法的发展结合起来看，微电子装置的能力依然是可以释放的，因而计算机的处理能力将不断提高，这已被计算机发展的现实一次一次地证明。更精密化、更专业化，以及功能强大而价格下降的晶片，让我们能够在日常生活的几乎所有机器里都装设这些晶片，从洗碗机、微波炉到汽车，微电子组件已经比钢铁架构的机器还要值钱。

与此同时，计算机的发明也始于"二战"以后，1946 年，莫希利与艾科特在费城生产了第一部通用计算机，称为"电子数值积分器与计算机"，这部电子计算机重达 30 吨，由 9 英尺高的金属模组构成，有 7 万个电阻和 1.8 万个真空管，有体育场那么大。国际商用机器公司依赖麻省理工学院的研究，于 1953 年制造了以 701 个真空管组成的计算机。而微电子学的发展又带动计算机发生了巨大变化。1971 年出现的微处理器能将一部计算机放在一个晶片上。1975 年工程师艾德·罗伯茨在新墨西哥州开了一家小型计算机公司 MITS，他制作了一种计算机盒子，取名阿泰尔，这台机器是部原始产品，却是以微处理器为核心制造出来的小型计算机。这便是苹果一号及苹果二号的设计基础，后者也是首部商品化的微计算机，由硅谷两个辍学的小伙子斯蒂夫·沃兹尼克和斯蒂夫·杰伯斯在车库里发展出来的。苹果公司于 1976 年由 3 个合伙人集资 9.1 万美元创办，到 1982 年销售额已达 5.83 亿美元，开创了计算机发展的商业化时代。IBM 在 1981 年也发展出自己的微计算机，称为"个人计算机"(Personal Computer，PC)，从而成为微计算机的专属名词。苹果公司于 1984 年发明的 Macintosh，使计算机走向友好界面，引进了以图形为基础、使用者界面等技术。

微计算机发展的基本条件，在于能够配合需要而开发出新的软件。个人计算机软件也是 20 世纪 70 年代中期从阿泰尔计算机中发展出来的。1976 年，哈佛大学的比尔·盖茨与保罗·阿伦利用 BASIC 语言来操作阿泰尔计算机。由于认识到软件的潜力，他们创立了微软公司(Microsoft)，成为当今的软件巨人。

20 世纪 80 年代，晶片功能的日渐增强大幅度提高了微计算机运算的能力。到了 20 世纪 90 年代早期，单一晶片的微计算机便已具有 5 年前 IBM 公司计算机的处理能力。90 年代中期，微计算机在网络的应用日益兴盛，以手提便携式计算机为基础，拥有更强的移动能力，借助电子网络来增加记忆体和处理资料的计算机功能，由中央式的资料储存和处理，彻底转变为网络化、互动式的计算机功能共享。不仅整个技术系统改变了，社会与组织的互动也改变了。因此，处理信息的平均成本从 1960 年每操作 100 万次需要 75 美元，到 1990 年降为一美分的 1%以下。

而通信技术则从 20 世纪 70 年代由于"节点"技术(电子交换器和路由器)与新连接方式(传输技术)的结合而发生了革命性的变化。第一个工业化生产的电子交换器是贝尔实验室 1969 年发展出来的。20 世纪 70 年代中期，集成电路技术的进步使得数位式交换器较之类比式装置，无论在速度、功能或弹性上都有所增加，而且更省空间、能量和劳动力。光电方面(光纤与激光传输)与数码封包传输技术的进步，大幅度扩展了传输线路的容量。20 世纪 90 年代提出的"宽带"技术经由光纤便可以传输上千兆位元，而 70 年代提出的"数码网络" ISDN 使用铜线的传输容量大约为 14.4 万位元。1956 年最早的横越大西洋电话电缆可以传送 50 个经过压缩的声音回路；1995 年光纤则可以传输 8.5 万个这种回路。这种以光电为基础的传输能力，加上先进的交换器与路由器的构造，如"非同步传输模式"以及"传输控制协定"、"相互连接协定"构成了网络存在的基础。无线电波段的各种运用(传统的广播、卫星直播、微波传送、数码式行动电话)，以及同轴电缆和光纤，为传输技术提供了多样性与可变动性，适用于各种用途，并且为移动中的使用者提供无处不在的通信，使得移动电话遍布世界。到 2000 年，遍及全球的个人通信设备技术已经成熟，每个特定技术领域的突破都扩大了相关信息技术的效应。所有这些电子技术在互动通信领域的汇聚结合，导致了网络的建构，而网络是信息时代最具革命性的技术媒介。

我们从网络技术历史发展的角度可以看出，新微电子装置与计算机处理能力的进步，以及与电信技术的结合，使得网络化能力成为可能，而且这种变化非常清楚地呈现出信息技术革命的综合性特征来。因此，当我们考虑网络教育的发展和变化时，就要以联系的观点来认识网络教育这种综合性的整合是非常重要的。网络教育就是从这种技术变化和整合的过程中产生并发展起来的，是这些技术成就在教育中经过整合、发展的综合利用，没有这些技术基础，网络教育就无从谈起。可以说，信息技术革命给网络教育带来的变革是相当深刻的。

二、网络教育的发展基础——互联网的建立

互联网是计算机技术在军事领域、科研机构、科技产业以及计算机文化变迁的结晶。互联网是由美国国防部先进研究计划局(ARPA)所执行的一项战略工作引发的，由兰德公司的保罗·巴兰提出，力图设计出不易被核弹攻击摧毁的通信系统，以封包交换通信技术为基础，这个系统使网络可以独立于指挥与控制中心而运作，所以信息单位会沿着网络寻找自己的路径，而在网络上的任何一点重新组合成有意义的信息。后来，数码技术允许所有信息，包括声音、影像与资料，都可以采用封包方式传输，形成一个不需要控制中心就可以在所有节点间相互沟通的网络。数码语言的普及性与沟通系统的纯粹网络逻辑，创造了进行水平式全球沟通的技术条件。

第一个计算机网络于 1969 年 9 月 1 日上线，称为"先进研究计划局网络"(ARPANET，奥普网络)，刚开始的 4 个节点设置在加州大学洛杉矶校区、斯坦福研究所、加州大学圣塔芭芭拉校区及犹他大学，主要供美国国防部合作的研究中心使用，科学家主要用于科学研究，而在此过程中，他们也利用这一网络进行沟通，使得不同学科的科学家都可以连接上网。1983 年，ARPANET 成为专属科学用途的网络，而 MILNET 则直接与军事应用有关。20 世纪 80 年代美国国家科学基金会创造了以科学交流为目的的网络，称为 CSNET，并且与 IBM 合作设立了另一个供非科学界学者使用的网络，称为"比特网"(BITNET)。所有这些网络都以 ARPANET 作为通信系统骨干。20 世纪 80 年代成立的网络之间的网络称为 ARPA-Internet，之后称为互联网(Internet)，由美国国防部资助设立，由国家科学基金会控制。ARPANET 经过 20 年服务之后，由于技术过时，于 1990 年 2 月 28 日关闭。之后由国家科学基金会运作的 NSFNET 接手成为互联网的骨干。然而商业压力、私人企业网络的成长，以及非盈利、以合作为目的的网络的出现，导致这个最后由政府运作的网络骨干在 1995 年 4 月关闭，开启了互联网全面的私有化。互联网私有化之后，由于没有任何实际的监督机构，只有几个在互联网发展过程里特意创设的制度和机制，承担了协调技术结构的非官方责任，同时在设定网址方面担任中介协定的角色。1992 年 1 月，在国家科学基金会的倡议下，一个非营利组织——互联网协会被赋予责任监管先前存在的协调组织，即互联网活动委员会与互联网工程任务组织的协调任务。在国际上，主要的协调功能是分配全球网域位址的多边协定。

网络若要在通信容量上以指数速度增长，传输技术也必须有所提高。20 世纪 70 年代，ARPANET 使用的是每秒 5.6 万位元的连接速度，到了 1987 年，网络连线每秒可以传输 150 万位元，1992 年操作的传输速度是每秒 4500 万位元，每秒足以传输 5000 页资料。1995 年，10 亿位元的传输技术已经进入原型阶段，它的容量相当于在一分钟内传输美国国会图书馆的所有资料。然而，传输容量并不足以建立起全球的沟通网，计算机之间必须能够彼此对话。1973 年，美国国防部先进研究计划局的计算机科学家文顿·塞夫和罗伯特·科恩，设计了互联网的基本架构，奠基于科恩在他的研究公司 BBN 所做的制定通信协定的成果。他们在斯坦福召开了一项会议，由国防部先进研究计划局及几所大学、研究中心的研究者共同参与，成员包括罗伯特·梅特卡夫，他研究的是封包通信技术，这项技术后来导致区域网络 LAN 的出现。技术合作也纳入了几个欧洲团体，特别是参与塞克雷计划的法国研究人员。以斯坦福的会议为基础，塞夫、梅特卡夫与来自塞克雷计划的杰拉德、莱兰设定了可以容纳不同研究人员与各种目前既有网络需求的传输控制协定(TCP)。1978 年，塞夫与加州大学洛杉矶校区的波斯特尔，以及南加大的科亨将这个协定分为两部分：主机到主机的传输控制协定(TCP)，以及网络之间的协定(IP)。从 1980 年起，TCP/IP 协定成为美国计算机通信的标准。它的弹性容许计算机网络之间采取多层次的连接结构，显示它拥有适应不同通信系统与不同编码方式的能力。20 世纪 80 年代的电信传输业者，特别是在欧洲，采取了另一种通信协定(X.25)作为国际标准，整个世界很有可能被分割为不能相互沟通的计算机网络。但是由于 TCP/IP 具有容纳多样性的能力，最后成为普遍采用的模式。经由一些调整，TCP/IP 被接受为计算机通信协定的共同标准。此后，计算机可以为在网络上高速传输的封包资料编码和解码。还需要有另一项技术会合，才能让计算机彼此沟通：让 TCP/IP 能够与 UNIX 系统相容，这是让计算机与计算机之间可以互相读取资料的作业系统。UNIX 系统于 1969 年由贝尔实验室发明，但直到 1983 年以后，伯克利的研究人员(仍然由美国国防部先进研究计划局资助)使 TCP/IP 协定与之相容后，才被广泛使用。由于新版的 UNIX 是由公共基金资助，这项软件只需支付分送成本便能够使用。随着地区网络及区域网络彼此的连接，网络化的规模逐渐庞大，并且开始扩散到任何有电话线和配备价格不高的数据机的计算机的地方。

互联网发展涉及军事领域、科学研究、商业机构与个人应用的所有成果，许多互联网上的应用都是从早期使用者未曾预期的发明发展而来的，包括后来成为互联网基本特征的使用和技术发展轨迹。互联网的建立为信息的传播打开了新的一页，人们很快认识到网络连接的重要性，而进行进一步沟通则需要完善网络的通信技术，这样才能实现人与人之间的联系以及资源的充分利用，这就要求网络对于实用的技术进行新的发展和整合，这也为网络教育的实现以及变革带来了新的契机。

三、网络教育的传播通道——万维网的出现

在早期阶段，计算机连接的理由是为了通过远距计算来分摊计算时间，这样就可以将分散各处的计算机资源在线上完全有效地利用。然而，大多数使用者并不是真的需要这么强的计算机功能，或者还没有准备好根据沟通的需要重新设计他们的系统。开始只是为了便于联系，人们就从以前通信的方式为起点开发了网络使用者之间的电子邮件功能，它也是目前全世界计算机沟通中最具有普遍用途的功能，由 BBN 公司的雷•汤林森发明。

个人计算机使用的数据机是两位芝加哥的学生沃德•克利斯坦森和伦蒂•苏斯在 1978 年发明的，当时他们想发明可以经由电话线传递微计算机程式的系统，以避免冬季时在芝加哥彼此相距遥远的两地间往返。1979 年他们把 x 数据机协定传播出去，容许计算机之间不经过主机系统而直接传送档案。他们传播这个技术时并未要求付费，因为他们的目的是让沟通能力传播得越广越好，人们可以开始自行彼此沟通的方法。1979 年有 3 位学生，分别来自被排除在 ARPANET 之外的杜克大学和北卡罗莱纳大学，创作了修正版的 UNIX 协定，让计算机可以通过一般电话线彼此连接。他们利用这个版本创办一个线上的计算机论坛"使用者网络"，很快便成为第一个大规模的电子交谈系统之一。1983 年，汤姆•詹宁斯设计了在个人计算机上可以张贴布告栏的系统，只要加装一台数据机和特殊软件，就可以让其他计算机与配备这项界面技术的个人计算机连线，这就是最具原创性与初始性的网络之一 Fidonet 的起源，1990 年在美国便连接了 2500 台计算机。因为 Fidonet 网络具有便宜、开放与合作的特性，它在全世界的贫穷国家特别成功，尤其是在反文化群体——骇客之间，直到它出现技术上的限制，加以互联网的发展，使得大部分的使用者进入共享的全球信息网(World Wide Web)。

个人计算机与网络沟通能力的出现，刺激了电子布告板系统(BBS)的发展。电子布告栏系统不需要复杂的计算机网络，只需要接入计算机、数据机和电话线。因此，电子布告栏

成为各种兴趣的电子公告栏，创造了所谓"虚拟社区"。20世纪80年代晚期，数百万计算机使用者利用计算机通过原先不属于互联网的合作或商业网络，从事"计算机中介的沟通"。通常这些网络使用的协定原本不相容，所以他们使用互联网的协定，这项转变使得这些网络在20世纪90年代后整合进入互联网，造成互联网本身的扩张。

20世纪90年代，全球信息网(WWW)这项新技术的发展，使互联网扩散进入社会的主流，它是一种实用的设计，依照信息而非位址来组织网站的内容，然后提供使用者方便的搜寻系统，来标定他们想要的信息。全球信息网是欧洲核子研究中心以伯纳斯·李及罗伯特·加里奥为首的一群研究人员于1990年发明的。他们根据泰德·尼尔森1974年发表的小册子《电脑图书馆》里所描述的"所有人获取与运用计算机的能力来为自己做事"的想象，组织一种信息的新系统。他称之为"超文本"(Hypertext)的水平式的信息沟通。于是，伯纳斯·李和他的同事添加了取自多媒体世界的新技术，来为其应用提供视听语言，创造了超文本文件的格式，称为"超文件标记语言"(HTML)，依据互联网的弹性传统来设计，所以不同的计算机可以在这种共享格式下调整其特有的语言，将这种格式加在TCP/IP协定上。计算机也可以设定一项"超文件传输协定"(HTTP)来引导网络浏览器(Web Brower)与网络服务器(Web Server)之间的沟通，他们也创造了一种标准的网址格式，称为"通用资源识别码"(URL)，将应用协定的信息与掌握所需信息的计算机位址(HTTP)结合在一起，还可以和各种不同传输协定相连，因而促成了一般界面的网站的建立。首批网站由全世界主要的科学研究中心建立，其中之一是伊利诺伊大学的国家超级计算机应用中心，1992年，马克·安德森为了好玩，替网络添加了一些图像，从而产生了为个人计算机设计的"马赛克"(Mosaic)网络浏览器。1993年11月，马克·安德森和埃里克·宾纳将"马赛克"免费张贴在NCSA的网站上，到了1994年春天，已经有几百万份拷贝正在使用。硅谷绘图公司的企业家吉姆·克拉克，与安德森的团队接触，共同创立了另一家公司"网景"(Netscape)。这家公司制作了第一个可靠的互联网浏览器和网景领航者(Netscape Navigator)，并且予以商品化，于1994年10月发表。万维网(World Wide Web)在新的浏览器，或是搜寻引擎的带动下迅速发展成长起来。这样，教育的网络传播问题得到了解决。但是，要实现网络教育，资源的存储还需要进一步转化和传递，这就涉及网络技术与普遍存在的计算机运算问题以及与此相连的信息传输能力。

四、网络教育的实现——技术的综合应用与整合

网络教育的发展是通信和计算机等技术的综合应用的结果。在ARPANET出现以后，人们就很快注意到网络广泛的应用价值，包括用于学术和教学活动。实际上，网络最初大多是在科研机构和院校所使用，因此，研究人员所发明的多数技术都是出于教育科研的目的，例如1970年开始使用的电子邮件，以及资源的共享，如FTP的文件传输等。1983年由美国各大学所运行的国内网络已经基本上代替了ARPANET，这一时期美国和欧洲各大学的联系大大增加了。1984年，英国建立了JANET(the Joint Academic Network)来规范互联网在学术团体中的使用，同时在美国也出现了类似的组织，如CREN。最初，网络仅限于大学

和有关组织以及研究机构，属于非商业性的，而且进入网络也要受到严格的限制，一般只有较复杂的 UNIX 的计算机终端才能使用。在 80 年代以后，随着 IBM 的 PC 提供了更为简化的操作技术，以及微软和苹果操作系统使用鼠标后，人们无论在家中还是工作场所都能够很方便地使用网络，这使得网络应用迅速增长起来。对于网络教育而言，早期的互联网中的一些技术是非常重要而且仍有许多现在继续在使用，如电子邮件 E-mail、BBS、Newsgroups、FTP&Archie、Gopher&Veronica、Telnet 等。而网络教育的真正开始应当说是伯纳斯·李在大约 1989—1993 年之间的构想和发明万维网。伯纳斯·李曾在日内瓦的 CERN(European Organization for Nuclear Research，欧洲粒子物理研究所)为系统开发人员负责开发电子信息系统。万维网的开发使不同地方的信息使用者都能够自主更新文件，并允许文件进行简单的联系。伯纳斯·李系统的主要基础就是"页面浏览器"，它可以应用到任何网络，在 CERN 的网络中页面可以显示几乎所有的信息内容。最重要的是，页面浏览器不仅用于已有的网络中，而且几乎可以用于整个 Internet。页面浏览器显示出来的网页既可以是简单的文本文件，也包括许多标签(Tags)，它可以让网页浏览器准确地显示出独立的文档。用这种方法，文档就能被定制显示出来，这一文本就是超文本或 HTML，用于早期的出版业格式中。在 HTML 中包括的另一个功能就是能够建立文件与文件之间的连接。以前的系统依赖于功能菜单，而伯纳斯·李则开发了在实际文本中运用单词或词组进行连接的独特方法，他说这种电子文件包含了超文本的链接以及它们自身之间存在的超链接。这种超链接包括了地址 address 和标记 label。此外，页面系统的另一个功能是，它能够让使用者更新和管理自己的网页，以便让他们自己处理文档。其他的支持技术也在早期的页面系统中出现，如地址导航 URL。

伯纳斯·李的页面浏览器在因特网中迅速传播开来，最早的页面浏览器是在 UNIX 系统中操作，后来在 PC 中广泛使用起来。早期最流行的页面浏览器是 Mosaic，它是 Marc Andreessen 在 1993 年开发的。1990 年伯纳斯·李把页面浏览器加进了万维网，到 1995 年已经广泛使用起来。

教育和研究机构很快就把网页作为在线文档出版的简易方法来使用，页面不仅可以进行基本的文件传输，还可以进行文件格式的使用，如文字处理、数据库和其他应用。在网络的最初阶段，教育工作者和研究人员只能通过专业技术人员的帮助才能传送 HTML 文本页面文件，因为这需要 HTML 的知识。很快，软件开发商就想到了利用文字处理系统，这样，对普通用户来讲非常便捷，不需要利用 HTML 进行编辑。早期的 HTML 编辑器是微软操作系统的 FrontPage Express 和网景公司的 Netscape Composer。

像早期的因特网一样，迅速发展起来的万维网仍然只限于大学、研究机构和类似的组织使用，随着费用的下降和计算机的广泛使用，以及微软操作系统的推动，万维网很快就进入到家庭。家庭用户使用万维网的增长不仅刺激了因特网的商业化发展趋势，而且对学生和教师来讲开辟了一个从远程进入教育资源的新途径。高级页面技术如 Java、Javascript、ASP 的出现逐渐代替了传统的 HTML 文件，这样页面浏览器也就可以让使用者进行更多的交互，教师和学生也就能够通过共享文件和短信的实时聊天系统进行交流。现代页面技术让网络教育系统有了更大的扩展，并且成为万维网上最丰富的特点流行起来。随着技术的进步，页面不仅传递文本、短信等，还综合了早期开发的诸如 BBS、电子邮件等技术，新近又加入了音频、视频技术，从而形成了一个比较全面、开放、完善的网络系统，而这一系统又综合了通信技术以及移动通信功能，这样，也为教育的传播带来了新的发展前景。

20 世纪 90 年代晚期，互联网的沟通能力随着电信与计算机运算的结合，引致了从分散化、孤立的微计算机与大型计算机，到经由相互连接的信息处理设备来普遍利用计算机运算能力的重大技术变革。在这个新技术系统中，计算机的运算能力分散在以使用共同互联网协定的网络服务器为核心的沟通网络里，并且能够链接上巨型计算机服务器，而这种服务器通常区分为资料库服务器与应用服务器。使用者可以通过遍布生活的一切领域里各式各样单一用途、专门化的设备来连接到网络，包括家中、工作地点、购物和娱乐场所、交通工具以及设备。这些设备有许多可以携带，无须自有作业系统便可以彼此沟通。如此一来，计算机运算能力、应用软件和资料都被储存在网络的服务器中，运算的智能就安置在网络里；网站彼此沟通，拥有必要的软件，以便连接任何设备与普通的计算机网络。以互联网为其缩影的网络化逻辑，变得可以应用于一切能够经由电子连接的领域、脉络以及地点。这样，移动电话创造了通过可移动设备连接互联网的可能性。1997 年，由诺基亚和爱立信研发的第三代移动电话较之于铜线每秒承载 6.4 万位元的能力，它可以在户外以每秒 38.4 万位元，室内以 200 万位元的速度传输资料。此外，以宽频通信技术大幅度增进的传输速度，使我们除了有机会使用互联网，或与互联网有关的通信技术来传输资料以外，还能以封包交换方式传输声音，改革了电信传输与电信产业。最终沟通网络的将是邮包交换的形式，资料传输占有压倒性的流量，声音传输则成为其中一种特殊服务。这么大的沟通流量需要传输容量的巨幅扩充，包括越洋传输与地方传输，因此，世界各国都开始以光纤和数码传输为基础来建设新的全球电信基础设施；在 2000 年，跨越大西洋的光纤电缆传输容量接近每秒 1100 亿位元，而 1993 年时大约只有每秒 50 亿位元。同时，又在开发以化学和生物学为基础的纳米技术晶片来替代电晶体。帕罗阿托惠普实验室的计算机科学家菲尔·库克斯以及加州大学洛杉矶校区的化学家詹姆士·希尔斯的实验结果发现利用化学程序而不用光来制造电子交换的方法，将交换缩小到一个分子大小，这样就能引导计算机进入比奔腾微处理器快 1000 亿倍的时代：这形同将 1999 年 100 台计算机工作站的运算能力封装在一粒盐的大小之内。以这些技术为基础，计算机科学家可以预想计算机运算环境的可能性，几十亿个用显微镜才看得到的信息处理设备散布在任何地方，"就像墙上的油漆颜料"。如果真是这样的话，从物质层面来说，计算机网络会成为我们生活的基本因素。

信息技术革命的发展历程，不仅是知识的发展，也是技术的飞跃，更是人类创新能力的展演。在信息技术革命的推动下，网络教育的发展就有了坚实的物质基础和技术条件。因此，进入 20 世纪 90 年代以来，人们综合微电子技术、通信技术、计算机技术、网络技术的几乎所有成果，迅速应用到网络教育中来，让网络教育走入人们的日常生活，并且必将成为实现教育目标的主要手段。

第三节　网络教育的发展

一、网络教育的创立

随着 20 世纪中期以后视听技术的广泛应用和大众媒介的大规模发展，使得运用教育技术实现教学目标在学校教育中迅速发展起来，转化成为多种媒体教学的形态，广播电视、卫星电视以及录音录像技术的进步及其在教育领域的应用有了很大的发展。技术发展的结果产生了一类新型的学校——采用多种媒体进行教学的、开放的远程教育的院校，这些教学形式以及院校的产生和发展，为网络教育的产生奠定了基础。因为网络教育的基础不仅是计算机的应用，更是多媒体结合成为新兴教学模式的结果。而计算机的发明则为这些教学媒体提供了一个整合的新技术，为教育的发展提供了新的手段。

美国是网络教育开展最早的国家，也是最发达的地区。1996 年，美国第一所虚拟大学——西部州长大学宣告成立，从而拉开了网络远程高等教育的序幕。西部州长们通过他们的协会组织"西部州长联合会"推出的该大学，由西部 15 个州(包括美国本土外的关岛)的 20 所大学上网后联合组成的，该大学实行学分制，学生在取得文凭前必须修够一定的学分。与此同时，实力强劲的远程教育名校像美国国家技术大学、传统的优秀大学如哈佛大学、斯坦福大学等都纷纷开设了网络课程，其他一些高等学校也不失时机地联合起来，开设了网络教育学校。例如，美国西部的加州虚拟大学(CVU)，就是由 100 所高校联合建立的。网络教育开始从办学体制上弥合以往远程教育与普通教育之间的鸿沟，从教学模式和学习资源的利用等方面为普通学校和远程教育学校开创更为丰富、多元的空间，从学校内部的经营与管理上扩展更为灵活、服务性更强的模式。在美国，75%的大学提供网络课程，5800万学生愿意接受网上课程。2000 年，美国有 44%的高等学校向全社会提供各种网络教育的学生约占全日制在校生的 32%，全美 78%的公立四年制大学和 64%的公立两年制大学都已经基本建立了网络教育。例如美国推广网络远程教育的先驱——宾夕法尼亚州立大学，20世纪 80 年代以来，大胆探索现代信息技术的应用，积极推行网络教育，并于 1998 年创建了著名的"世界校园"，今天它已经成为堪称世界一流的网络大学。他们认为传统的学校教育难以满足广大群众对高等教育的迫切需求，急需探索新的途径，探索经济、高效的网络媒介成为推动高等教育的当务之急：在知识爆炸时代里，人们急需更新知识，以提高自身的竞争力，改善生活条件；网络远程教育享有广阔的潜在市场：越来越多的家庭能够拥有个人计算机，这为网络教育的推广创造了必要的物质条件。宾夕法尼亚州立大学积极开拓网络教育市场，不断提高教育质量，使"世界校园"取得了突飞猛进的发展。如，1998 年"世界校园"仅开设了 5 个学位专业，招收了 280 位学生，2000 年已扩展到 21 个学位专业，设置了 240 多门专业课，覆盖了专科、本科、研究生等各个层次，注册学生逾 6000 多人。"世界校园"已覆盖了全美 50 个州，有 28 个国家(地区)的海外学生进修了该校的网络课程。

网络教育发展到 21 世纪，教育形式已经变得更加多样化，教学方法随着技术的进步也在发生着变革，采用一种纯粹、单纯的教育理念已经基本消失。人们更多地关注如何才能够更好地实现教育目的，为此，整合教育手段和方法，实现教育资源的优化组合与重组利用就成为实现教育目的的目标。为此，又出现了多种教育形式，但应当说，这些新的教育形式或提法都已经离不开网络教育的根基。譬如说提出的混合教育形式(对此，有多种提法，Mixed Mode、Distributed、Blended、Hybrid)。最初的意思是指利用某种或某几种电化媒体与传统教育相结合的学习。如利用幻灯投影、录音录像与传统教育相结合，计算机辅助学习与传统学习的结合等。随着 Internet 的迅速发展及其在教育领域的普遍应用，Blending Learning 在原有意思的基础上又萌生了新的含义。10 年前，在美国教育界关于"网络学院是否会代替传统大学"的讨论中，双方学者互不相让，在学术争鸣中各占据半壁江山。从 2001 年开始，国外的网络教育开始进入下滑的阶段，人们开始反思使用这种教学环境是否真的会达到预期的教育目标。国际教育界在经历 10 多年的网络教育实践之后，开始理性地总结经验，认识到网络教育能很好地实现某些教育目标，会极大地改变课堂教学的目的和功能，当然，它也不能取代传统的学校教育。网络教育对构建学生合理的认知结构、培养学生自主学习的能力，以及对科学的探索精神以及创新能力、合作精神有着独到的优势。在网络学习过程中的情感缺失、淡薄的学术氛围以及零散知识体系等却是网络学习所难以逾越的障碍，而传统学习在很大程度上恰恰弥补了网络学习的不足。例如美国佛罗里达中心大学就提供了三种不同形式的教育：完全由页面传送的教育内容(Web Course)；部分面授内容(Mixed Mode)；通过网络实现面对面教学(E-Course)。再如分散式(或称散布式)学习(Distributed Learning)既包括校内也包括校外的在线学习和教育形式，而这一术语主要是用于网络社会中专业人员在网络上传送知识到主机，然后由主机通过网络实现教育资源的传递输送。

此外，还有移动教育(Mobile Learning，M-Learning)，这主要是基于移动电话和短信服务功能在便携式通信工具上的应用而发展来的，现在也可以利用移动便携式设备使用无线网络或局域网络接入到因特网，使用的工具主要有笔记本计算机、个人数字化助手 PDA、WAP 电话、WAP 接收仪等，可以实现短距离 LAN 的链接以及长距离 GPRS 的网络链接，从而实现网络教育的传递。无论目前教育领域中对其称谓的变化有多少，其根本还是基于网络来实现教育的目的，应当说都是网络教育的不同变化形式。

随着知识经济将成为未来社会的经济基础，政治、经济和文化的全球化进程也将大大加快，各国间科学技术、经济实力、综合国力和民族凝聚力的竞争日益加剧，开发人力资源，发挥人才优势，就成为各国提高国际竞争力的关键，而人力资源开发的基础是教育。实现高质量的基础教育、大众化的高等教育和全民族的继续教育，构建开放灵活的终身教育体系和终身学习社会，是各国教育发展的战略目标，网络教育在终身教育体系中占有重要的战略地位。以利用计算机技术为核心、双向交互为特征的网络教育集合了卫星电视直播课堂教学，各类音频、视频会议系统和计算机会议系统，计算机多媒体、互联网、万维网和未来的信息高速公路等，正在带来教育形态的革命。可以说，网络教育将无所不在。

二、国外网络教育的发展现状

世界经合组织的研究表明，从 1995 年到 2000 年，全世界的远程教育市场规模正以每年增加 45%的速度扩张。到 2000 年，全世界有 7000 万人通过远程教育方式进行学习。

美国政府十分重视网络教育，美国教育部投资 7800 万美元用以建立网上课程，联邦政府用 20 亿美元推动所有中小学生使用计算机。为了这个计划，国家每年用于网络教育的开支达 100～200 亿美元。这一举措旨在为美国教育界抢占教育国际化新的制高点做准备。国家视网上文凭或学位同传统学校颁发的文凭或学位一样，越来越多的大学通过互联网招收学生和发文凭。1995 年只有 28%的大学提供网上课程，但到 1998 年猛增到 60%。据统计，在美国通过学习网站进行学习的人数正以每年 300%的速度增长，60%以上的企业通过网络方式进行员工的培训和继续教育。现在美国远程教育开设的学历、学位课程种类达到 4.9 万个，基本覆盖了美国高等学校的所有学科和专业。

德国近年来十分重视教育，1996 年德国学校的上网计划由德国政府和德国电信公司发起，政府投入 2900 万马克，公司投入 3900 万马克，用于购买设备，进行计算机教学培训。1998 年，政府增加了 1 亿马克经费，另外许多大公司提供达 5 亿马克的赞助。计划 2000 年让所有中小学联网。德国的教育信息开发强调全方位的全民开发模式，不仅针对学校而且面向家庭和社会。德国 6～17 岁的学生家中均有计算机，与美国水平相当。

加拿大政府和地方政府都很重视网络教育，拨专款 2 亿美元让中小学生一律上网。仅加拿大安大略省政府就为中小学计算机上网拨款 1.3 亿加元，另外提供 1 亿加元购买课本和其他学习用品，让学生们能接触到世界最新信息。

芬兰政府把"全体公民掌握和使用信息社会的基本技术的能力"列为五大方针之一，旨在"使每一个芬兰国民掌握信息社会的基本技能"。教育当局规定，受过九年义务教育的学生必须具备使用计算机和上网的技能。并通过在互联网上建校的方法，为海外芬兰儿童提供义务基础教育，改善因父母在国外工作而使子女的基础教育受影响的状况。

澳大利亚政府大力推进全国各地网络教育进程。如维多利亚州网络教育发展很快。目前，所有的教师家中都配了计算机，50%以上的学生在家可与 Internet 联网，所有的教室都配备了 2～6 台计算机网络系统和 Internet 接口，学校网络系统将学生、教师、所有教室、办公室、图书馆与数字资源中心、网络中心相连，并与家庭相连。

日本对网络信息化教育的重视，不仅增加设备投入而且积极地借助因特网进行教育革新。邮政省和文部省用 400 亿日元的资金，在中小学校彼此之间以及与社会各机构之间建立大容量光纤通信网络，并连接 Internet。网络建成后，学生们可以像在语音教室那样自由自在地使用因特网。

三、我国网络教育的发展历程

我国是从 20 世纪 90 年代中期起，开始组织教育界和企业界实施跨世纪现代远程教育工程。其实质是朝着网络教育的发展完善迈出坚定的步伐。1994 年，国家计委批准立项，教育部主持，由清华大学等 10 所高校共同承担"中国教育和科研计算机网示范工程"的 CERNET，于 1995 年通过国家验收，建成了第一个覆盖全国八大地区的我国第一个采用 TCP/IP 协议的公共计算机网络。同时，依托高校的科技人员，积极承担科技攻关任务，攻克了一大批网络关键技术难关。CERNET 的建成使用，标志着我国网络教育从此起步。1997 年，湖南大学首先与湖南电信合作，建成网络学院。1998 年，清华大学在网上推出了研究生进修课程。1999 年 3 月，教育部批准清华大学、北京邮电大学、浙江大学和湖南大学创办网络教育，这是我国第一批网络教育试点院校。

1999 年，国务院转发教育部制定的《面向 21 世纪教育振兴行动计划》，提出："现代远程教育是随着现代信息技术的发展而产生的一种新型教育方式，是构建知识经济时代人们终身学习体系的主要手段。"作为实施现代远程教育的重大举措，其基本构想是构建由卫星和有线广播电视网、计算机网和公众电子通信网"三网合一"的现代远程教育专用教育平台；建立教育软件和课件开发中心、教育资源数据库和电子图书馆；实现全国教育资源共享、联网在线教学和多种形式的学习支助服务。这项工作分为 3 个层次：①以多媒体计算机技术为核心的教育技术在学校的普及和运用；②网络的普及和应用，利用网上资源提高教学质量；③开办现代远程教育体系，建设并提供大量的网络资源，不断满足社会日益增长的终身教育需求。在政府的重视和推动下，各级各类网络学校应运而生，越来越多的普通高等学校以及许多重点中学开始组织实施现代远程教育。

1999 年 9 月，教育部印发了《关于成立教育部现代远程教育资源建设委员会和教育部现代远程教育资源建设专家组的通知》(教高厅[1999]6 号)，成立了由教育部高等教育司牵头，电教办、基础教育司、职业教育与成人教育司、师范教育司和科学技术司等司局的领导和有关负责人组成的现代远程教育资源建设委员会。这个委员会的任务是：负责制定现代远程教育工程资源建设的指导方针和政策，制定现代远程教育资源建设规划，统筹管理各级各类教育资源建设，发布项目指南，颁布现代远程教育资源建设的管理办法和技术规范，决定有关现代远程教育资源建设重大事宜。

2000 年，教育部提出在校内开展网络教学工作的基础上，通过现代通信网络，向社会提供内容丰富的教育服务。它的任务主要包括：①开展学历教育；②开展非学历教育；③探索网络教学模式；④探索网络教学工作的管理机制；⑤网上资源建设。开展网络教学工作要转变教育思想和教育观念，建立新的教学模式。网络教育要树立以学生为本的思想，充分体现网络教学所具有的开放性、协作性、交互性等特点，发挥网络教学的优势，探索网络教学的各个教学环节，逐步形成有利于学生素质教育和创新能力培养的网络教学模式。

2000 年 7 月，教育部对经批准的试点高校在开展现代远程教育方面提出了较为宽松的新政策，从而在普通高校中掀起了一股举办网络高等学历教育的热潮；同时，教育部颁布《教育网站和网校暂行管理办法》，加强对教育网站和网校的管理。教育部批准中国人民大学等 15 所高等院校为现代远程教育试点院校(教高厅[2000]8 号)。同月，教育部又批准北京师范大学等 11 所重点高校开展现代远程教育试点，使开展现代远程教育试点的高校达到 31 所。2000 年 7 月 31 日，31 所试点高校在北京成立了"高等学校现代远程教育协作组"，以加强试点高校间的交流与合作，促进教育资源的建设与共享。

2001 年 8 月，教育部发出《关于加强现代远程教育招生问题的紧急通知》，进一步完善网络教育的管理，解决出现的问题。9 月宣布对现代远程教育试点高校进行评估和质量大检查，对于不符合试点条件的，要视情况进行限期整改或取消。10 月，教育部批准举办现代远程教育的高等院校达到 45 所。12 月中旬，教育部现代远程教育标准化委员会在京召开国际研讨会，讨论标准的研究、制订和颁发工作。

2002 年 1 月 7 日，教育部印发了《关于现代远程教育校外学习中心(点)建设和管理的原则意见》，再次规范现代远程教育的管理。4 月底，教育部召开现代远程教育教学工作会议，讨论建立现代远程教育质量保证体系，全国 67 所高校分管领导和 44 所省级电大的校长出席了会议。2002 年 7 月，清华大学远程教育学院学生获得硕士学位。这是我国首批通过现代远程教育学习方式而获得最高学位的学生。

到目前，教育部批准举办网络远程教育的高等院校达到 67 所，注册学生累计达到 200多万人。

近年来，我国中小学计算机教育发展十分迅速。目前，开展计算机教育的中小学已达 7万多所，装备各类计算机超过 100 万台，部分学校正由单机向网络化、多媒体化发展，基本掌握计算机操作技术的中小学学生超过千万人。为了全面推进素质教育、促进基础课程教学改革、加快教育现代化进程，教育部从 2001 年开始，在全国中小学逐步全面开设信息技术必修课。根据《中国信息报》行业企划部策划实施的"全国中小学校园网应用现状与需求调查"显示，随着网络建设的发展和教育产业化步伐的加快，网络应用于教育已经成为 21 世纪教育发展的一个必然趋势。在我国，1997 年以后开始了大规模的校园网建设，81.6%的校园网可以和国际互联网连接，大部分学校配置了多媒体教室、多媒体备课室、电子阅览室。

中国教育科研网(CERNET)是中国最权威的教育门户网站，它承担建设了以 www.edu.cn为代表的系列权威、重要的教育科研网站，面向全球互联网用户提供丰富的中国教育信息资源与服务。中国教育科研网为联网的广大师生提供网络基本服务，包括电子邮件、Web浏览、资源共享、学术研讨、IP 电话、IP 视频等，同时还支持了一批国家教育信息化重大应用。截至 2009 年 12 月中国教育科研网已建立了 38 个主节点，通达全国 31 个省近 200座城市，还与卫星视频广播系统相互结合和补充，中国教育电视台卫星宽带多媒体传输平台建设项目基本完成，具备了播出 8 套电视、8 套语音、20 套以上 IP 数据广播能力。同时，还开展了卫星因特网接入服务的试验，实现了卫星网与 Internet 的高速连接，初步形成了天地合一的具有交互功能的现代远程教育网络，基本上可以满足现阶段我国现代远程教育网络的需要。

从教育模式的应用来看，目前试点高校进行网络教育所采用的教学模式大致可以分为远程实时授课模式和远程自学课件学习模式两种。前一种模式可以简单表示为：直播课堂+网上自学课件+讨论答疑+教学站辅导，这种模式对远程教育硬件环境的要求较高。后一种模式则可以表示为：自学课件+网上讨论答疑+教学站辅导，这种模式对远程教育硬件环境要求相对较低。在学制上，超过 80%的试点高校的网络教育学院主要采用的是弹性学分制，有效学习时间一般为 2～8 年，收费一般也按照学分来收取。

四、我国网络教育的发展特点

我国的网络教育虽然刚刚起步，但是发展速度惊人，因此，在发展过程中必然会出现一些问题。其中有经费投入的问题、教育资源开发的问题、政策制度的问题等，所有这些都得到了政府部门、理论界和社会各界的高度重视。当前国内网络教育正在蓬勃发展，其特点主要表现在以下几个方面。

(1) 中小学计算机教育发展迅速，为网络教育打下了硬件基础。中小学是实现教育信息化的基础，计算机教育是网络教育实现的根本。为培养适应未来发展要求的人才，我国各级政府部门十分重视中小学的计算机教育。在政府的有力推动下，中小学计算机教育从无到有，从小到大，现已初具规模。装机质量已由单机向网络化、多媒体化发展，部分有条件的中小学实现了计算机联网，个别城市中主要的中小学已和 CERNET 联网。同时，为推动网络教育，在一些有条件的地区，已经开展了多形式的计算机辅助教学和电化教学。在中国公众多媒体信息网、中国金桥网等国内主干网上也有许多网络站点提供了网络中等教育服务，如 COL 网上学校(北京讯业金网)、北京国联网校、云舟网络学苑、四中网校、五中网校、101 远程教育网等都是各具特点、功能完善的教育站点。这些中等教育网校基本上仍是一种辅导在校生性质的网校，要满足更多的非在校大众从网上接受正式学历教育，或者终身教育的要求还要做很大努力。

(2) 随着实施网络教育工程，原有的卫星电视教育传输网络将充分利用宽带卫星通信技术，改造过去只能单向播出模拟电视的系统，为师范、职教、高校、各种继续教育提供数字电视和多媒体数据广播通道；并与 CERNET 网和地面通信网结合，提供实时、非实时交互方式教学的环境，为众多教学单位和部门及个人快速获取教育资源提供便捷的途径。

(3) 高等学校积极申办网络教育学院，为市场经济发展提供了有力的人才支持。国内清华大学、北京大学、上海交通大学、华南理工大学、北京邮电大学、北京医科大学和湖南大学等高校已陆续在网上设立了自己的电子教室，有的学校还建设了网上图书馆，向公众开放。这些措施为扩大、普及高等教育开拓了新途径。深圳网络大学园已于 1999 年正式启动，首批进园高等院校有：清华大学、北京大学、西安交通大学、武汉大学、南开大学、复旦大学、香港大学和深圳大学等二十多所大学。深圳网络大学园的成立为深圳创造了直接、长久利用著名高校强大资源的新方式。高等学校的校园网建设发展迅速。为适应高等教育信息化建设和信息化人才培养的要求，大部分高等学校都建立了比较先进的校园网并与 CERNET 连接，从而大大加强了高等学校开展网络教育的能力。许多高等学校正在向教育部申请开办网络教育学院，计划为社会主义市场经济发展培养更多的人才。

(4) 中国教育和科研计算机网是实现网络教育的重要基础设施，将在推动我国网络教育工作中发挥巨大的作用。截至 2009 年 12 月入网单位已超过 2000 多个，用户达到 2000 多万户。CERNET 的建设，不仅展示了我国高校科技人员的能力和水平，而且也为我国网络技术发展培养了一批高水平的专家和人才，因此，将在推动我国网络教育工作中发挥巨大的作用。

(5) 发达地区对网络教育的需求非常旺盛，而不发达地区由于条件所限，受益的人数相对较少。据 2005 年 1 月底的统计，我国上网用户总数为 9400 万，上网计算机数为 4160 万台，CN 下注册的域名数为 432 077 个，WWW 站点数为 668 900 个。从 WWW 站点数的地域分布可以看出，华北、华东、华南的 WWW 站点数比例占 88.8%，仍占据主要地位；东北、西南、西北 WWW 站点数所占的比例同以往调查结果相比有所减少，从上次的 11.6% 下降到本次的 11.2%，所占比例还是较小。这一方面说明我国中东部地区的互联网应用水平的快速发展；另一方面也说明了目前我国东西部在互联网领域的"数字鸿沟"有进一步加大的趋势。发达地区对网络教育的接受程度较高，近几年，每年都有大量的成人和普通高等学校未被录取的学生进入网络教育学院学习。根据 2005 年 1 月中国互联网络发展状况统计结果显示，东西部差距仍然呈现出加大的趋势。在西部不发达地区，由于硬件条件所限，能够应用网络进行学习的人相当少。

针对西部地区的教育发展不平衡的状况，教育部特别指出："新世纪网络课程建设工程所建设的网络课程，不仅要用于若干所高等学校网络教育学院的试点，而且还应用于校内和校际之间的网上选课以及学分的承认，特别要支持发达地区的高等学校和西部地区的高等学校通过网络教学进行对口支援，使全国各地的学生都能够共享先进的教学方法和丰富的教学资源，提高我国高等教育的整体质量和效益。""试点高校可以充分利用广播电视大学遍布全国的办学网点，建立起网络教育学院的校外教学支撑服务体系，将高等教育送到农村、边疆和不发达地区。"2002 年，教育部又提出，为促进资源共享，提高网络教育服务质量，支持建设远程教育公共服务体系，为试点高校开展网络教育提供上机环境、技术支持、资源建设、学生管理、考务管理等教学支持服务。远程教育公共服务体系支持西部教育，这是所有试点高校应尽的责任和义务。试点高校要尽可能创造条件在西部地区的地级以上城市设置校外学习中心，并在收费标准上给予优惠。

当前，国内的网上教育开展的水平与西方发达国家相比，在开出的课程种类、课程内容质量、课件的数量与质量、技术含量、网上学习费用上还有一定的距离。与此同时，网络教育本身也在发展中受到观念的挑战：在网络技术与教育理论之间，多年来存在的鸿沟不仅没有解决，而且还越来越大。网络技术从业者很少能够从教育的角度去应用技术本身，而且飞速发展的网络技术使得教育专家感到力不从心。这是影响网络教育进一步发展的根本性因素，培养既懂网络技术又有教育理念的人才是推动网络教育进一步发展的现实任务。如何把各种资源重新组合、优化、组织成为一种优势，是中国网络教育发展亟待解决的问题。

第四节　网络教育学的学科体系

网络教育的迅速发展，使网络教育学学科体系的建设成为可能，我们应当对网络教育学作初步界说，阐释网络教育学的学科属性和特征，探索性地构建网络教育学学科体系，助益于网络教育学的学科建设。

一、网络教育的迅速发展是构建学科体系的前提

据联合国教科文组织的调查表明，无论是发达国家还是发展中国家，都不同程度地存在教育滞后于现实需要的问题。普及网络教育，不仅是解决这一问题的有效途径，而且将成为革新传统教育模式的重要动力。因为网络技术的发展，在社会各个领域都产生了极其重要而深远的影响，它不仅带来了经济发展的繁荣，而且引发了社会生活的理念、方法乃至特质的深刻变化。教育领域当然不能立身于外，从最初的计算机局域网，发展到校园网，又与国际互联网联通，现在出现了大型的教育网站、网络课程以及网络教育。"通过基于互联网的学习以及网络大学，教育与受教育资格逐渐为全球受众所共享。现在，全世界的学生都可以在具体有形的传统教育设施之外获得文凭、证书以及学位。一些有竞争力的机构和公司，其中一些还是以商业目的为基础进行运作的，它们正迅速进入全球教育市场。知识与学习比以往更加'待价而沽'。"随着互联网的发展和普及，以及各种专业网站的创立，为实施网络教育奠定了基础，网络教育作为一种新的教育方式被越来越多的人所接受，Internet 已经开始在世界范围内促进教育理论、思想、模式、方法、手段的根本变革。

在我国，网络教育已成为一种速度更快、传播空间更大的新型教育形式，它与课堂教育、广播教育、电视教育一同构成多元的教育体系。以我国高等教育为例，经过近几年的大发展，我国大学的入学率保持较高水平，到 2004 年，我国高等教育的毛入学率已达到 19%，但这个数字远远低于世界平均水平，对信息化社会发展要求来说也是远远不够的。同时，这 19%的毛入学率并不是均匀分布，东部地区的比例要高于西部。在北京每 1 万人中有 200人接受过高等教育，西部地区所占的比例为北京的 1/10，且分布不均。基于互联网的远程教育使学生们在当地就可以接受一流的教育，不用到大城市去寻找就业的出路，是解决本地人才本地培养、本地使用的有效途径。中国实现高等教育大众化比较快捷的方式就是利用现代远程教育的方式，使许多不能接受高等教育的普通大众，特别是西部民族地区的人民，接受到高水平的教育，从而提高国民的整体素质。

同时，网络教育将会彻底改变传统教育的方式，通过技术实现教育的创新。随着计算机网络的迅速崛起，计算机技术对教育的贡献越来越大，网络教育正是在技术进步的基础上一步步发展起来的。没有技术的支持，网络教育的发展就不可能实现。"互联网已经证明了它跨越国家与文化边界来联合活动者的能力。"网络技术的深入发展已经改变着社会各领域的面貌，不断改变着人类的生产方式和生活质量。国际互联网以其开放性、个别化与多媒体等特点，为网络教育的发展拓展了新的空间。"尽管移动电话、传真机以及卫星广播也加快了这些变化的发生，但互联网仍然处于最前沿。"信息技术的推广将会对教育发挥广泛而深刻的影响。"越来越明确的是，知识经济需要的是掌握计算机技术的工人，因此教育能够，而且必须在满足这一需求中发挥关键性的作用。学校就成为年轻人学习、掌握计算机的应用和网络技术的重要平台。"

20 世纪 90 年代初期，我国大学建成校园网并通过 CERNET 与国际互联网连接的总数

不过 10 所左右，计算机网络用户仅数万名。但是到了 90 年代末期，CERNET 已经建成与国际互联网相连的包括全国主干网、地区网和校园网在内的三级层次结构的网络，到 1999 年已经有 500 余所大学建设了校园网络并通过 CERNET 接入国际互联网。2002 年，国内 1071 所各类型全日制高校中，已有 900 所左右成为中国教育科研计算机网络的用户。2000 年 7 月，教育部颁布了《教育网站和网校暂行管理办法》，表明了教育部对教育网站和网校管理的关注。将网络教育试点院校的范围扩大到 67 所。随即又颁布了《关于支持若干所高等学校建设网络教育学院开展现代远程教育试点工作的几点意见》，明确了 67 所试点院校的权利，包括招生标准、招生规模、开设专业和学历管理等。截至目前，我国网络教育的学生人数已超过 200 万。

网络教育的迅猛发展让网络教育者与学习者、管理者在网络与技术的变化中实践着网络教育。

二、网络教育学的学科属性是构建学科体系的基础

基于网络教育的必要和兴起，我们需要给网络教育一个较为明确的定义。明确的概念能使人们更好地分析和了解这一事物，从而能得出符合实际的结论。任何事物都有其确定的概念，以此帮助人们如实地认清该事物，得到预期的结果。本文所论的网络教育，是基于计算机互联网络为媒介进行教育的活动。网络教育是随着现代信息技术的发展而产生的一种新型教育方式，是利用计算机互联网络来实现教育教学资源共享、信息交流的教学形式，它打破了传统教育时间和空间的限制，使得人们可以不在学校、教室里学习，使最好的老师、最好的学校、最好的课程能为校外的学习者所享用，使更多的社会成员获得受教育的机会，这是一种开放式的教育。

网络教育虽然是新生事物，但也有其自身的特性。随着网络的兴起和发展，教育界和网络界的一些有识之士也逐渐开始关注网络和教育的关系，探讨两者之间的最佳契合点。因此，网络教育学是一门专门研究网络教育现象的理论科学，其任务是对网络教育的原理和规律、形式和内容、目的和途径、结构和功能、现象和本质等诸多方面做出辩证的、内在的阐述；网络教育学的研究既要立足于教育的共性，又要着力于揭示网络教育本身的个性(特殊性)，进而在共性和个性的有机统一之中完成网络教育学学科体系的构建。因此，网络教育学作为教育的一门分支科学，是在将教育的一般原理应用于网络教育研究领域之中而产生的对网络教育的特殊认识结果。

首先，任何一门学科总是对一定对象认识的结果，离开对象的学科是不存在的，网络教育学也不例外，它以广泛存在于人类社会的教育为对象，而非其他社会现象(虽然这些现象也常常以种种方式渗入教育之中)，当属教育研究的范畴，与其他教育学科研究具有认识上的同构关系，并由此形成教育诸学科之间的统一性(共性)，特别是在对教育的一般规律、原理、方法等基础理论研究方面。在理性层次上，人类对教育这一概念的认识，是建立在各种不同形态、不同类别的教育的深刻理解和把握上的。同样地，关于教育的一般原理和规律的揭示，也是通过对无限丰富的、具体的、个别的教育现象加以全面、完整和深刻的

23

分析综合、去伪存真而实现的。如此得到的教育基本理论，应该说对任何教育实践都具有普遍的认识价值。如教育与社会政治和经济的关系，就对任何形态的教育具有普遍的指导意义。因此，认识教育的共性并致力于把握这些共性，对网络教育学学科建设来说，具有重要的意义。

其次，网络教育学以计算机网络为认识对象。这涉及对计算机网络知识的了解。网络教育学是教育学和网络技术互相交叉的一门边缘学科，从教育学的角度来看，是研究网络环境下的教育规程，是研究拓展网络技术的社会应用问题。

最后，网络教育学以网络教育实践为认识对象。网络教育实践，除具有教育实践的共性外，还具有特殊性。国际知名远程教育专家 Keegan 在 1986 和 1999 年出版的著作中对网络教育的概念进行了比较全面而科学的概括：①教师和学生在教与学的全过程中处于相对分离状态；②教育组织通过规划和准备学习材料以及提供学生支持服务对学生产生影响；③通过网络将教师和学生联系起来；④提供双向通信并鼓励学生交流对话；⑤学生在学习全过程中与学习集体也处于相对分离状态，学生通常是接受个别化教学而不是集体教学。其他特殊性皆派生于以上这几点。如何在共性的基础上，建立起能体现网络教育特殊性的网络教育学，是学科建设的核心问题。因此，与其他教育学相比，网络教育学具有以下五大特点。

(1) 综合性。学科之间的相互联系、相互渗透、相互转化是现代科学发展的共同特征，网络教育学也同样和其他学科发生相互作用。如，它需要哲学、教育学、教育技术学、传播学、心理学知识和计算机网络知识等相关学科的支持。网络教育学的基本原理和观点，正是依靠这些基础科学才得以形成，而且涉及人文社会科学和自然科学，体现出了明显的跨学科性。因此，综合性就成为网络教育学的特征之一。

(2) 理论性。网络教育学作为研究网络教育这一特定教育现象，应该具有自己完整的理论框架，系统反映人类对网络教育的认识成果，揭示网络教育的特殊规律，从而指导网络教育的实践。因此，网络教育学同网络教育工作手册或经验汇编有着质的区别，是人们通过理性思考而形成的理论，是网络教育的理论形式，是人们对网络教育实践的理性升华和合理抽象的系统化表述。

(3) 实践性。马克思主义哲学已经为人类正确阐明了实践在认识中的决定作用。具体来讲包括如下四个方面的内容：①认识产生于实践的需要；②实践提供了认识的可能；③实践是认识的目的；④实践是检验认识之真理性的唯一标准。网络教育学理论作为人类的一种认识成果，它的实践性特征所展现的内容，无不包括在以上四个方面的内涵之中。首先，网络教育学理论的产生与发展，完全是人类网络教育实践需要的结果；其次，只有在网络教育实践中，才有产生网络教育学理论的可能，也只有在网络教育实践中，才能使网络教育学理论得到创新和丰富，并不断发展起来；再次，网络教育学理论的产生和发展，其目的完全是为了指导网络教育实践；最后，网络教育学理论的正确与否，网络教育实践是其唯一的检验标准。

(4) 层次性。网络教育学理论不是平面的，而是分层次地存在的(可以从其综合性特点看出)，网络教育学理论的层次性不仅表现在其内在结构的系统性和有序性上，还表现在网络教育学理论赖以产生的网络教育实践的多样性和丰富性方面。网络教育是一种开放性、自主性教育，是一种真正实现着"有教无类"理想的全新的教育。

(5) 技术性。网络教育依赖技术才能实现，这是它的特性，也是我们研究网络教育学的出发点之一。没有技术的发展进步，网络教育也不可能发展起来。随着信息技术的快速发展，现在的教育开始越来越多地使用计算机和多媒体以至迅捷先进的通信技术，因此以前的教育观念都要发生变化。计算机、光盘、磁盘和录像带逐步代替学校课本；今天的孩子为了学习，打开计算机听教师讲课的状况正在由向往转变为现实；对成长在信息和媒体社会的现代青少年来说，使用网络进行学习比坐在课堂要容易得多。"虚拟课堂"和"没有围墙的学校"已经成为现实，这在几年前可能都不会想到会这么快地到来。计算机技术的发展扩大了人们受教育的机会和可能，这已是不争的事实。近几年的经济发展和教育改革，已经让网络教育从梦想逐步转变为现实。一方面，无论是学校或者是家庭已经有足够的计算机让学生上机，大部分家庭为自己和孩子购置了计算机；另一方面，计算机辅助教学已成为传统课程的有益而且必要的补充，大学中利用网络课间教学已成为教师们首选的教学方式，同时，学生利用计算机完成课程任务，例如，制作研究课题或者撰写调查报告、完成作业等，都已经成为一种实践。对于教师来说，学会把新的信息技术融入课堂，并且以一种既有意义又具有教育可行性的方式运用这些技术，成为教师必须具备的技能。运用技术开展教学以及通过网络教学研究教与学的方法已经成为教育工作者的时尚和体会。

这些符合网络教育学特征的实践以及基于这些实践正在创造的理论，要求教育工作者必须对网络教育学引起高度重视，尽快建构符合这种实践的理论体系，以利于网络教育学的快速健康发展。

三、网络教育学学科的体系

任何一门科学既要有明确的研究对象和范围，又要有相对完整和独立的体系。体系是和研究对象密切联系的，一切科学都有自己的研究对象，没有研究对象的科学就失去独立存在的权利。认不清研究对象的界限，就会造成科学体系的混乱或内容的重复。一门成熟的学科，其理论体系层次应该是非常清晰和有条理的。网络教育学体系是指网络教育学研究的范围和学科，是网络教育学的各分支学科构成的一个有机联系的整体。对网络教育学体系进行研究，不仅是网络教育实践的需要，也是当前教育理论发展的客观要求。

网络教育学体系中应当体现理论和实践两个层面的知识，因此，我们认为网络教育学体系的基本框架如下。

(1) 理论篇。理论篇主要包括三部分内容。首先界定网络教育学的含义、地位和作用以及研究方法，然后从网络教育的理论和实践的发生、发展来奠基的网络教育学的理论基础，从而揭示网络教育学的实质，说明网络教育学与相关学科的关系、学科特性、学科体系、网络教育的原则。其次，探索和总结网络教育丰富多样的模式及具体方法。主要包括网络教育的教与学基本理论、网络教育的课程设计与开发、网络教育的教与学的实现过程、网络教育教学的评价与督导。最后，研究网络教育的社会管理问题。包括网络教育的组织和管理制度、网络教育的法律保护及其涉及的知识产权、网络教育的社会效益和经济效益、网络教育学的前景以及网络教育对学习化社会的构建作用、对知识经济的发展和信息化社会的推动、对社会经济和文化的促进等。

(2) 实践篇。实践篇主要包括三部分内容。首先，明确网络教育实现的技术基础，网络教育的发展是通信技术与计算机网络技术综合应用的结果，因此必须明确网络教育的发展之源。其次是研究开发网络教育的资源以及平台建设。平台是网络教育实现的主要途径，资源是网络教育得以开展的根本。搭建平台与开发资源是网络教育实践的主要内容。最后，探索网络教育的多种实现形式，技术的多种应用形式。网络教育应用形式的多样化是网络教育的优势，也是网络教育的特殊意义所在，是实践研究的灵魂。

四、本书的结构体系

本书以网络教育学科体系建构为基础，对网络教育的理论与实践进行了分析，初步建立了较完整的结构体系。全书分为理论与实践两篇，共十一章。理论篇由网络教育的界定入手，从网络教育中的教、网络教育中的学到网络教育的评价，从网络教育的法律规范到社会管理以及经济效益等多角度进行阐释。实践篇由网络教育的技术基础入手，从网络教育的资源建设、平台建设到网络教育的应用与展望形成统一整体。

本 章 小 结

网络教育，是基于计算机互联网络为媒介进行教育的活动，是随着现代信息技术的发展而产生的一种新型教育方式，是利用计算机互联网络来实现教育教学资源共享、信息交流的教学形式，打破了传统教育时间和空间的限制，使得人们可以不在学校、教室里学习，使最好的老师、最好的学校、最好的课程能为校外的学习者所享用，使更多的社会成员获得受教育的机会，这是一种开放式的教育。

其主要特征有：①课程资源的预制性与技术媒体的综合化；②网络教学的交互性与个别化；③网络学习的自主性与多元化；④网络教育的开放性与民主化。

网络教育学体系是指网络教育学研究的范围和学科，是网络教育学的各分支学科构成的一个有机联系的整体。网络教育学体系中应当体现理论和实践两个层面的知识，本书分为理论与实践两篇，共十一章。理论篇以网络教育的界定入手，从网络教育中的教、网络教育中的学到网络教育的评价，从网络教育的法律规范到社会管理以及经济效益等多角度进行阐释。实践篇以网络教育的技术基础入手，从网络教育的资源建设、平台搭建到网络教育的应用及展望形成统一整体。

【思考与练习】

1. 如何界定网络教育？
2. 网络教育的特征有哪些？
3. 网络教育起源的条件是什么？
4. 查找资料总结目前我国网络教育发展的现状。

【推荐阅读】

1. [英]安东尼·吉登斯. 社会学(第4版)[M]. 北京：北京大学出版社，2003：557.

2. 史静寰. 当代美国教育[M]. 北京：社会科学文献出版社，2001.

3. 南国农. 信息技术教育与创新人才培养(上)[J]. 电化教育研究，2001(8).

4. 程智. 对网络教育概念的探讨[J]. 电化教育研究，2003(7).

5. A.W.(Tony)Bates & GaryPoole.Effective Teaching with Technology in Higher Education[M]. San Francisco:Jossey-Bass，2003.

6. Paul Catherall.Delivering E-Learning for Information Services in Higher Education[M]. Oxford: Chandos Publishing，2004.

7. http://www.svtc.org.cn/ycjy1.html 2002-11-8.

第二章　网络教育中的教

本章学习目标

➢ 网络教育的教学理论基础
➢ 网络教育中的课程
➢ 网络课程的评价指标体系
➢ 设计开发网络课程

核心概念

教学理论基础(Theoretical Basis of Teaching); 网络课程(Online Course); 评价(Evaluation)

"人与生物圈的稳态"网络教学案例

1. 教学流程

案例引入——案例的讨论——概括总结获取知识。

2. 课前准备

(1) 根据学生的特长将学生分成若干学习小组。小组同学分工协作进行以下几个项目的资料收集及调查: ①网上搜索生物圈Ⅱ号及生命起源的相关资料; ②搜索环境污染的实例、酸雨等全球环境问题, 调查社区主要的环境污染问题; ③搜索治理生态环境的实例, 粗略估算治理所需要投入的人力及财力; ④根据当今世界范围的环境问题及社区的环境问题, 设计解决环境问题的方案。

(2) 信息搜索。将互联网作为基本的信息源, 让学生学会使用各种搜索工具、尝试不同的搜索策略, 以及如何批判性地评价网络信息。学生也可以通过 E-mail 咨询有关专家。

(3) 利用校园网络构建有关本课题的网站, 学生与教师在网上交流探讨。学生将搜索到的资料及调查的结果以 PowerPoint 的形式共享到计算机网络上, 以便课堂的交流讨论。

3. 教学过程

教学内容	案 例	教师行为	学生活动
生物圈的概念	(1)生物圈Ⅱ号的失败。 (2)美国人在火星上找水	提出探讨的问题: (1)科学家为什么建立"生物圈Ⅱ号"并进行试验? (2)在"生物圈Ⅱ号"中模拟建造了哪些生态系统, 里面有哪些成分? (3)八位科学家打算在"生物圈Ⅱ号"中自给自足两年, 为什么中途撤出	浏览网站中关于生物圈Ⅱ号的图片及介绍, 利用搜索引擎在网上查找相关资料, 讨论问题并交流, 获取知识

续表

教学内容	案 例	教师行为	学生活动
生物圈稳态的维持	黄埔流域治理	提出探讨的问题：根据所学知识，提出治理黄埔流域的措施	学生根据生物圈稳态的概念及生物圈稳态自我维持的原因在网上交流措施
酸雨等全球环境问题	伦敦烟雾事件	播放"硫循环"的多媒体	讨论总结酸雨对生物圈及人类社会的可持续发展的影响
生物圈的保护和人类的可持续发展	工厂生产卫生纸的生产过程	讨论工业生产与生物圈中的物质生产的不同之处	学生讨论并提出解决环境问题的措施

 案例分析

　　网络使教师开展教学的同时更新了知识，开阔了视野，获得了有用的资料，建立了内容丰富的备课资料库，使教学更富有创意，且常教常新。另外，教师利用网络建立生物教学专题网可使教师参与网络教学信息资源的组织和呈现过程，有利于加强学生信息导航能力，逐步减少其对教师的依赖，将有限的注意力和时间资源分配好，从而提高学习的效率，做到事半功倍。

资料来源：http://www.wh14.com/Article/ShowArticle.asp?ArticleID=207

第一节　网络教与学的理论

一、网络教育的教学理论基础

1．赞可夫的发展性教学理论

　　列·符·赞可夫博士是前苏联著名的教育学家、心理学家、缺陷儿童学家和教学论专家。赞可夫毕生的精力主要放在教学论的研究上。

　　(1) 发展性教学理论的基本观点。发展性教学理论主张以最好的教学效果来促进学生的一般发展，并且使学生的一般发展尽可能达到最理想的水平，即把一般发展作为教学的出发点和归宿。一般发展既不同于智力发展，也有别于特殊发展。"一般发展"指的是从心理学角度出发的完整的人的深刻全面发展，是既包括智力因素，也包括非智力因素的整个身心的全面和谐发展。另外，发展性教学理论认为，只有当教学走在发展的前面时，才是好的教学，同时，把教学目标定在学生的"最近发展区"之内。教学目标一定是学生经

过努力之后可以实现的，否则会挫伤学生的学习积极性。

(2) 发展性教学理论的教学原则。发展性教学理论的教学原则包括：以高难度进行的原则；以高速度进行的原则；理论知识起指导作用的原则；使学生理解学习的原则；使全体学生都得到发展的原则。赞可夫指出，以上原则的作用各异，同时又相互联系，形成一个整体。它们的特点是强调培养学生学习的内部诱因，并在保证共同的思想方向的前提下，给予个性以发挥作用的余地。

网络学习就是为了促进学生整个身心的全面和谐发展，不仅要促进学生的智力因素的培养，而且特别注重学生非智力因素的提升。赞可夫高速度、高难度等教学原则在浩如烟海的信息资源为基础的网络学习领域得到实现，同时这些原则也为网络学习的发展提供了理论指导。网络学习的设计理念是为了适应每一个学生在高速度、高难度学习的同时，也可以在闲暇时间学习或者重复学习，关键是适应学生的具体差异，使每一个学生都得到发展。

2. 巴班斯基的教学过程最优化理论

巴班斯基博士是前苏联教育科学院院士，是前苏联一位颇负盛名的教育学家。多年来，他一直致力于教学过程最优化理论的研究。

(1) 教学过程最优化的定义。教学过程最优化是巴班斯基教育思想的核心。"所谓'最优化'，就是要求教师在全面考虑教学规律、教学原则、现代教学的形式和方法、已有条件以及具体班级和学生特点的基础上，目标明确地、有科学依据地、信心十足地选择和实施一整套教育方法，以最小的代价取得相对于该具体条件和一定标准而言的最大可能的成果。"

(2) 最优化思想指导下的教学论体系。巴班斯基认为要找到教学与教育的最佳结合方案，就必须广泛吸取当代哲学、心理学、控制论、最优管理的一般理论等方面的研究成果，以辩证的系统方法研究教学、教育过程，把教育理论的研究提到现代化的水平。也就是要求在确定教学的目的、任务、内容、规则和原则、组织、方法及评价的时候，都要从全部系统的角度考虑问题。

在教学目的和任务方面，他认为教学不仅仅要完成知识传授的任务，而且要完成教养、教育、发展这样三个方面的任务。目的和任务的教养性方面，是指让学生掌握多方面的基础知识和技能，并为学生奠定科学世界观的基础；教育性的目的，包括完成德智体美劳各方面的不可分割的任务，使学生树立崇高的理想和积极的生活态度；发展性目的主要是要求促进学生各种心理素质的健康发展，并培养学习活动的技能技巧，发展学生的兴趣、能力、禀赋等。教养、教育和发展三个方面是紧密联系、不可分割的。

在教学内容方面的最优化方面，巴班斯基认为，教学内容必须完整地反映社会对人的全面和谐发展的需要和现代科学、生产生活、文化的各个基本方面；必须具有科学价值和实践价值；必须符合各年级学生的实际可能性；必须符合规定的课时；必须考虑国际水平；必须符合教师的可能性。

关于教学的组织形式和方法的最优化方面，总的原则仍然是综合考虑目的、任务、师生的条件等因素之后来加以选定。巴班斯基仍然肯定班级教学是教学过程的基本组织形式，但同时也认为必须区分面向全班的、分组的、个别的三种工作形式，了解它们的优缺点。在具体教学中，应视具体情况，以某一种形式为主，将三者结合起来运行。巴班斯基把教学方法分为三类：激发和形成学习动机的方法；组织和实施学习活动的方法；检查和自我检查的方法。他要求在具体情况下选择教学方法时要注意六条基本准则：教学方法必须符合教学规律和教学原则；必须符合教学目的和任务；必须与教学内容的特征相适应；必须考虑学生及班集体学习的可能性；必须考虑教学的现有条件和规定的时限；必须适合教师本身的可能性。网络学习正是基于网络技术、信息技术、计算机科学迅速发展的时代背景，对学习目的、任务、内容、组织形式、方法等的一种最优化组合。"最优化"是网络学习设计的基本理念之一，虽然在实践过程中网络学习还有很多不尽如人意的地方，但是随着技术的不断发展，网络学习的日臻完善是不容置疑的。

3．布鲁纳的结构主义教育与发现式学习

布鲁纳是美国著名教育心理学家，当代认知心理学派的主要代表。他在 1960 年出版的《教育过程》中较为系统地阐述了自己的教学思想和理念。

(1) 结构主义教育学说。布鲁纳提出了在教学中最有价值的不是知识和技能的本身，而是各门学科知识的基本结构。他认为，学习和掌握学科知识的基本结构，可以充分体现出四个方面的积极意义：一是学生能更好地从整体上认识和理解这门学科；二是有助于学生知识的有效迁移；三是有助于学生对知识的记忆；四是有助于缩小"高级"知识与"低级"知识之间的差距。

(2) 发现学习理论。这里所谓的"发现"，并不仅仅意味着人类对未知世界的那种科学发现，而且更具意义的是指学生凭借自己的力量对人类已有的文化知识所进行的再发现。

网络学习主张发现式学习，强调学习过程和注重学习过程的探究性；强调和注重学习过程中的直觉思维；强调和注重学习者的内在动机；强调和注重信息的灵活提取。

4．布卢姆的掌握学习

布卢姆是美国的著名教育家，他积极倡导掌握学习。该学习的程序大致分为 5 个环节。

(1) 单元教学目标的设计。布卢姆把学生学习的目标分为认知、情感、动作技能三个领域，这对后来的学习理论产生了深远的影响。他认为，在教学过程中应首先对单元的教学目标进行设计。目标设计不是目的，而是为了评价教学效果提供测量的手段，同时有助于对教学过程和学生的变化做出各种假设，激发他们对教育问题的思考。

(2) 依据单元教学目标的群体学习。掌握学习模式采取的仍然是集体授课的形式，掌握学习试图达到群体学习个别化的教学模式，其设想是在不影响传统班级授课制的前提下，使绝大多数的学生达到优良的成绩。

(3) 形成性测验或形成性评价。进行形成性测验的一个有效的程序是：把一门课分成若干学习单元，再把每个单元分解成若干要素。这些要素的排列是从具体的名词或事实起，然后是比较复杂抽象的概念或原理，最后再过渡到一些相当复杂的运用过程。在每个单元结束时都要安排一次形成性测验，目的是确定学生是否已掌握了该单元。对于那些已经掌

握单元内容的学生来说，形成性测验可起到强化的作用，使学生确信自己的学习方式是适宜的。对那些还没有掌握单元内容的学生来说，形成性测验可以揭示问题的所在，告诉他还需要学习哪些内容。因此，"诊断"后应该附加一个非常具体的"处方"。形成性评价的主要目的不是给学生评定分数或等级，而是帮助学生和教师把注意力集中在学生对教学内容达到掌握水平所必备的知识技能上。

(4) 矫正学习。在形成性测验之后，对没有达标的学生应该进行必要的、补偿性的矫正学习。矫正学习是为了给落后学生额外的补习，它不是简单地重复教学内容，而是可以采取多种方法，关键是要有针对性。

(5) 总结性评价。总结性评价是要对学生在一门课上的学习结果做出全面的评定。

"掌握学习"的理论核心实质上是一种有关教和学的乐观主义思想。该理论认为，任何教师实际上都能帮助他的所有学生获得优异成绩。目前，我国中小学教育片面追求升学率，教育往往集中在少数"尖子"学生身上。无形中使学生从儿童时代起，能力的可塑性就遭到扼杀，让学生从小就形成了一个畸形的"心态环境"，一些天才、发明家往往在这种环境中被埋没。网络学习突破了传统学习的局限，师生在时空上分离，教师对每一个学生一视同仁。"教师为掌握而教"，"学生为掌握而学"。我们相信，在网络学习中只要教师能有严谨的教学态度和科学的教育方法，学生能有正确的学习动机、勤奋的学习态度和有效的学习方法，那么，网络学习就能够促进所有的学生都能得到最大的发展。

5. 保罗·朗格朗的终身教育思想

保罗·朗格朗是法国著名的教育家，他首先对终身教育进行系统研究。

(1) 朗格朗给终身教育下的定义是：终身教育是指一系列非常特殊的观念、实验与成就，即教育包含了所有各个层面与方向，从出生到临终未曾间断的发展，以及各个不同的点与发展阶段之间非常密切且有机的关系。

(2) 终身教育思想的主要观点：第一，从胎儿到坟墓的人生全程教育。终身教育认为学习在时间上是持续人一生的活动，学习将从胎儿时起，伴随人的一生，直至个体走向坟墓的全过程。第二，超越学校围墙的教育。实施教育的渠道和方式是多元且具有弹性的。教育体系涵盖正式教育、非正式教育和非正规教育。第三，终身教育的学习方式就是自我导向学习。强调学习主体本人对学习负有大部分的责任；同时，学习者本人要知道如何学习，也就是要学会学习。第四，无所不包的学习内容。从促进人的全面发展的终身教育目标出发，终身教育的内容远远超过了目前人们所熟悉的教育内容体系，可以说是无所不包的。第五，终身教育的目标——完善的人和和谐的社会。从个体发展的角度来看，终身教育的目的在于帮助个人不断适应社会生活的变迁和完成其社会化的过程，使每一个社会成员成为一个完善的人。而从社会发展的角度来看，终身教育的目的在于完成社会的改造与发展，使社会在全体成员不断学习的基础上更加快速、有效、和谐和圆满地得到发展。

应该说，技术的发展，特别是网络技术的发展，使终身教育思想在实践中真正得到贯彻。网络学习的出现，将彻底克服传统教育和传统学习在空间、时间、受教育年龄、教育环境等方面的限制，最大限度地满足社会对学习的需求，使得网络时代的教育变得更加个性化和多样化。在这之前，终身教育和学习化社会只能是一些教育家的理想和对未来教育发展趋势的一种畅想。而今天，人们普遍认为终身教育和借助网络进行学习必将成为 21 世纪新的社会时尚，且大有星火燎原之势。

二、网络教育中的学习理论

对网络学习影响较大的学习理论有行为主义学习理论、认知主义学习理论、建构主义学习理论和人本主义学习理论。

1．行为主义学习理论

行为主义的创始人、美国心理学家约翰·华生(John B. Watson，1878—1958)在巴甫洛夫经典条件反射理论的基础上否定了传统的把心理学界定为"意识现象的科学"的观点，主张摒弃内省法，把行为作为心理学的研究对象。通过研究环境对行为的影响，建立了著名的"刺激—反应"模式。美国著名的心理学家 B.F.斯金纳的操作条件反射理论发展和完善了行为主义，被称为"新行为主义"。斯金纳通过大量的观察、实验研究提出了"刺激—强化—反应"的公式。他认为行为是通过强化作用而在环境中形成的。环境是主动的，人是被动的，由于环境作用于人，才产生人的全部行为。所以，只要了解环境就能预测行为，只要控制环境就能控制行为。

行为主义理论把个体行为解释为个体适应外部环境的结果，学习被认为是对外部刺激的反应，只要控制刺激就能预测和控制行为，从而也能预测和控制学习效果。行为主义理论忽视人的内部心理过程对学习的影响，认为学习与内部心理过程无关，而将人类学习过程解释为被动地接受外界刺激的过程。因而，教师的任务只是提供外部刺激，即向学生灌输知识，学生的任务则是接受外界刺激，亦即吸收和理解教师传授的知识。

由于这种理论强调认识来源于外部刺激，并可以通过行为目标检查、控制学习效果，在很多技能性训练、作业操作、行为矫正中确实有明显的效果。因而，在 20 世纪 50 年代至 70 年代这种学习理论曾风行一时，对早期教育技术的发展有很大的影响。比如，教学机器的出现、程序教学的兴起都是以这种理论作为理论基础的。由于这种理论强调外部刺激而忽视学习者的内部学习过程，所以在解释比较复杂的认知过程时表现出很大的局限性。

2．认知学习理论

认知学习理论形成于 20 世纪六七十年代，其代表人物和学说主要有杰罗姆·布鲁纳(J. S. Bruner)的认知结构学习理论，奥苏贝尔(D. P. Ausubel)的认知同化学习理论和加涅(Gagne)的累积学习理论。

布鲁纳的认知结构学习理论强调学习的主动性、学习的认知过程，重视认知结构，以及知识结构和学习者独立思考在学习中的重要作用。他指出学习过程是一种积极的认知过程，学习的实质在于主动地形成认知结构。他重视人的主动性和已有经验的作用，重视学习的内在动机与发展学习者的思维，提倡知识的发现学习。他认为发现学习有利于激发学习的潜力,有利于加强学习者的内在学习动机,有利于培养学生的直觉思维,有利于信息的保持与提取。

奥苏贝尔认为意义学习有两个先决条件:第一,学生表现出一种意义学习的心向,即表现出一种在新学的内容与自己已有的知识之间建立联系的倾向。第二,学习内容对学生具有潜在的意义,即能够与学生已有的知识产生联系。新知识的学习过程就是学习者积极主动地从已有的认知结构中提取与新知识最有联系的旧知识,并且加以"固定"或者"归属"的一种动态过程。过程的结果导致原有的知识结构不断地分化和整合,从而使得学习者能够获得新知识或者清晰稳定的意识经验,原有的知识也在这个同化过程中发生了有意义的变化。

加涅认为学习过程是信息的接受和使用的过程,学习是主体和环境相互作用的结果。他在其信息加工学习理论的基础上指出,教学主要不是传递有待于储存下来的信息,而是激发利用学习者早已具有的能力,使其具备有助于完成目前学习任务及更多学习任务的能力。

总的来说,认知学习理论强调人的认识不是由外界刺激直接给予的,而是外界刺激和认知主体内部心理过程相互作用的结果。学习过程就是人们根据自己的需要和兴趣,利用过去所掌握的知识和经验,对当前的外界学习刺激做出主动的、有选择的信息加工的过程;是在一定的情境即社会文化背景下,利用必要的学习资料,通过意义建构方式获得知识的过程。认知学习理论高度重视学习者的主体能动性,突出了理论与实践的紧密结合。

3. 建构主义学习理论

建构主义是认知主义的一个分支,其最早可以追溯到瑞士的著名心理学家让·皮亚杰。皮亚杰的"同化与顺应"认知发展过程学说可以看作建构主义的开端。在皮亚杰理论的基础上,科尔伯格、斯腾伯格等人对建构主义理论进一步丰富和完善,逐渐形成了较为完整的理论体系。

(1) 学习的含义。建构主义以"学生"为中心,强调知识不是通过教师传授得到的,而是学习者在一定的情境即社会文化背景下,借助其他人的帮助,利用必要的学习资料,通过意义建构的方式而获得。建构主义学习理论认为"情境"、"协作"、"会话"和"意义建构"是学习的四大要素。其中,"意义建构"是整个学习过程的最终目标,也就是掌握事物的性质、规律以及事物之间的内在联系。"情境"、"协作"、"会话"是实现"意义建构"的条件或途径。为了实现良好的"意义建构",必须创设有利于学生学习的环境,并把情境创设看作教学设计的最重要内容之一。在学习中,学生通过协作学习、通过与其他同学协商、对话,从而实现意义建构。

(2) 学习的方法。建构主义者标榜自己以"学生"为中心。学生是意义的主动建构者,而不是外部刺激的被动接受者。教师是学生意义建构的帮助者、组织者、促进者,而不是知识的灌输者。根据建构主义的四要素我们可以得出发现法、讨论法、谈话法、实验法等将成为建构主义首选的方法。

随着网络技术的发展,建构主义理论得到强有力的支持,为这一理论的实际应用提供了一个舞台。以学生为中心的教学思想正在顺应建构主义的要求而得到发展，克服了传统被动、封闭的教学思维模式，所以建构主义被认为是新传统教学的理论基础。

4．人本主义学习理论

人本主义心理学是 20 世纪 50 年代在美国兴起的一种心理学学派，其代表人物为马斯洛和罗杰斯。人本主义心理学认为行为主义心理学没有恰当地探讨人类的思维能力、情感体验和主宰自己命运等问题。他们还批评精神分析心理学家只关注有情绪障碍的人，而不去研究心理健康的人。人本主义心理学不但主张心理学应研究正常的人，而且更应强调人的高级心理活动。它主张把人作为一个整体来研究，而不是将人的心理肢解为不能整合的几个部分。

罗杰斯把学习分为两类，它们分别处于意义连续体的两端。一类学习类似于心理学上的无意义音节的学习，学习者要记住这些无意义的音节是很困难的事情，因为它们是没有生气、枯燥无味、无关紧要、很快就会被忘记的东西。另一类是意义学习，即不是指那种仅仅涉及事实积累的学习，而是指个体的行为、态度、个性以及在未来选择行动方针时发生重大变化的学习。这不仅仅是一种增长知识的学习，而且是一种与每个人各个部分都融合在一起的学习。

人本主义学习理论有如下几个特点：第一，在教学目标上，强调个性与创造性的发展；第二，在课程内容上，强调学生的直接经验；第三，在教学方法上，主张以学生为中心，放手让学生自我选择、自我发现。罗杰斯认为教学要发展学生的个性，充分调动学生学习的内在动机，并要求创造和谐融洽的教学人际关系，这无疑对克服传统教学重视社会功能、忽视培养个性发展功能、学生学习的主动性不够等弊端，具有一定的启迪作用。

网络学习强调张扬个性、培养创新意识和创新能力；主张以学生为主体，教师为主导，试图把认知和情感合二为一，以培养出完整的人。网络学习无论是技术的运用、课程的开发还是教学的组织都必须以学生为本，这样才能更好地促进学生的整体发展。

三、网络教与学的基本理论

1．魏德迈：独立学习理论

美国威斯康星大学教育学教授魏德迈，接受当时流行的平等和民主的教育思想，特别是罗杰斯的教育理念，并在此基础上提出独立学习概念。独立学习时学习者的环境与学校完全不同，学习者可以接受教师指导但决不依赖他们，学习者自己承担学习责任并完成相应的学习任务。

由于当时技术手段不发达，魏德迈认识到独立学习因"时空障碍"而受到限制。为了克服这一障碍，魏德迈认为需要把"教"与"学"明确地分离开来，分别进行计划。他的见解后来被英国开放大学的实践所证实，即远程教育系统可分为课程开发和学生学习服务支持两个干系统。相应的，魏德迈提出了独立学习系统的"六大特征"，如学生与教师分离；教和学的过程是以文字或通过其他媒体进行的；教学是个别化的等。

魏德迈还认为，距离概念不只是物理意义上的，还有社会距离和文化距离。他的学生穆尔在此基础上提出了相互作用距离概念。独立学习概念的意义在于它强调要关注教学层面的问题。不过很显然，独立学习理论提倡学习者的自由和选择，即独立学习者应自我指导和自我管理。这是一种注重个人独立学习而不是强调合作学习的远程教育理论。

魏德迈的"独立学习"理论要求教育者在课件设计和支持服务上进行分工，要求媒体和技术的参与；同时要求学习者具有独立学习的自控能力。

2. 彼得斯：工业化教学理论

彼得斯曾在位于蒂宾根的远程教育研究所工作，1975—1986 年出任位于德国哈根的唯一一所远程教育大学校长。他对世界各地的远程教育机构进行了比较分析后认为，远程教育系统的结构与传统的面对面教育截然不同，不能用传统的教育研究范式来分析远程教育，必须另寻范式——把远程教学过程与工业化生产过程相类比。通过与工业化生产相对照，彼得斯认为远程教学有以下工业化特征：理性化、劳动分工、机械化、流水线、批量生产、预先规划、标准化、垄断等。他进一步探讨了如何采用工业生产管理技术组织教育过程，从而减少单位成本，实现规模效益。工业化教育理论是关于远程教育组织管理的模型，教与学的问题则很少涉及。有趣的是，在各种批评理论来临之前，彼得斯本人就已对工业化的远程教育提出质疑。这种教育形式打破了师生、生生之间的交互通信，而通过媒体手段复制面对面的交流相当困难，只能复制其中的一部分，而且是衰减形式。如果你想要用这种最工业化的教育方式从事教学，你就必须准备面对教育工业化所带来的问题，如合作学习机会减少、学习者远离人际交流和批判性讨论、师生关系疏远。彼得斯本人显然并不提倡将这一模型作为远程教育的普遍模型。

彼得斯也认为他的"理论"并不是一种理论，只是对当时远程教育实践的描述性总结。考虑到当时猛增的教育需求，以及距离的限制和对学习包的依赖，彼得斯认为，在这种背景下远程教育应当采纳工业化方式。这种方式的远程教育是工业社会的产物。事实上，如巴纳斯指出，现代的学校教育也是教学工厂。

加拿大著名远程教育专家伽利森认为，计算机网络的普及使人类通信成本大大降低，极大地增加了交互机会，有可能使独立学习与交互作用两者之间的矛盾不再突出。

彼得斯的工业化理论为远程教育的产业化提供了理论指导，在教育实践中具有一定的合理性，满足了迅速增长的教育需求。但有关工业化理论的争论显然仍有现实意义：如果远程教育机构只顾产业化运作，只是播放教师授课的录像，没有充分发挥因特网所具有的交互性，促进教师和学生之间的交流，必然会影响远程教育的质量。

3. 霍姆伯格：有指导的教学会谈理论

霍姆伯格同魏德迈一样，都认为教育中最重要的事情是由学生自己进行学习。他认为，远程教育系统的特点在于自学，但这不是个人孤立无助地阅读资料(学习包)。学生可以通过与专门设计制作的学习材料、指导教师之间的双向交流，以及在各地学习中心与同学之间的交流活动中得到指导。霍姆伯格把这些交流活动称为"有指导的教学会谈"。这种教学会谈有两种对话：真实的会谈和模拟的会谈。从经济学角度来看，真实会谈(也就是师生、生生之间的人际交互)是由学生与预先制作的学习材料之间的内化式会谈(模拟会谈)来补充的。

霍姆伯格认为，师生之间的个人感情关系有利于促进学生轻松愉快的学习和激发学生的学习热情。在远程教育中，这种感情是通过设计良好的自学材料和适当的双向交流而建立起来的。所以远程教育机构有责任开发好学习材料，以创造这种模拟的对话。作为代替真实会谈的学习材料应具有会谈风格，例如，学习内容用口语方式呈现；能明确而有说服力地建议学生去做什么，应避免什么，特别注意什么和思考什么，最好用第一人称口语化的语气来表达。霍姆伯格认为，如果遵循这些原则去设计学习材料，将会吸引学生并激发学习热情，促进学习。

虽然霍姆伯格的理论把会谈(教学问题)放在核心地位，但他同时又是信奉尊重学生独立性的人道主义学者。于是，他的理论假设及学习材料功能显然把这种教学限制于学生与教材的书面交流。学习材料在很大程度上扮演了教师的角色，虽然霍姆伯格承认，不管这预先制作好的学习材料的对话性如何，"师生间的交流是一种基本性任务"。但他同时认为，书面交流与口头交流在指导学生时并没有质的差别。霍姆伯格关于学习材料设计的理论，与 20 世纪 80 年代教育界曾想把计算机作为教师的企图一致。可是，人工智能计划步履维艰，现有的计算机技术很难研制出有"智慧"的教学软件，很难设计出比师生、生生间的交互作用更有意义的教材或多媒体课件。这就是说，不能仅仅根据文本型学习材料(或多媒体课件)的质量来判断会谈的质量优劣。

4. 穆尔：相互作用距离理论

穆尔是魏德迈的学生，曾在英国开放大学工作过。他最早于 1972 年提出相互作用距离理论的基本框架，并一直不断地加以完善。他在英语世界第一次使用"远程教育"一词来代替"独立学习"。前几位理论家都强调了学习者的独立自主学习，而穆尔认识到独立学习包的局限性，于是加进了对话(Dialogue)这一变量。相互作用距离理论具有划时代的意义，使远程教育理论研究的重心转移到教学问题上来。

相互作用距离概念来源于魏德迈的思想。相互作用距离指的是"相互理解和感受的距离，这可能导致教师和学生的交流障碍或心理距离"。穆尔认为，无论教学以何种方式进行，甚至面对面的课堂教学，都存在着相互作用距离。相互作用距离取决于对话、结构、学习者自主性三个变量。穆尔的"对话"主要是指教师和学生之间的积极交互的程度。对话取决于教师、学习者个性、学科内容，也取决于环境因素。其中，通信媒体是最重要的环境因素。

结构(Structure)描述了教学计划对学习者需要做出反应的程度。在穆尔的理论中，最远距离的教学计划是对话少而结构化程度低的，如自主型独立学习计划；而距离最近的是对话多、结构化程度高的。学习者自主性(Learner Autonomy)是指学习者在多大程度上决定学习目标、学习经历、学习评价，以及根据他们自己的经验建构自己的知识。自主与学习者个人的特征，也就是个人的责任与自我指导相联系。相互作用距离越远，学习者的个人责任越重，自主性越高。

穆尔的理论强调了相互作用，但保留了工业化模型的结构特征。他认为"远程教育是所有教育中的一个子集，这一子集的特征是高度结构化，而对话少"，"远程教育中最为基础的交互形式是学习者与课程内容之间的交互"。这种观点事实上与霍姆伯格的看法相一致。另外，对话、结构和自主性三者的内在关系并不是很清楚。1999 年，穆尔的学生研究了采用视频会议系统的远程学习环境中的情况，通过统计分析发现对话与结构、对话与自主存在高相关性。要理解相互作用理论，我们只能两两地加以考虑，如结构和对话、结构和自主，或从一个变量的连续体角度来考虑。而且，当我们把自主的概念与相互作用距离概念放在一起比较时，发现这两者有着太多的相同之处。"相互作用距离越大，学习者体验到的自主性就越大。"

从以上基础理论的介绍我们已经看出，网络教育的发展基础根源于远程教育的基础理论，而这些理论对于网络教育来讲又是实现现代远程教育的最佳手段。在网络教育中教师不仅仅是制作学习包的课程开发团队的成员，而且要及时和灵活地促进网络学习。信息和通信技术的发展使师生、生生之间的交互通信变得方便及时，网络教育出现了人们所期待的革命性的飞跃。

四、网络教学的特点

随着信息化时代的到来，目前网络教育不论是在国外还是在国内，都已经普遍被人们所接受。作为当今现代社会教育的主要形式，网络教育是实现教育现代化的重要途径，是推动教育体制和教学改革的重要力量，也是构建现代社会终身教育体系的基础，而网络教育的目的最终要通过网络教学来实现。

与传统远程教学相比，网络教学体现出以下五大特点，即趣味性、个性化、互动性、智能性、主创性。

(1) 趣味性。人的各种活动多是由一定的动机引起的，学生进行学习总是受一定的学习动机所支配的，学习动机中最活跃、最现实的成分是认识兴趣。通过在教学中使用造型可爱的卡通人物和动听的音乐营造出引人入胜的视觉效果和听觉效果，使学生在多重感官的刺激下完全沉浸在世界的真实氛围中，在不知不觉中学到了知识，进而避免了枯燥乏味的死记硬背，激发了学生的学习兴趣。

(2) 个性化。个性化即个人在学习中表现出与他人不同的优势特色，如在学习目标、学习内容、学习方式、学习手段、学习风格、学习策略等方面充分体现个人的特色和特长。如果从教的角度来讲，个性化教学的实质就是"因材施教"。通过网络，学生能够主动地根据自己的需要选择、调度、控制自己的学习过程，从而充分利用网上丰富的教育资源。

(3) 互动性。网络教育作为教育的现代形式，其本质特征之一是教授行为和学习行为在时间和空间上处于分离状态，从而导致教学双方缺乏应有的情感交流。这就迫使网络教育必须使学习媒介尽可能多地具备人际交流的特点，使课程尽可能多地采用实时多媒体交互技术来实现教师与学生、学生与学生、学生与学习内容之间的互动。

(4) 智能性。智能化是降低教育投入、提高教学质量和数量的最有效的手段之一，是网上多媒体教学向深层次发展的客观要求。它能实现友好和自然的人机对话，能根据学生的能力选择不同的学习内容和进度，能检测和判断学生犯错误的原因并给予适当的指导和改正，能不断积累教学经验并能针对具体情况及时调整教学策略等，从而实现因材施教。

(5) 主创性。主创性即自主创新性。主创性学习是学生自我发展的一种需要，作为学习主体的学生可以而且应该发展自主创新意识，并在创新性学习中体验成就所带来的愉快——一种高层次的自主创造的愉快，从而进一步激发学习热情。

第二节　网络教育中的教师

一、教师在网络教育中的作用

网络教师有三种类型，分别是：从事教学的教师、从事管理的教师和从事技术工作的教师。从事教学的教师主要的工作是在教育理论的指导下拓展以学习者为中心的学习环境，包括教学设计、安排作业等；从事管理工作的教师负责课程的进度、及时调整课程内容、设计学习目标等；从事技术工作的教师负责网络教育中的技术问题，其作用大小取决于教师自身的技术水平，网络学习对教师的技术要求是教师熟练应用课程所需的设备和软件。在网络学习中，教师不直接面对学生，从学生的视线中消失，成为网络教学的幕后工作者，成为学生学习的帮助者和组织者。网络学习虽然是以学生为主体，但是教师的作用是不可低估的，其作用体现在以下几个方面。

1. 引导作用

网络学习中教师的引导作用主要体现在教学设计、课件制作以及教学组织上。因此，教师应对网络教学进行深入的设计、研究与开发，学会利用各种不同的方法和手段来有效地设计和组织教学，传递教学内容，做好各个方面的工作。在教学设计过程中，教师要按照事物的真实过程以及学生认知发展的规律进行研究和开发，应引导学生亲身经历信息的搜集、分类、利用，让其处理信息的能力在学习过程中得到实践和提升。教师要引导学生自己利用网络，透过纷繁复杂的现象，去伪存真，去粗取精，才算是真正让学生经历了科学的探究过程。教师应根据具体的任务设计好与学生生活相联系的问题，要布置富有挑战性和有研究价值的任务，要设计开放程度不同的计划，要提供资料线索，以避免学生漫无目的地上网寻找教学资源。

2. 调控作用

网络学习是开放的学习。网络学习的开放性主要体现在：学习资源的开放性，学习形式的开放性，学习目的的开放性以及评价的开放性。在网络学习中学生的主体作用得到了充分体现。但是如果学习目的不明确、导航系统不清晰都会弱化网络学习的优势。教师可以根据学生复杂性的特点，正确把握放与收的尺度，进行合理的协作分工，使学生专注于自己的学习任务，紧紧围绕学习目标，克服外界的干扰，鼓舞学生执著奋斗，使研究的问题深化，让学生在教师的调控下迅速地成长。

3．评价作用

在网络学习中，学生是学习的主体。学生自己有很大的自由，可以根据自己的需要在任何时间、任何地点自由地对任何章节进行学习。自主学习的另一方面可能导致学习的盲目性。所以，教师的作用就显得很重要了，教师通过对学生正确的评价可以有效地引导学生的学习。教师可以通过平时学生的作业情况及时反馈，可以根据形成性测验进行形成性评价，也可以在一门课程学习结束后进行总结性评价。

二、网络教育对教师的素质要求

在网络教育中教师从前台的表演者变为幕后的组织者，教师角色发生了重大的变化，但网络学习对教师的要求并没有随着其角色的变化而有丝毫的降低。网络学习对教师素质的要求主要表现在思想素质、教育理论素质、业务素质、网络技术素质、科研素质、管理素质、创新素质等方面。

1．思想素质

网络学习对教师思想素质的要求主要有以下两个方面。

(1) 以发展先进的生产力为己任。网络虽然给学生带来了丰富的信息，但是网上的资源也鱼龙混杂，教师必须把最先进、最文明的知识提供给学生，引导他们健康成长。教师必须从全体学生的根本利益出发，深入研究网络学习的规律，探索网络学习的途径，促进学生的快速成长。只有这样，教师才能在工作中勇于追求真理、宣传真理、捍卫真理，才能以身作则，以强大的示范力量引导学生去努力学习，从而培养出具有坚定信念、崇高理想和科学思想的人才。

(2) 职业道德素质。教师的职业道德是教师必须具备的基本道德规范和准则。教师的职业道德素养表现在对自己的工作、对同事、对学生等各个方面。教师职业道德的核心是对教育事业的忠诚和热爱。在网络学习过程中教师应自觉认识到网络教育的重要意义，将自己的人生价值与这一事业紧密地联系在一起，在不断追求中实现自己的社会价值和生命意义。网络教育和传统的学校教育还有很大的不同，网络学习中师生在时空上分离，缺少教师和学生之间的情感交流，教师的辛勤工作或许不能引起学生的足够重视，从而导致成就感缺失。这就要求从事网络教育的教师要比其他教师付出更大的努力，对工作精益求精，严格要求自己。对学生要有真心的爱，只有真心的爱才能跨越时空，让计算机终端的学生体会到集体的温暖。教师之间要团结协作，形成具有强大凝聚力的教师集体。这既有利于教学计划的贯彻执行，也有利于个人素质的不断提高。

2．教育理论素质

网络教育更加注重教师的教育理论素质。从事网络教育的教师需要更为强大的教育理念来支撑自己的工作行为。网络教育的实践要求教师必须努力学习最先进的教育理论知识，掌握最新的教育理论成果。教师要树立科学的教育思想，如主体性教育思想、个性化教育思想、终身教育思想、素质教育思想等；要掌握人本主义学习理论、建构主义学习理论、认知学习理论等；要深刻领会后现代主义哲学观、系统哲学观、技术哲学观等。教师必须掌握教育理论知识、了解教育规律、掌握教育的原则和方法、灵活运用各种教育手段和教育途径，以达成教育培养的目标。网络教育的这些观念与传统教育的理念相比发生了根本的变化，对这些饱经应试教育熏陶的教师而言，传统教育的理念已经根深蒂固，在短时间内是难以改变的。要转变观念，将是一个长期的、痛苦的过程。这就要求教师要不断地、自觉地学习网络教育的理论，认识网络教育的规律，掌握网络教育的手段和方法，只有这样才能有可能成为一名合格的网络教育教师。

3．业务素质

网络学习对教师业务素质的要求主要体现在下面两个方面。

(1) 专业知识。网络教育的教师在专业知识方面，既要精通本学科的基本知识，又要紧跟当前学术动态的最新进展。第一，教师应该对自己的专业知识从宏观上有一个整体性把握，熟练掌握本门学科的知识结构，通晓不同学科之间的内在联系；第二，分清自己专业知识的重点、难点、突破点；第三，要具有不断学习本专业最前沿知识的积极心态和良好习惯。

(2) 综合知识。当今社会科学技术日新月异，边缘学科、交叉学科迅速崛起，传统学科不断分化，相关学科谋求整合。过去的理论观念已难以适应当前学科高度综合、交叉的发展趋势。在网络学习过程中学生对教师的知识广度也提出了新的要求。作为从事网络教育的教师，需要拓宽知识视野、深刻领会现代教育思想内涵、熟练掌握网络技术知识，与时俱进，积极吸收新的知识，构建合理的认知结构。

4．创新素质

创新是一个民族的灵魂，是一个国家兴旺发达的不竭动力。网络学习的一个重要特征就是突出了学生创新精神的培养，而培养学生的创新精神，需要具有创新精神、创新能力的教师，因为教师是教育教学的具体实施者，学生的创新精神要通过具体的教育活动来培养。在网络学习中，教师的职责并不在于传递多少知识，而主要在于通过课件的精心设计，激励学生思考，鼓励学生自主学习，在教师的引导下，实现学生知识的学习和创新精神的培养。教师的创新素质在教学中具体表现为：强烈的求知欲和合理的知识结构、适合多层次学生学习的高水平电子教材、科学的教学过程和导航系统、灵活选用教学方法的能力等。教师要提升创新能力素质，除了要有必要的外部条件外，更需要教师自身的不懈追求。第一，要充分认识创新精神的重要性，不仅能从个人成长的角度来认识这个问题，更要从国家昌盛、民族发展的高度来认识；第二，要敢于标新立异、实事求是、勇于批判、质疑和不迷信权威；第三，要重视逆向思维、发散思维的培养，重视思维流畅性、独特性的训练。

网络学习是一项开创性的工作，还处于不断的探索阶段，这就更要求教师要勇于打破常规，创造性地开展工作。只有这样，教师才能真正担负起创新教育为知识经济社会的发展培养具有创新精神的高素质人才的神圣使命。

5．网络技术素质

作为从事网络教育的教师，熟练运用网络技术进行教学，是最基本的素质之一。随着网络学习的迅速发展，学习的空间和时间结构已经重新配置，网络学习已经成为远程学习的主要形式。在网络学习过程中，教学资源传输系统与网络技术应用是密切联系在一起的。教师只有通晓和掌握网络技术并科学地运用到教学之中，才能收到良好的教学效果。网络教育一方面要在一定距离间隔的情况下重建教与学的关系；另一方面要从远处把一个教育环境置于学习者的正常生活环境中，特别是在学习个别化的前提下，实现教与学行为的重新整合。这就要求教师有熟练驾驭网络技术进行导学的能力，一般来说，教师应能利用多媒体网络进行备课、制作电子教案、进行网上作业、浏览和下载教学所需资料，能制作网页和 CAI 课件，进行网上教学。

6．科研素质

网络学习是一种与传统学习迥然不同的学习方式，它会使学生在认知、情感、意志等方面产生很大变化，会带来新的矛盾和困惑。教师作为工作在网络教育第一线的人，对其有着非常具体的感性认识，对网络学习的各种实践最为熟悉，随时都有可能遇到问题，同时也最有可能提出解决问题的最佳方案。处于网络学习一线的教师具有对网络学习进行研究的先天优势，他们应该肩负起推动网络教育快速发展的重任。对网络学习进行研究，第一，要树立起正确的教育科研观念，其中包括以学生为学习主体的观念、教师是科研主体的观念、教学与科研必须相结合的观念；第二，要遵循科研道德，坚持真理，事实求是；第三，需要掌握教育科研理论，主要包括教育学、心理学以及教育科研方法；第四，还要具有教育科研的能力，其中包括发现问题的能力、检索信息的能力、处理信息的能力、开拓创新的能力、文字表达的能力等。

7．管理素质

网络学习有着与传统学习不同的学习模式和运行机制。在网络学习中，网络成为学生学习的主要手段，学生处在一种虚拟的学习环境之中。这种虚拟的学习环境没有改变学习的实质，却改变了学习过程的组织管理形式，改变了学习的序列，改变了分析、处理教育教学问题的思维习惯。在这种虚拟的学习环境之中学生处在一种松散的组织之中，强调学生自主学习、个别化学习。在这种虚拟的学习环境之中，教学上强调以课程为单元组织教学活动，学生可以根据个人需要自主选择课程。这种学习方式的管理，需要围绕课程逐渐展开，根据学生学习的特点，采用集中性学习辅导和个别化学习辅导相结合的方式进行，既有固定的学籍管理又有相对流动的课程管理。这种新的教学管理模式，目前正在实践和探索之中，而作为教师，必须对此有所了解并加以研究，才有可能做好教学工作。

第三节　网络教育中的课程

一、网络课程概述

1. 网络课程的定义

作为一种新的课程形态，目前人们对网络课程也存在不同的认识，这里给出教育部现代远程教育资源建设委员会在《现代远程教育资源建设技术规范》中对网络课程的定义：网络课程是通过网络表现的某门学科的教学内容及实施的教学活动的总和，它包括两个组成部分：按一定的教学目标、教学策略组织起来的教学内容和网络教学支撑环境。其中网络教学支撑环境特指支持网络教学的教学资源、教学平台以及在网络教学平台上实施的教学活动。网上教师、网上学习者、网上教学内容、网络教学环境构成了网络课程的四大组成要素。

根据上述定义和对其他文献的调研，我们认为，网络课程是以网络的形式表现出来的一门具体的课程，它具有课程的计划、目标，按一定的教学目标、教学策略组织起来的学科教学内容，在网络教学平台上进行的交互式教学活动，以及支持这些交互式教与学活动的相应程序等。故网络课程的本质还是课程，但是基于多媒体以及网络在存储、处理、传递和呈现等方面的特点，它与传统课程又有所区别，即网络课程的运行环境是基于 Web 的，其内容表现为超媒体形态，在教与学的进程上具有交互性(包括了人机、人际交互)。严格来说，网络课程也有广义和狭义之分。广义的网络课程涉及各级各类的网络教育学院、学校的全部教学科目；狭义的网络课程只涉及一门具体的学科。

2. 网络课程的基本构成

网络课程主要由教学内容、网络教学支撑环境、教学辅助系统三部分构成。

1) 教学内容

网络课程的教学内容是以知识点为基本教学单元，以文本、图像、动画、音频和视频为综合表现手段的课程内容，应具有科学性、系统性和先进性，表达形式应符合国家的有关规范标准，符合本门课程的内在逻辑体系和学生的认知规律。每一个教学单元的内容都应包含如下部分：学习目标、课时安排、学习方法说明、教学内容、练习题、测试题和相关资源(包括相关文章、网站、视频、动画等教学资源)。

2) 网络教学支撑环境

网络教学支撑环境特指支持网络教学的教学资源、教学平台以及在网络教学平台上实施的教学活动。

(1) 教学资源。教学资源是教育信息化的基础，是需要长期建设与维护的系统工程。教学资源的复杂性和多样性，使得人们对它的理解各不相同，出现了大量不同层次、不同属性的教学资源，因而不易管理和利用。为了更有效地建设好各级各类教学资源库，促进各类资源库系统之间的数据共享，提高教育资源检索的效率与准确度，保证资源建设的质量，教育部教育信息化技术标准委员会发布了《现代远程教育技术标准(DKTS)术语规范(草案)》，对教学资源进行了准确的规定。其中网络课程中的教学资源专指与网络课程相关的媒体素材、题库、课件、试卷、案例、文献资料、常见问题解答库和资源目录索引等资源。

(2) 教学平台。教学平台是指支持实施网络课程教学活动的各个环节的教学软件工具，它是一个统一的教学/学习、内容整合、网上辅导及讨论、自我测验(交互式)的系统平台。

(3) 教学活动。在网络教学平台上实施的教学活动是网络课程的核心内容。在一门完整的网络课程中，至少需要设计如下教学活动：实时讲座、实时答疑、分组讨论、布置作业、作业讲评、协作解决问题、探索式解决问题、练习自测、考试阅卷和教学分析等。

3) 教学辅助系统

(1) 教学内容系统，包括课程简介、目标说明、教学计划、知识点内容、典型实例、多媒体素材等。

(2) 虚拟实验系统，包括实验情景、交互操作、结果呈现、数据分析等。

(3) 学生档案系统，包括学生密码、个人账号、个人特征资料、其他相关资料等。

(4) 诊断评价系统，包括形成性练习、达标测验、阅卷批改、成绩显示、结果分析等。

(5) 学习导航系统，包括内容检索、路径指引等。

(6) 学习工具系统，包括字典、词典、资料库、电子笔记本等。

(7) 协商交流系统，包括电子邮件、电子公告牌、聊天室、讨论室、教师信箱、问答天地、疑难解答等。

(8) 开放的教学环境系统，包括相关内容、参考文献、资源、网址的提供等。

3. 网络课程的特点

1) 网络课程具备学科课程的基本特征

(1) 系统性特点：把科学系统编制为学科系统，以适合于不同的教育对象的认知特点。

(2) 简约性特点：体现的是人类以间接经验概括千百年文化精华、高效率地传递文化和引导创新文化的重要优势。可以认为，简约的学科课程形式是人类有意识地传递文化与文明的最优化的形式。

2) 网络课程具有网络教育的基本特征

(1) 教育资源全面共享。从世界范围内看，国家之间、地区之间的教育资源分布是不均匀的，然而，网络技术的发展，使得分布于世界各地的教育资源高度集中，供全球分享。如此一来，生活在教育资源贫乏国家的人们就可以学到更多的知识。与传统教学相比，利用网络中丰富的教育信息资源进行网上教学，拓宽了学生接受知识的范围，推进了教育民主化进程。

(2) 教学时空不受限制。网络教育按活动方式可分为同步教学与异步教学。同步教学打破了传统教学中"教室"的局限，突破了校园、地区甚至国界，在网络带宽允许的情况下，只要接入 Internet，就能在世界的任何地方加入同步教学，因而具有空间上的自由度；异步教学不仅突破了空间的限制，而且打破了时间的约束，人们可以在任何时间、任何地点开展异步教学，因而在空间和时间上均具有很大的自由度。

(3) 便于开展多向互动。双向互动曾经是教学系统设计所追求的目标，而网络教学能够做到多向互动。学习者可以通过网络课程、网上教育资源以及网络通信工具与在线教师、同伴、专家等直接交流而产生多向互动。

(4) 有利于实施合作学习。现在许多网络教育平台带有群件系统的功能，能够支持一个学习群体方便地进行通信交流、工作空间共享、应用软件共享和协同创作等，由此创设的网上虚拟社区能够使学习者之间的交流形式更趋于人性化，有利于合作学习的开展和学习者健全人格的培养。

3) 网络课程的自身特征

(1) 教学内容的特点。在网络课程中，由于其开放性，教师能够随时增加新的知识、新的内容，从而保证网络课程的教学内容能够及时反映最新的发展。网络课程的教学内容采用的是模块化的组织方式，模块的划分具有相对的独立性，一般以知识点或教学单元为依据。

(2) 教学设计的特点。就教学形式而言，课堂教学信息集中在教师的讲授上，所以，课堂教学设计主要是围绕教师的授课展开的，教师是教学策略实施的核心。网络课程的教学信息主要集中在课程提供的各种资源媒体组合上，学习形式以学生自学为主，教学设计的目标集中在优化配置各类教学资源上，使网络课程能够为学生提供"自助餐"式的学习选择。就教学过程而言，传统教学设计策略主要围绕着教师进行。在网络课程的教学过程中，教师的教学信息集中在网络课程中，处于终端的学生是动态指令信息的主要发出者，处于发送端的教师则是动态指令信息的响应者。所以，教学设计策略应围绕着学生来进行。教学设计目标的转移在网络课程中是相当重要的，它是教学策略制定的主要依据，而制定科学准确的教学策略是网络课程发挥教学效益的标志。

(3) 教学方法的特点。在课堂教学中，教学方法具体落实到教师的行为语言中，并直接与学生相联系。在网络教学中，教师的教学方法已经物化到网络课程之中，并转化为学生的学习行为，所以网络教学法实际就是学习方法。教师将自己的教学策略融会于网络课程的媒体表达之中，借助虚拟教学环境，为学生提供一个自主化的学习环境。从这个意义上说，网络教学的教学方法已经转化为网络课程教学过程和教学媒体的组织方法。教师的作用体现在引导学生熟悉网络课程的教学程序(如在线研讨、学习导航等)，并按照程序进行创造性的学习。

(4) 教学媒体的特点。由于网络课程是基于 Internet 的，所以网络课程的内容表现形式和资源组织方式便有了超媒体的特点。网络课程通过超文本技术把教学内容组织成一个网状的知识结构，其中每个教学单元不仅包含文本内容，而且还包含图片、图像、动画、视频和音频等，而且各教学单元之间有广泛的联系。

(5) 教学交互的特点。网络课程中的交互不同于传统 CAI 课件中的交互。后者只限于人机交互，即学习者与计算机之间的交互；而前者不仅包括人机交互，还包括人际交互，即学习者通过计算机网络与教师或其他学习者之间进行的交互。

(6) 教学评价的特点。网络课程的教学与课堂教学相比，教学评价显得尤为重要。这是因为在网上教师不容易对学生做出综合性的评价。对网络课程的教学评价不可能像在课堂教学那样及时做出。因此，网络课程的教学评价需要有教学系统的支持。

二、网络课程的设计与开发

1. 网络课程的教学设计

网络课程的教学设计应该在现代教育理念指导下，通过对网络媒体和远程教育特点的分析，确定网络课程的课程目标，对网络课程的整体结构进行设计。如果在网络课程制作之前进行良好的教学设计，那么在整个制作过程中，开发人员就会对整个网络课程的教学目标、教学对象、课程结构及后续开发工作的思路非常清晰，对自己该做什么、怎样去做清清楚楚，对怎样与其他开发人员的工作进行衔接做到心中有数，使整个开发工作显得井井有条。因此，教学设计将决定整个网络课程后续开发工作的进程和整个网络课程的质量，是基础性的工作。

1) 教学目标的设计

网络课程的教学目标是对学习者通过网络学习以后应该表现出来的可见行为的具体、明确的表述。在设计网络课程教学目标时，应遵循整体性、灵活性、可操作性等原则。即在网络课程教学目标的设计中，需要把课程的教学目标分解到章、节甚至知识点；根据学习者在学习基础、学习能力方面存在的差异，制定灵活而富有弹性的课程教学目标；为了便于开展教学评价，制定的教学目标必须明确、具体、详细等。

2) 学习者特征分析

在对学习者的分析过程中，要了解课程对象的各方面特征，如：学习者的年龄特征和心理特征，学习者的学习需求，学习者目前的知识、技能状况，学习者的学习态度等。

3) 网络课程的教学内容设计与组织

网络课程的教学内容设计是教学设计的重要环节，是网络课程建设的主体。因为课程的内容决定其表现形式，所以，只有首先确定网络课程的教学内容，才能进一步进行系统和媒体设计。教学内容设计就是将网络课程所表现的知识内容按照网络教学环境的需要和网络课程的教学目标进行分解和重组，并根据不同的知识内容特点，选择各种不同的资源类型，使教学内容以更适宜于网络教学的形势和手段表现出来。

(1) 网络课程教学内容的设计步骤。①根据选定的教材或参考资料，确定教学单元；②依照教学单元，进行知识分解；③根据知识点，确定所需准备的资源、习题的数量及类型；④依照教学单元和知识点，使用表格或图示描述网络课程的内容结构。

(2) 内容组织方面上应该注意的问题。①网络课程的内容一般以 Web 页面的形式呈现，应充分利用各种媒体信息，根据具体知识的要求采用文本、声音、图像、动画等多种表现形式，使学习者获得最佳的学习效果。②网络课程的内容采用模块化的组织方法，模块的划分不仅具有相对的独立性，而且具有开放性和可扩充性。模块内容基本以教学单元或知识点为依据，每一个教学单元的内容应包含如下几部分：学习目标、教学内容、练习题、测试题(每一章)、参考的教学资源、课时安排、学习进度和学习方法说明等。③在疑难关键知识点上提供多种形式和多层次的学习内容。根据不同的学习层次设置不同的知识单元体系结构。④课程结构应为动态层次结构，而且要建立起相关知识点间的关联，确保用户在学习或教学过程中可根据需要跳转。⑤网络课程应该为学习者提供丰富的学习资源，这是网络课程的优势之一。首先，根据教学目标考虑好课程中准备提供给学习者哪些素材，然后，将这些素材进行合理的分类并进行层次设计。

(3) 应配套相应的教材与练习册。网络课程教材应具备以下特性或内容：①指导学习者如何利用网络课程来开展自主学习。对学习节奏的安排、学习内容的检索等都要给以指导和说明，知识结构的安排、导航策略的设计也能让学习者有一个清晰的把握。②资料性强。对于一些在网上难于展开的视、音频学习内容可以提供离线学习的资料。还应给予相关知识的因特网上资源地址和可以获取此类信息的方法途径。③课程有关源代码或源程序的公开、自由及共享。学习者或网络课程使用者有时需要按自己的要求对某些内容进行修改和调整，那么相应部分的源代码应是自由的、公开的，允许使用者自由设置和修改，即做到网络课程的可重复开发。

4) 教学活动设计

教学活动是网络课程的核心内容，在一门完整的网络课程中，至少需要设计如下教学活动：实时讲座、实时答疑、分组讨论、布置作业、作业讲评、协作解决问题、探索式解决问题。教学活动的安排，应根据课程内容来确定。

5) 网络课程的学习评价设计

网络课程的学习评价是网络教学活动中至关重要的环节，是检验网络教学效果的重要标志。在网络教学活动中，评价不仅可以检验教学效果，为师生调控教与学的行为提供客观依据，还可以激发学习者的学习动机和学习热情。在网络课程设计中，必须根据网络教学的规律和特点，依据客观性、整体性、指导性和科学性的原则，从学前、学中、学后三个方面去设计评价，即设计诊断性评价、形成性评价和总结性评价。在具体实施时，可采取定量与定性相结合的手段。

2. 网络课程的系统设计

1) 网络课程的结构设计

网络课程的结构设计是指在教学目标、教学内容和教学策略的指导下，进行网络课程的总体建构，以实现教学目的。其意义在于为学习者创设一个有助于其进行自主学习的个别化学习环境和帮助学习者与他人(其他学习者和教师)进行协作交流的协作学习环境。个别化学习环境主要是为学习者提供一个经过精心策划的、以超文本方式组织的知识结构和评价体系，并在此基础上为学习者提供一些必要的学习资料，如资源库、案例库等；协作学习环境的创设可以通过在线和离线两种方式来实现。

2) 网络课程的交互设计

交互是教学活动中不可缺少的环节，交互质量的高低在很大程度上决定了教学质量的高低。网络课程中的交互功能体现的是教师、学习者和教学平台三者之间的多向交互，通过信息的交流，为学习者创造了互动的学习环境，使学习者的学习效率达到最大化。根据交互的主体，可以把网络课程中的交互分为 4 种形式：学习者与教师之间的交互、学习者与学习者之间的交互、学习者与教学平台之间的交互以及教师与教学平台之间的交互。我们可以进一步将这四种交互形式归纳为人际交互和人机交互。

3) 网络课程的导航设计

网络课程的最终表现形式就是一个网站。如果把一个网站看作一艘船，导航系统则可以称得上是这艘船的舵。导航设计在整个网站的建设中占有非常重要的地位，直接关系到是否能帮助浏览者正确到达他们想去的地方，便捷地找到所需信息。这就意味着创建一个合理的超链接系统，能够使访问者高效地浏览整个网站。

网络课程的导航设计是为学习者的自主化学习提供指南，即让学习者能够清楚地了解教学内容的结构体系，产生整体认知感，了解当前所学内容在网络课程的知识结构体系中所处的位置，使学习者能快速、简捷地找到所需的信息，并能根据学过的知识、走过的路径，确定下一步的前进方向和路径。从某种程度上讲，导航设计也是教学策略的一种体现，是一种避免学习者偏离教学目标，引导其提高学习效率的策略。一个适于自主学习的便捷导航系统至少应该包括：课程的结构说明、课程目录结构、相关学习单元或知识点的快速链接、学习历史与状态纪录、便捷的检索系统、功能菜单及在线帮助等。

导航的种类很多，常用的有按钮导航、光标导航、菜单导航、标签导航、查询导航、地图导航、提示导航等。课程设计者应根据不同的目的，选择不同的导航类型。

4) 网络课程的界面设计

界面是学习者与计算机进行人机交互的接口，学习者通过感受网络课程界面上的色彩、图案、布局等创意，形成对课程的第一印象，然后再通过界面上提供的各种信息和功能进行学习。因此，屏幕界面是学习者对软件最初、最重要的印象。友好的屏幕界面能使网络课程易于接受，同时也方便学习者掌握和使用。设计界面时，要根据教学内容和使用对象的特点，做到界面友好，操作方便，交互性、可控性强。网页界面设计要以方便学习者学习为原则，不能为了表现技术而忽视了教育性。在具体的开发过程中，要对网络课程界面的基本元素，如网络课程的名称、课程的标识图案、页眉、页脚、导航、主题内容等作构图、色彩、字体、背景等多方面的考虑。

3．网络课程开发的一般过程

网络课程的开发一般应遵循以下几个步骤。

(1) 需求分析。对课程开发的背景、社会需求、运行环境、可行性等进行分析。

(2) 教学设计。教学设计包括课程教学目标设计、学习者特征分析、课程内容设计与组织、教学活动设计等。

(3) 系统设计。系统设计包括结构设计、交互设计、导航设计、界面设计四个方面。

(4) 脚本设计。在教学设计和系统设计的基础上进行脚本设计，脚本详细说明了每一屏学习内容的呈现方式以及教学活动的流程。

(5) 课程制作。经过教学设计、系统设计和脚本设计阶段后，课程设计者对教学目标、教学对象、教学内容的组织、教学活动设计、呈现方式以及整个网络课程的结构已经非常清晰，这时可以进入网络课程的制作阶段。课程制作包括素材制作、素材采集、数据入库、网页制作、程序设计与调试。

(6) 试用和评价。这里讲的评价主要是形成性评价。形成性评价实际上要贯穿于前面各个阶段之中，每一步工作完成以后都要进行评价。通过评价发现每一步工作中存在的问题，并及时纠正这些问题。整个课程制作完成以后，要对课程进行试用，通过试用发现教学设计方面和课程制作方面的问题，根据反馈的问题和意见继续完善网络课程。

(7) 不断充实完善，并完成整门网络课程的开发，经技术测试后，申请注册，上网发布。

三、网络课程的评价

网络课程建设是网络教学应用的基础性工程，网络课程是决定网络教学质量的一个关键要素，网络课程建设的质量好坏和水平高低，将直接作用于网络教学的教学思想、教学方法、教学手段、教学模式等诸多重要方面。因此，网络课程开发的一个重要方面就是要对其进行有效的监控和管理，以保证网络教学的质量，这就需要对网络课程进行评价。

1. 网络课程评价的基本原则

1) 全面性原则

对网络课程进行评价时要根据系统论的观点，一方面，应对网络课程的各个方面进行不同层次的全方位评价，不能以偏概全、以局部代替整体；另一方面，要求在评价时，要分清主次，抓主流、抓本质，科学分配评价资源。针对不同的课程模块对学习者影响的程度不同，可设置合理的权重，以强调该模块的重要性。完整的评价标准应从三类用户，即学生、教师、管理者的角度出发，对以下方面进行考察：①网络传输系统，包括传输效率、学习材料的传输质量、响应与反馈的速率；②教学系统，包括一门课程完整的教学内容、激发学习动机的机制、支持不同学习策略的教学活动；③交互系统，包括教师和学生、学生和学生之间的各种形式的同步、异步交互；④教师/学生支持系统，包括在线疑难解答、丰富的学习资源、系统使用指南和技术支持等；⑤评价系统，包括对学生在这门课程中的考试与作业的评价、对学习过程参与度的评价、对教师的评价和对课程系统的评价等；⑥管理系统，包括学籍管理、成绩与学分管理、财务管理、课程计划管理和答疑管理等。

2) 客观性原则

评价最基本的原则就是客观。在评价标准的制定、评价方法的选择、评价样本的抽取以及评价测量与调查的实施中，要协调评价者之间的价值观念，避免掺入评价者个人的情感因素，以客观事实为依据，最终形成对该事物客观一致的评价。另外，网络课程的评价一定要考虑网络本身的特性，盲目遵循传统的课堂教学评价标准是不合理的，应在如何挖掘网络的优势，弥补劣势上做深入研究。

3) 科学性原则

要求评价者必须本着严谨的科学态度；评价的手段、方法必须有充分的科学依据；评价指标体系必须有准确的科学含义和理论基础。

4) 先进性原则

要求在评价中不仅要充分运用现代评价理论与实践研究的新成果，以先进的评价理论作指导，而且要充分利用现代教育技术及网络自身的优势，尽量采用网络化、电子化、自动化的监测与评价系统，使评价资料的采集、评价数据的分析处理、评价结果的反馈更准确、及时、高效。

5) 促进"学"的原则

网络教育的开展实现了学习者对知识的建构过程，体现了建构主义以"学"为主的原则。因而，在对网络课程进行评价时，其出发点应该是一切以学习者的有效学习为目标。所有的学习活动和资源都要与教学密切相关，以激发学习者主动地参与学习，而无关的资源和干扰性活动将是网络课程评价标准中需要否定的内容。

6) 定性与定量相结合的原则

在评价过程中，既要有定性评判，也要有定量分析，要把二者适当地结合起来，以求评价的科学性和准确性。定性评判主要是判断网络课程中资源的性质与优劣；定量分析主要是分析网络课程资源的数量、适用范围及技术参数等。

2. 网络课程的评价指标体系

在西方发达国家，政府非常重视网络教育的质量问题，积极开展关于网络课程或网络教学质量和标准的研究以及政策制定，并已形成初步的评估体系。对网络教育或网络课程的评价又可以从宏观和微观两个层面来进行。宏观方面的评估体系，着眼于从整个网络课程服务体系环境的建设和国家质量标准的建设的高度确定。这类宏观标准把网络教育作为一个具体的社会商业服务，反映了西方发达国家在教育市场上的成熟商业思考。微观方面的评估体系主要是针对具体的网络课程实施来进行，不同类型的网络课程，有不同的特点、不同的要求，但所有的网络课程都应具有教育性、科学性、技术性、艺术性、可用性、交互性等方面的共同特性。因此，在网络课程的评价中，既要遵从网络课程的这些共性指标，又要考虑被评价课程的个性特征，从多个角度评价网络课程的质量。

1) 教育性

教育性是网络课程评价的首要条件，课程的主要目的就是教育，这是决定网络课程质量的核心要素。对教育性的评价可从以下几个方面来考虑。

(1) 课程内容完整，符合大纲要求。教学大纲是规定课程的内容、体系和范围的直接依据，它规定了课程的教学目标和课程的实质内容，是检查教学质量的直接尺度，对任何一种教学软件都有直接的指导意义。

(2) 课程说明的学习目标、领域、学习群体、学习时间完整。针对课程的学习目标，告诉学习者通过该课程所能获得的知识技能和实际问题解决能力，学习目标的说明不宜过宽，应尽可能结合实际；对课程目标适合学习者群体、知识背景、学习需求等内容表达准确；该课程所属专业领域和适用的专业要交代清楚；学习该课程需要多少学时表述准确。

(3) 课程内容充实，范围和深度与课程目标一致。课程内容能涵盖的各项课程目标、深度与大纲相适应，重点突出，主次得当。

(4) 教学模式与教学内容相适应，符合学生认知心理。网络课程中所采用的教学模式与教学内容相适应，符合学生学习该课程的心理认知过程，为学习该课程能起到激励作用。

(5) 内容划分合理，内容编排反映学科结构或领域结构。学习单元或知识点的划分有逻辑上的合理性，整体内容编排逻辑合理，能够清晰地反映该学科或领域的基本结构，采用的目录树、结构示意图等便于学习者理解和学习。

(6) 相关知识链接合理，对理解学科内容有很强的针对性。与课程内容相关的网络课程、专业学科网站、相关网上图书与期刊、著名研究者或研究机构的主页、相关的政府网站等所提供的资源与该课程内容密切相关，对学习者有促进和扩展作用。

2) 科学性

网络课程的科学性主要体现在网络课程的文字、图片、动画、视频等是否符合某学科的科学规律；是否与国家政府机关的相关标准一致；在用词上是否规范、准确，课程的逻辑性是否严密等方面。这些方面对网络课程所传授的知识的可信度有很大影响。

(1) 课程内容科学严谨，思想性、学术性强。课程内容科学严谨，没有思想性、学术性、表述性错误，能适当体现或渗透该领域的最新发现和进展。

(2) 符合科学原理，表达准确，术语符号规范。课程采用的概念、定理、定义等符合科学原理，观点表示恰当。采用的文本、图片、动画、视频等多媒体技术符合规范。

(3) 场景设置、素材选取、操作示范符合有关规定。对视频、动画和实验采用的场景设置合理，选材准确，操作示范符合相关规范。

(4) 技术文档规范齐全。需要准备的技术文档包括：文字稿本、制作稿本以及网络课程使用说明书等。各种技术文档的编写要符合相关规范。

3) 技术性

(1) 系统要求有具体、明确的提示和说明。向用户完整、具体地说明课程运行所需的基本硬件要求、网络配置及软件名称和版本号。在网络课程中有专门的页面说明运行环境要求；在文档、产品使用手册或说明书上列出所有要求。

(2) 安装与卸载顺利并具有明显的提示信息。课程无需安装或能自动安装；学习者可按照屏幕提示顺利卸载课程，或可使用标准操作系统的控制面板顺利卸载课程。

(3) 多媒体技术的使用符合相关技术标准。对课程中所采用的多媒体格式符合相关技术标准，适合网络传输要求。

(4) 网络协议和平台要求符合相关技术标准。网络传输协议符合主流 TCP/IP 协议，课程运行平台适用于通用的 Windows 平台和 IE 浏览器。

(5) 开放性好，安全性强。可以及时补充新的教学内容、习题及其他资源，可以对原有的教学内容、教学结构进行调整；权限设置合理，管理功能完善。

4) 艺术性

(1) 屏幕设计简洁美观，比例得当，风格统一。屏幕设计简洁美观，文本、图形等可视元素搭配协调得当。大小合适，颜色对比适当，在 800×600 分辨率下均清晰易辨；整个课程所有网页风格统一。

(2) 媒体表现形式多样，运用合理，设置和谐。

(3) 媒体内容与课程紧密相关，创意新颖，感染力强。

5) 可用性

(1) 导航与定位准确，符合课程结构，对学习者有引导作用。导航系统直观明确，简便易用，学习者能方便地进入课程和各个模块，向前进、向后退、保存操作、回到上级页面、退出等功能齐全，定位标记能标明学习者在整个课程中的位置。具有自动书签、自动定位、手动书签等功能。

(2) 操作响应及时，链接准确无误，对学习者有明显提示。对学习者的操作做出反馈，利用视觉效果变化或听觉提示等表明操作已经生效。当链接或下载需要较长时间时，在屏幕上提示用户需要等待的时间或所下载文件的大小。链接明显易辨，有明确的标签，学习者在打开链接以前能知道所指向的主题内容。学习者能容易地看出可打开的链接。

(3) 在线帮助能为学习者提供明确的指导说明，针对课程的导航方式、技术应用或特殊功能等提供明确的指导说明。

(4) 演示动画、视频控制容易，声音开/关方便。对课程中采用的动画、视频演示的快、慢、走、停能方便控制，并具有配音，对配音和背景音乐能开/关自如。

6) 交互性

(1) 师生之间、学生之间各种交互工具齐全、好用。课程提供的交互机会，能引发学习者对学习内容的积极投入、操纵和思考；提供模拟、交互性实验、角色扮演或教育性游戏等活动；提供笔记工具，以便让学习者对学习内容做标注。

(2) 模拟仿真合情合理、准确真实、交互性强。模拟仿真运用合理、恰当，可以将复杂的问题简单地表现出来，让学习者能形象地接受，而且很容易理解，操作交互性强。

(3) 交流与协作可借助教学平台充分展示。讨论交流可以借助教学平台所提供的交流功能而实现，包括：BBS、聊天室、FAQ、留言板、列表服务、答疑等形式，可以充分开展协作交流。

(4) 练习与反馈功能齐全。课程根据知识点提供不同层次的练习、测验，学习者在练习中能得到有意义的反馈。可以让学习者对不同模块知识与技能加以综合应用，练习和测试的结果应当提交给教师进行评判和提供反馈意见。

(5) 测评效果能覆盖课程内容。除了可以针对单个的知识点进行测验、考试以外，还要求对整个课程的所有知识点进行综合测评。

本 章 小 结

网络教育作为一种开放的教育形式，它的教学理论基础有：赞可夫的发展性教学理论、巴班斯基的教学过程最优化理论、布鲁纳的结构主义教育与发现式学习、布卢姆的掌握学习以及保罗·朗格朗的终身教育思想。

对网络学习影响较大的学习理论有：行为主义学习理论、认知学习理论、建构主义学习理论和人本主义学习理论。

　　网络课程作为一种新的以网络形式表现出来的具体的课程形态，它具有课程的计划、目标，按一定的教学目标、教学策略组织起来的学科教学内容，在网络教学平台上进行的交互式教学活动，以及支持这些交互式教与学活动的相应的程序等。网络课程的评价要从以下几方面进行：①教育性；②科学性；③技术性；④艺术性；⑤可用性；⑥交互性。

【思考与练习】

1. 解释网络教与学的基本理论。
2. 网络教育中教师的作用是什么？
3. 什么是网络课程？
4. 如何设计一门网络课程？
5. 如何评价一门网络课程？

【推荐阅读】

1. 戴本博，张法琨. 外国教育史(下)[M]. 北京：人民教育出版社，1990.
2. 教育部现代远程教育资源建设委员会. 现代远程教育资源建设技术规范[S]，2000(5).
3. 马红亮. 对网络课程建设中若干概念的再思考[J]. 现代教育技术，2003(2)：21-24.
4. 冯秀琪. 关于网络课程设计策略的思考[J]. 开放教育研究，2001(4)：29-32.
5. 林君芬，余胜泉. 关于我国网络课程现状与问题的思考[J]. 现代教育技术，2001(1)：55-59.
6. 杨力. 网络课程的特征分析[J]. 天津电大学报，2001(4)：34-35.

第三章　网络教育中的学

本章学习目标

➢ 网络学习
➢ 网络学习的主要模式
➢ 网络学习的规律

核心概念

网络学习(Web-Based Learning)；模式(Model)

引导案例

网络环境下高中地理《地震》教学过程的设计

(1) 问题抢答，复习旧知识。

观看FLASH动画，抢答问题：褶皱的基本形态是怎样的？褶皱的野外考察依据是什么？断层的基本形态是怎样的？

(2) 创设情境，导入新课。

观看"地震"视频，让学生有一个感官的认识，并让学生讲述曾经感受过的地震。教师总结：岩石圈自形成以来，受内、外力作用，不停地变动着；内力作用的表现主要为褶皱、断层、火山、地震，像褶皱、断层都是经过长时间的地质演化形成的，而短时间的地壳运动就是火山、地震。

(3) 课内外自主学习，了解地震。

教师布置任务，让学生根据表格自主学习，从课本和相关网络资源中找到答案。

问题1：地震引起的灾害？

问题2：有关地震的四个概念，即震源、震源深度、震中、地震波？

问题3：衡量地震大小的"尺子"？

问题4：全球的地震分布？

问题5：我国的地震分布？

网络资源：

地震模拟展览馆：http://www.kepu.com.cn/gb/earth/quake/

(4) 学习效果即时反馈，教师进行总结。

(5) 根据网络资源，教师将课堂重点知识"地震震级与烈度的含义"巩固加深。

(6) 学生首先通过网络资源进行搜索，然后小组讨论上海市防震减灾工作的举措和意义，引导学生对发生地震的深层原因进行思考，例如人工地震等。

(7) 网上游戏：如何防震？提高学生在自然灾害下的自我保护意识。

地震中逃生：http://www.kepu.com.cn/gb/earth/quake/flash/quake.html

(8) 课堂作业：网上地震 EQ，对教学效果进行检验。

小测验：http://www.webhospital.org.tw/eqquake/faq2.html?yes=0

(9) 通过演示文稿进行课堂小结。

(10) 课后作业：通过网络搜集近两年来国内发生的破坏性地震资料，并分析其成因和所处的地震带；通过网络搜集在城市环境下的新的地震灾害表现。

案例分析

　　课堂开始首先播放一段地震的视频给学生造成感官上的冲击，然后让学生就各自所知道的地震常识进行表述，这样学生的兴趣会被调动起来。接着布置学习任务，让学生带着问题在相关网页中寻找答案，这就是一个利用网络资源进行自主探索的过程。探索的结果要让学生进行即时的反馈，教师进行总结和指导。接着教师进一步将本堂课的重点"地震震级与烈度的含义"加以总结和升华，然后让学生通过网络资源进行搜索，最后小组讨论上海市防震减灾工作的举措和意义，引导学生对发生地震的深层原因进行思考。那么这就是培养学生的一种科学探究能力，也能发挥不同层次学生的思考力度，而且通过我们生活着的城市的研究，让学生感到亲切感，并且在对发生地震的深层原因作思考的同时，树立一种爱护地球、爱护环境的观念。为了进一步地进行拓展，让学生进行一个网上小游戏："如何防震"？提高学生在自然灾害下的自我保护意识。本堂课的学习效果检验通过一种网上地震 EQ 的方式来进行，这样就将紧张的检验变得生动有趣，并且这种检验是一个互动的过程，检验效果能当堂反馈。为了进一步将知识进行拓展，首先在自主学习环节中，设置了通过网络资源进行搜索，然后小组讨论上海市防震减灾工作的举措和意义，引导学生对发生地震的深层原因作一思考，例如人工地震。其次布置了课后作业：通过网络搜集近两年来国内发生的破坏性地震资料，并分析其成因和所处的地震带；通过网络搜集在城市环境下的新的地震灾害表现。

　　通过本堂课发现学生学习兴趣大增，并且除了极个别的同学，绝大多数同学都能完成基础知识的掌握，而在研究性学习中，大家都能积极思考，有少数同学的见解比较深刻。

资料来源：http://www.fyeedu.net/info/87378-1.htm

第一节　网络学习概述

一、网络学习

　　所谓网络学习，就是指通过计算机网络进行的一种学习活动，它主要采用自主学习和协商学习的方式进行。

1. 网络学习的产生

(1) 信息技术革命是网络学习产生的前提。网络学习的起源与信息技术革命的发展是紧密相连的。因此，我们在研究网络学习时，就必须从信息技术革命的发展历史上来认识。信息技术革命的发展变化从历史进程的角度来看是很短暂的，但这种发展给人类带来的变化却是巨大的，它主要表现为电子工业的深刻变革，以电子学为基础的信息技术，带来了信息革命的开端。信息技术革命的科学和工业基础开始于 19 世纪末 20 世纪初，如 1876 年贝尔发明电话，1898 年马可尼发明无线电，以及 1906 年福雷斯特发明真空管等。电子学技术的重大突破则是可以处理程序的电子计算机以及电晶体的发明，这不仅是微电子学的起源，更是 20 世纪信息技术革命的真正核心。20 世纪 70 年代，随着微电子学、计算机与电信技术的进步以及相互之间的交互聚合形式的发展，新信息技术得到了真正的广泛传播和加速发展。这三个主要技术领域不同阶段的创新，以及它们彼此紧密相关的发展，构成了以电子学为基础的信息技术革命的发展历史，也是网络学习的技术基础。

(2) 万维网的出现是网络学习发展的基础。互联网是计算机技术在军事领域、科研机构、科技产业以及计算机文化变迁所创新的结晶。而网络学习的真正开始应当说是伯纳斯·李大约在 1989—1993 年之间构想和发明万维网之后。随着费用的下降、计算机的广泛使用和微软操作系统的推动，万维网很快就进入到家庭。据国家广电总局科技委员会提供的统计数据显示，随着网络媒体的全面复苏，中国的网民数量迅速发展，截至 2009 年 12 月，中国上网人数已达 3.84 亿。家庭用户使用万维网的增长不仅刺激了因特网的商业化发展趋势，而且对学生和教师来讲从远程进入教育资源库开辟了一个新的途径，为网络学习发展奠定了基础。

(3) 技术的综合应用与整合为网络学习提供了发展的巨大空间。网络学习的发展是通信和计算机等技术综合应用的结果。在 ARPANET 出现以后，人们就很快注意到网络广泛的应用价值。在 20 世纪 80 年代以后，随着 IBM 的 PC 出现，为我们提供了更为简化的操作技术，微软和苹果操作系统使用鼠标后，人们无论在家中还是在工作场所都能够很方便地使用网络，使得网络应用迅速增长起来。对于网络教育而言，早期互联网中的一些技术是非常重要而且现在仍在继续使用着，如电子邮件 E-mail、BBS、Newsgroups、FTP&Archie、Gopher&Veronica、Telnet 等。万维网的开发使不同地方的使用者都能够自主更新文件，并允许文件进行简单的联系。伯纳斯·李系统的主要基础就是"页面浏览器"，它可以应用到任何网络。最重要的是，页面浏览器不仅用于已有的网络中，而且几乎可以用于整个 Internet。页面浏览器显示出来的网页既可以是简单的文本文件，也包括许多标签，它可以让网页浏览器准确地显示出独立的文档。用这种方法，文档就能被定制显示出来，这一文本在于超文本或 HTML，用于早期的出版业格式中。在 HTML 中包括的另一个功能就是能够建立文件与文件之间的连接。以前的系统依赖于功能菜单，而伯纳斯·李则开发了在实际文本中运用单词或词组进行连接的独特方法，这种电子文件包含了超文本的链接以及它们自身之间存在的超链接。这种超链接包括了地址 address 和标记 label。此外，页面系统的另一个功能是它能够让使用者更新和管理自己的网页，以便让他们自己处理文档。其他的支持技术也在早期的页面系统中出现，如地址导航 URL。

教育和研究机构很快就把网页作为在线文档出版的简易方法来使用，页面不仅可以进行基本的文件传输，还可以进行文件格式的使用，如文字处理、数据库和其他应用。在网络的最初阶段，教育工作者和研究人员只能通过专业技术人员的帮助才能传送 HTML 文本页面文件，因为这需要 HTML 的知识。很快，软件开发商就想到了利用文字处理系统，这样，对普通用户来讲非常便捷，不需要利用 HTML 进行编辑。

高级页面技术如 Java、JavaScript、ASP 的出现逐渐代替了传统的 HTML 文件，这样页面浏览器也就可以让使用者进行更多的交互，教师和学生也就能够通过共享文件和短信的实时聊天系统进行交流。现代页面技术让网络教育系统有了更大的扩展，并且成为万维网上最丰富的特点流行起来。随着技术的进步，页面不仅传递文本、短信等，还综合了早期开发的诸如 BBS、电子邮件等技术，新近又加入了音频、视频技术，从而形成了一个比较全面、开放、完善的网络系统，而这一系统又综合了通信技术以及移动通信功能，这样，也为教育的传播带来了新的发展前景。

在信息技术革命的推动下，网络教育的发展就有了坚实的物质基础和技术条件。因此，进入 20 世纪 90 年代以来，人们综合微电子技术、通信技术、计算机技术、网络技术的几乎所有成果，迅速应用到网络教育中来，技术的综合应用与整合为网络学习提供了发展的巨大空间。

2．网络学习实现了学习的重大变革

在人类文明的历史演进中，文字的出现、印刷术的产生，可以成为文化发展中的两个重要的里程碑，而且引发了教育模式的两次变革：前者使书面语言加入到以往只借助口头语言和体态语言进行的文化教育活动中，这不仅超越了人类文化传播的时空障碍，扩展了教育的内容和形式，提高了学生的抽象思维和学习能力，而且成为学校产生的关键因素，使教育从社会生活中独立出来；后者突破了文字的书写速度慢、效率低等不可逾越的障碍，使印刷体的书籍、课本成为文化的主要载体，由此大大加速了文化的传播和近现代教育的普及。20 世纪 90 年代以来，互联网尤其是因特网的迅速发展，成为工业化时代向信息时代转化的巨大杠杆，它以惊人的速度改变着人们的工作方式、学习方式、思维方式、交往方式乃至生活方式。毫无疑问，发生在世纪之交的信息革命，必将成为人类文化、教育发展中的第三个重要里程碑。网络教育就是信息技术带动下诞生的新的教育形式，借助于网络进行学习正在成为世纪之交的一种新的学习方式。网络学习不仅是手段和方法的变革，而且包括了教育观念、教育模式、教育体制在内的一场极其深刻的历史性变革。我们可以对传统学习和网络学习进行比较，如表 3-1 所示。

表 3-1　传统学习与网络学习的比较

传统学习	网络学习
教师讲授为主	启发学生探究为主
说教式教学	交互学习
分学科定时教学	多学科交叉的问题解决式学习
集体化、无个性的学习行为	多样化、个性化的合作式学习

传统学习	网络学习
教师作为知识的垄断者和传播者	教师作为学习的指导者和帮助者
按年龄和成绩分组	可以混合编班
对分科知识与分类技能的评价(考知识点和熟练掌握程度)	以行为为基础的综合性评价(考能力和整体素质)

3. 网络学习的特征

网络学习的特征主要表现在以下几个方面。

(1) 自主性。传统的课堂教学是在指定的地点、时间进行教学，是以教师为中心的灌输式教学。学习者是被动的接受者，教学媒体是教师上课辅助教学的工具，教材和教师讲解的内容是学生接受知识的主要甚至唯一来源。在这种模式下，学习者的自主性受到限制。网络化学习改变了这种模式。Internet 通过统一的网络互联协议(TCP/IP)，成功地解决了不同硬件平台、不同网络产品和不同操作系统之间的兼容性问题，将不同类型和不同范围的网络链接成为一个巨大的多媒体信息库。学习者可根据个人的特点和意愿，采用适合自己的学习方法，主动地选择学习内容、学习时间和学习地点，自我控制学习进度，进行自主性网络学习。学习经过一阶段之后还可以通过网络进行自我测试和自我评价，检验学习效果，从而激发学习的兴趣和学习的主动性。在整个学习过程中都是以学生为中心，通过网络学习进行主动意义建构。

(2) 交互性。传统课堂教学模式也具有交互性，教师和学习者可以面对面地或以书面的形式进行交流和讨论。但是，交流对象的范围小，且主要是一种单向的、一对多的交流，学生很难系统地向教师表达自己的看法，从而获得有效的帮助。在互联网上，学习者不仅可以下载教师的讲义、作业，还可以通过 E-mail 和 BBS 进行交流。网络极大地扩大了交互范围的时间和空间，很好地实现了异地之间的交流。世界各地的学生可以在任何时间通过网络向老师提出问题和请求指导，并且可以和其他学员进行交流，这种交互是双向的，是多对多的。

(3) 开放性。课堂教学模式采用班级授课制，授课的人数是一定的。现代社会的发展越来越要求有大量受过高素质教育的人才，课堂教学无法满足这种要求。网络化的学习使更多的人在不远离家门的情况下就能接受教育，具有比课堂教学更广阔的开放度。

(4) 鲜明的个性。在课堂教学模式下，针对每一个学习者的因材施教和个性化学习是一种可望而不可及的理想，教师只能照顾到部分学生。网络化的学习，使这种理想成为可能。学习者可以根据自己的特点，自行安排进度，从互联网上选择自己需要的资源，按照适合于自己的策略进行学习。

(5) 终身性。终身学习是 21 世纪的生存概念。人类知识呈几何级数增长，社会的迅速变迁和知识经济的崛起要求人们终身学习和终身发展。这种学习与传统学校教育的学习有着本质的区别。学习者从课堂教学中的被动接受者转变为主动学习者，学习目的不是为进入社会做准备，而是为了更好地适应社会的发展，找到个人和社会最好的结合点。传统的课堂学习方式显然不能适应终身化学习。网络化学习具有"自主性"、"交互性"和"个性化"的特点，适合终身化学习的要求。

(6) 合作性。对于单个的学习者来说，其对问题认识的广度、深度及对事物的理解能力都受到自身条件和认识水平的局限，协作学习则达到事半功倍的效果。Internet 通过网络互联和交互式信息服务，为学习者提供一个信息交流、资源共享的网络协作学习环境，交流时空的扩张使每个学习者从个体封闭的学习和认知中走出来，学会合作学习，获得群体动力的支持，懂得在知识的海洋中，每个人都只能是整个人类认知和文化系统中的一分子，因而需要相互协作，才能获得成功。每个学习者在网络中都以平等的身份与他人合作，这种平等的地位无疑大大增强了协作的有效性，更有利于互相帮助，取长补短，共同进步。

(7) 创造性。Internet 是采用超文本链接的形式进行服务的，非线性、跳跃性是其重要特征。这种课程组织方式是符合人的思维规律的，非常有利于人的发散思维的发展，有利于丰富想象力的培养和创新意识以及创新思维的发展。网络结构的开放性、多元性为学习者提供了多种选择的可能，使人的思维得到激活，从中演化出创造性的欲望和能力。

4. 网络学习的定义分析

与网络学习有关的英文名称有"E-Learning"、"Web Based Learning(WBL)"、"Web Based Education(WBE)"等。那么，什么是网络化学习呢？我们来分析一下学者们对它所作的定义。

Vaughan Waller 和 Jim Wilson 对"E-Learning"的定义是：E-Learning 是一个将数字化传递的内容同(学习)支持和服务结合在一起而建立起来的有效学习过程。

哈尔滨广播电视大学的张丽丽、潘俊认为"网络化学习是一种基于互联网技术平台支持的、开发式的新型学习方式；是一种学习者主动的、自主的、非线性的、交互式的，以获得理解信息为主的，以多媒体为表现手段的，建立在网络支持之上的一种学习"。

广州大学教育技术系教授曹卫真认为，"网络学习是指学习者运用网络环境和网络信息资源，在相应信息及教师的引导下，主要采用自主学习或协商学习形式所进行的学习活动"。

中央教育科学研究所副研究员王松涛从四个方面对网络学习进行了界定：网络学习是通过网络进行的学习过程；网络学习也是学习网络本身的过程；网络学习是开发和利用网络知识与信息资源的过程；网络学习还意味着把网络作为学习的一种环境。

美国教育部对 E-Learning 概念的定义归纳如下："E-Learning 是指主要通过因特网进行的学习与教学活动，它充分利用现代信息技术所提供的，具有全新沟通机制与丰富资源的学习环境，实现一种全新的学习方式；这种学习方式将改变传统教学中教师的作用和师生之间的关系，从而根本改变教学结构和教育本质。"

北京师范大学的何克抗教授对网络化学习所作的定义是，"通过因特网或者其他数字化内容进行学习与教学的活动，它充分利用现代信息技术所提供的，具有全新的沟通机制与丰富资源的学习环境，实现一种全新的学习方式——这种学习方式将改变传统教学中教师的作用和师生之间的关系，从而根本改变教学结构和教育本质"。

以上有关学者和专家对网络化学习的论述对进一步认识网络学习有着重要的作用，我们可以从以下几个方面进行论述。

第一，网络学习是一种学习方式。Vaughan Waller 和 Jim Wilson 把 E-Learning 定义为"有效学习过程"。张丽丽、潘俊认为网络化学习是基于互联网的一种"学习方式"。曹卫真认为网络学习是一种"学习活动"。美国教育部与何克抗教授把 E-Learning 定义为"一种全新的学习方式"。王松涛强调网络学习是一种过程，"网络学习是通过网络进行的学习过程；网络学习也是学习网络本身的过程；网络学习是开发和利用网络知识与信息资源的过程"。还有人说网络学习是一种思想，也有人说网络学习是一种环境，是一种文化等。从不同角度审视网络学习得出的结果都有一定的合理性，但是，我们认为网络学习首先是一种学习方式，是一种不同于传统校园教育的全新的学习方式。这种学习方式借助于网络突破了几千年来教师讲、学生听的传统方式，真正实现了学生的"主人"地位。网络学习是一种方式，这是网络学习的本质界定。

第二，网络学习中的"网络"专指因特网。对于网络学习中的"网络"这个概念，不同的专家也有不同的理解。张丽丽、潘俊理解为"互联网"。曹卫真和王松涛没有对各种网络进一步区分。美国教育部以及何克抗教授把网络理解为"因特网"。当前各种网络类型颇多，而确定网络学习的定义有必要明确"网络"这个词的含义，本书所指的网络就是指因特网。所以网络学习所研究的就是基于 Internet 的学习所特有的矛盾和规律。当然，因特网只是学习的一种工具，网络学习更重要的是要充分利用网络上的数字化资源。

第三，教师为主导、学生为主体是网络学习中师生关系的角色定位。教师和学生在这种新型学习方式中的角色也应是定义"网络学习"的一个重要内容。张丽丽、潘俊从"是从一种学习者主动的、自主的、非线性的、交互式的"角度来阐述学生在这种学习方式中的角色，而张、潘二人没有进一步探讨教师在这种学习方式中的角色问题。美国教育部以及何克抗教授只是谈到了"这种学习方式将改变传统教学中教师的作用和师生之间的关系"，并没有明确二者的角色问题。在这种学习方式中，教师的角色不再以传播知识为主，而应当帮助学生建立适当的学习目标，并选择和确认达到目标的最佳途径；指导学生形成良好的学习习惯，掌握学习策略和培养认知能力；创造丰富的教学环境，激发学生的学习兴趣，充分调动学生学习的积极性；辅导学生利用便利手段获取所需要的信息，并利用这些信息进行创造性学习。传统的以课堂、课本、教师为中心单纯传授知识的教学思想将逐渐被摒弃，而代之以建立教师为主导、学生为主体的新型师生关系。

第四，形成良好认知结构，培养创新意识、创新能力是这种网络学习的目标。这种新型学习方式的目标是什么，很多学者并没有进一步进行论述。何克抗教授认为，这种学习方式会"根本改变教学结构和教育本质"。我们认为，这种学习的目的在于：有助于学生认知结构的形成和发展，有助于创新能力和创新意识的形成。在这种学习方式中，学生由依赖书本学习转向利用资源学习；由死记硬背式学习转向主动意义建构式学习；由依靠教师学习转向自主学习；由按部就班的线性学习转向具有个性特征的非线性学习。学习方式的变革以及信息学习环境的支持为构建科学的认知结构、培养创新精神提供了理想的条件。

基于以上分析，我们把网络化学习定义为"网络学习是基于因特网及其数字化资源进行的，以学生为主体，以教师为主导，以形成良好认知结构，培养创新意识、创新能力为目标的一种全新的学习方式"。

以上对网络学习的内涵进行了界定。由于网络学习是一个全新的学习方式，大家对网络学习的理解不尽相同。基于此，我们有必要对网络学习的外延进一步解释。我们认为，从广义上讲，凡是基于因特网及其数字化资源进行的学习活动都可称之为网络学习。也就是说，无论何人、在何地、在何时利用因特网及其数字化资源进行的学习都可视为网络学习。当然，网上游戏、网上聊天等非学习行为，即使发生在课堂上，我们也不能视为网络学习。从狭义上讲，网络学习是指利用网络及其数字化资源，为学习某一特定课程而进行的有目的、有计划、有组织的学习活动，是指在网络教育机构注册选课后而进行的学习活动。比如，现代远程教育的学生通过网络进行的学习，既包括学历教育，也包括职业培训等。

二、网络学习者

1. 网络学习者的特点

1) 复杂性

网络学习者的复杂性主要表现在以下几点：第一，学习者成分非常复杂。在校学习者、在职干部、工人、农民、下岗人员、社会知青、残疾人甚至劳教人员都可以借助网络进行学习。第二，学习者的水平参差不齐。网络学习者既有受过高等教育的学习者，又有接受过中等教育的学习者，甚至还有很多文盲为了提高自己的水平也参与到网络学习中来。第三，学习的目的比较复杂。有的学习者为了获取毕业证，有的学习者为了提高自己，有的学习者为了升职，有的学习者为了就业，等等。

2) 分离性

网络教育的学习不同于传统教育的学习，传统教育的学习是教师和学习者同处于一个教室，而网络学习，师生实行异地教学而不一定在同一间教室内。

3) 分散性

学习者的生源不是主要来自某一个地方，而是分散在全省、全国，甚至世界各地。学习者可以到当地的学习中心进行集中学习，但是由于网络学习具备时空分离的优势，学习者更多地分散在各地进行自主的学习。

4) 独立性

独立性主要体现在个别化自主学习上。独立学习是网络学习的基本学习形式，最明显的特征就是教师和学习者在时空上分离，学习者在学习过程中处于相对独立的境地。关于独立学习的研究比较多，美国远程教育之父魏德迈(Wedemeyer)独立学习的理论主要有三条：第一，学习者根据自己的需要和条件选择适当的课程和教育目标；第二，学习者根据自己的需要和条件决定学习进度；第三，学习者根据自己的需要和条件选择学习方式和考试方式。

2. 网络学习对学习者的要求

1) 硬件要求

参加网络学习的学习者要有经常可以上网的便利条件，所以拥有一台与 Internet 相连接的计算机成为网络学习者进行学习的一项基本要求。

2) 信息素养的要求

信息素养是指对信息进行识别、加工、利用、创新管理等各方面基本品质掌握情况的总和，包括信息知识、信息意识、信息技能、信息道德以及社会责任、信息创新等几个方面。学习者接受的计算机教育程度和学习者对计算机操作的熟练程度是他们在网络学习中能否成功的重要因素。计算机教育的内容主要包括三个方面：第一，计算机基础知识及基本技能，即进行计算机文化基础教育和计算机技术基础教育；第二，开展计算机辅助教育，即用计算机去学习；第三，培养学习者综合应用计算机的能力，在各学科中使用计算机解决各学科有关的科学计算、数据处理、图文处理、多媒体教学等问题。要适应网络学习环境，学习者必须具备上述第一个方面的能力，并初步了解和进一步学习第二个方面的知识。也就是要求学习者首先必须学会使用计算机，以便在网络教育中有效地学习。

信息素养是一个含义广泛的综合性概念，它不仅包括利用信息工具和信息资源的能力，还包括获取识别信息、加工处理信息、传递创造信息的能力，更重要的是以独立自主的学习态度和方法，进行创造性的思维活动。网络学习环境给学习者提供的是一个信息资源库，学习者面对的是一个信息海洋，网络学习成功与否，关键就在于学习者是否具备最基本的信息素养。教育部办公厅《关于对现代远程教育试点高校网络教育学习者部分公共课实行全国统一考试的通知》规定，从 2005 年开始对 2004 年 3 月 1 日之后入学注册的所有学习者进行统考。其中对信息素养的考察是其中的一项重要内容。

3) 自主学习能力的要求

与课堂教学环境相比，网络学习环境下学习者的学习具有很大的自主性，他可以选择何时、何地，以何种方式学习。这是以学习者为主体的学习方法，学习者具有极大的自由度。同时，网络学习环境提供的是一种虚拟化的环境，这种虚拟化的教育环境包括：虚拟教室、虚拟实验室、虚拟校园、虚拟社区、虚拟图书馆等。作为学习者，必须善于调整自己的学习方式，以适应虚拟的网络学习环境。对于习惯于课堂学习中被老师鼓励、鞭策的学习者，面对网络学习环境，必须培养自主学习能力，即自己设定学习目标，自己寻找学习内容，自己确定学习方法和途径，判断自己所做事情的对错，并产生一定的反馈信息和奖惩行为，不断进行自我评价，激励自己更好地进入下一个阶段的学习。

在网络学习环境下，学习者进行自我学习的能力还有待提高。据调查，在我国有 60.7%的学习者上网的主要目的是玩游戏；34.1%是找朋友、聊天；29.2%是关注影视文艺动态；27.5%是看新闻；24.3%是发电子邮件；5.7%是关注卫生保健信息。而美国一家广播公司的调查表明，在美国，67%的学习者上网是为了获取信息，48%是利用互联网工具开展研究和创造性活动，46%下载网上资料作为学习资料。显而易见，我国学习者的网络学习意识还处在初级阶段，在他们的意识中，互联网还仅仅是一种休闲娱乐的工具，其网络化学习的意识还远不如美国学习者。因此我们的学习者有必要强化在网络教育环境下自主学习能力的培养。

第二节 网络学习过程分析

一、网络学习是一种全新空间的学习

庞树奇等学者从人类的生存和生活空间的角度，认为网络发展到今天已形成了网络社会，他称之为"第三自然"。"第一自然"是未被人化的自然，即纯粹的自然；"第二自然"是人化的自然及我们赖以生存生活的现实社会；"第三自然"的称呼概括而简洁，它指出了网络社会已成为人们生活的一种全新的空间。同样，基于网络的学习也为人们提供了一种有别于传统学习的、全新的学习空间。网络学习空间有如下特点。

1. 网络学习空间是一种虚拟的学习空间

所谓虚拟的学习空间指的是与以往的学习空间相区别，由计算机及因特网所创造的数字环境的学习空间。

可以设想，最早的学习是在人们口耳相传的过程中发生的，也就是在部落、部族、家庭的生产生活中发生的，是年长者向年幼者的谆谆教诲，年青人只能洗耳恭听而不敢违抗，所以也可以称之为家族学习空间，那时的人们行无定处，居无定所，学习伴随着成长而进步。稍后，有了文字的发明，有了知识的积累，也就产生了专门学习的场所——学校。其后几千年来，学校就是人们尤其是儿童学习的最主要的空间。随着社会的发展进步，学校规模不断扩大。美国教育家夸美纽斯曾说，"一颗太阳可以普照万物，一个教师可以教成百个学生"，并首倡班级授课制，把学生按年龄分级，按年级分班，教学定时、定点、定量地有序展开。这样学生的学习就如同制砖机制造砖块一样方便和可控，尽管学校也在努力完善自己的功能。现代的学校更是有着复杂的空间结构，现代化的摩天教学大楼、装潢精美的办公场所、书籍充盈的图书馆、宽敞明亮的实验室、高级的体育馆等，水泥硬化的道路将这些设施贯通连接。甚至随着高等教育日益大众化，在人口密集的大城市出现了巨型的大学城。然而，水泥构筑的墙面使每一个单位、部门成为功能单一，效率不高的独立体。有人说这种学习空间完全是一种"刚性的学习空间"，确实有道理。学生每天在这种学习空间出出进进，浪费了不少宝贵的时间，这样的生活刻板而单调。此外，和这种"刚性的空间"相配套的还有"隐性的刚性空间"——那些林林总总的规章制度和存在于教师、职工头脑中的顽固的教育偏见和成见。学生的行为稍有不慎，便会遭到各方面的"斧正"和惩罚。

在网络所提供虚拟化的数字环境的学习空间中，学习的各个要素都是以一种虚拟的形式出现，它们之间形成"第三空间"的网络学习社会，学习者之间的交往构成一种虚拟的共同体，在虚拟的学习社区中共同学习。这种学习和交往是超越时空界限的，学习者共同享有信息资源，平等互动地探讨学习内容，这必将带来学习和交流的扩大与加深，学习者在多方面得到锻炼和进步。这正如有人所描述的赛博空间(Cyberspace)——网络虚拟空间："时间和技术的无情进展已经把越来越多的人带入了赛博空间。我们不仅可以通过电话到达那儿，也可以通过传真机或无线电——还有计算机。实际上，计算机让我们能够在赛博空间做一些我们以前从未能做到的事：建立一个社区。赛博空间社区没有物力上的体积，也没有有形的屏障，但人们去那儿交谈、游戏、工作、交流信息、发布消息并相互影响。他们从世界各地沿着同轴电缆或光缆，在一瞬间到达那儿。"

这种虚拟现实的学习空间可能要比真实的学习环境逼真、形象。可以说虚拟的学习空间是网络学习环境的最主要的特征。

2．网络学习空间是一种开放的学习空间

网络的开放学习空间不仅是指这个空间没有围墙，而且更重要的是指学习的心理过程、学习的方法策略以及学习者的身份地位呈现出平等的开放性。

传统的学校教育学认为，学生的学习是在教师、学生、学习内容等要素的相互作用下完成的，它们之间形成一个封闭的作用圈，如图 3-1 所示。

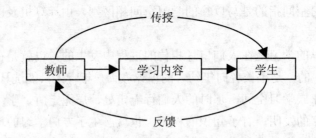

图 3-1　传统学习要素作用图

网络学习的空间结构则形成一种网状开放状态，如图 3-2 所示。

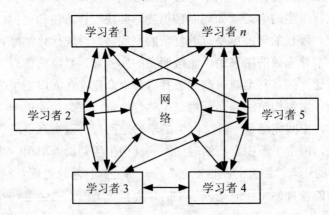

图 3-2　网络学习的空间结构图

在这个开放的学习空间里，教师的角色已经隐性地融合在网络学习资源中或者隐含在学习者之中，在形式上由传统的教学三要素变成了二要素，学习者的主体地位得到充分的彰显。学习者不但和网络学习资源进行交流而且他们之间完全可以互动学习。学习者可以打破地域的局限，以世界性的视野审视科学发展的最新前沿，了解人类的文明成果，广泛细致地搜集相关的资料，对所学内容进行深入且有创造性的探讨。

3. 网络学习空间是一种资源的学习空间

数字传媒和互联网资讯给网络营造出一种资源的学习空间，知识以各种各样的资源形式存在。网络学习资源主要包括信息资源，如印刷媒体的杂志、报纸、书籍和数据库等；软件资源，如在线的应用软件等；人力资源，如在线的问题讨论小组、兴趣爱好者、学有专长的专家等。信息时代，人们的学习不在于死记硬背多少知识，而在于利用网络整合各种学习资源以服务于生活、学习的目的，在这一过程中，知识可以灵活掌握，能力可以得到全面的提升。

4. 网络学习空间是一种自由的学习空间

自由，一直是人类美好的理想和追求，而网络赋予个人一个广阔、自由的学习空间，个性可以在这里张扬，想象能够任意驰骋，激情无须遮掩隐藏。然而，没有个人为所欲为、绝对自由的空间，网络只是扩大了人们对自由学习的理解和认识，只是冲破了人们的社会局限性的一角樊篱，因此，从他律转向自律，也是在自由的空间进行自由学习的一种必然要求。

二、网络学习步骤

学习不能一蹴而就，它需要一个过程，基于网络环境的学习同样是一个过程。关于学习过程，我国古人曾提出过不少有益的经验和思想。比如说，在《中庸》一书中就有"博学之、审问之、慎思之、明辨之、笃行之"之说，这已是学习过程经验的高度概括。宋朝的朱熹有读书二十字："循序渐进、熟读精思、虚心涵咏、切己体察、居敬持志"，另外，还有苏轼的读书八法等有益的学习经验之谈。这些言说，道出了学习过程中个体的心理、行为上的一些真谛。在西方古罗马的昆体良所写的《演说术原理》一书中，提出了"模仿、理论、练习"的学习过程说。这些思想的火花都是从这些伟大的学习者的人生、学习的经验中提炼出来的，很值得我们深思和学习。从上面可看出，我国古人的学习思想偏向于个体的心理方面，而国外则偏向于行为方面。传统的教育、心理学教科书把这些思想统统归为教学过程说，更确切、更具体地讲，这些思想完全是一种学习过程的经验总结。它们所揭示的是学习过程中普遍的规律，因此历经千百年来而不灭。网络是一种新鲜事物，然而它只是改变了我们学习的外部环境，无法更替我们内心的认知、情感、意志的学习规律；但它可以影响我们的内心世界。所以网络学习过程中的心理、行为就有别于以往的特点。现代的教学论、学习论为我们提供了认识这些特点、规律的平台。

1. 学习者掌握知识的阶段

(1) 激发兴趣。现代心理学认为兴趣是人的认识需要的心理表现，它是人对某些事物优先给予注意，并带有积极的情绪色彩。这在网络学习过程中显得尤为重要。网络学习的主要特点就是个体性、主动性、自由性，因而学习者在学习前激起求知欲，培养起浓厚的兴趣，为进一步深入学习做好心理准备和营造一种心理动力背景，这应是网络学习者掌握知识的初始阶段。激发兴趣从主客体而言有两方面的内容。从学习者主体而言，兴趣的自我激发在于探寻学习的价值，表现出一种学习的价值追求；在于满足某种精神需要，带来一种精神享受和愉悦的情绪体验；在于结合学习者个人的前途、职业、理想，时刻充满实践和创造的欲望冲动。从学习内容的客体而言，网络上的知识以感性的超文本、视频、音频、动画等方式呈现，因此这就要求网络教学资源的设计者、网络信息的传播者遵循学习者的耳目视听的规律特点开发出更符合人性的学习内容、学习软件等。

(2) 明确问题。没有明确目的的学习是低效的、盲目的，也是可悲的。有了积极的兴趣，接下来就是明确问题，细分问题，把大问题细化成若干便于操作的小问题，这样就可以寻微探幽，一步一步逼近理想的答案。

(3) 搜阅资料。有了问题后，大量的搜阅则是必需的。网络上的资料纷繁复杂，有音像资料，有文本资料，有正式刊物的电子资料，也有非正式的网站评论和言说，有官方发布的数据，也有民间的调查研究。因此搜阅资料要讲究一定的方法和技术。同时，搜阅资料的过程也是不断调整关于问题的观点，形成解决问题的思路，组织表述方式的心理过程。可以说，搜阅资料既是技术性的活儿，也是智力性的活儿。"搜"属于技术一类，"阅"可归于智力一族，这两者的关系要处理好：广泛的搜索是基础，大量的阅读是关键，深入地思考和融会贯通之处便是理性的亮点。

(4) 得出答案。通过整理资料，在总结前人成就、成果的基础上，根据自己的思考水平提出解决问题的途径、措施，或澄清一些模糊错误的认识，或解释某些自然、社会、精神现象。这个答案不一定要求百分之百的正确，但是要有充分的证据，要有一定的逻辑可循。得出的答案不仅要在心里明白，最好也把它以文字的形式表现出来。利用网络进行学习，切忌最终的结果成为资料的堆砌，而没有理性分析的痕迹。

(5) 验证结果。得出答案并不意味着学习过程的结束，对所作的结果进行验证会发现意想不到的情况。验证结果的过程既是巩固所学知识的过程，也是查缺补漏，提高认知水平的过程。在网络学习中，结果的验证没有老师的督查和要求，完全是学习者的学习习惯和学习者自律的结果。因此网络情境中的学习者要特别重视这一过程阶段的重要意义。

(6) 评价效果。网络情境中学习效果的评价既可以采取自我评价，也可以请求别人(虚拟的网络学习伙伴或现实中的老师)评价，还可以采用网络的学习评鉴软件来帮助进行评价。学习效果的良好评价对学习者增强学习的自信力和培养学习的兴趣有很大的帮助。

(7) 知识运用。应善于把从网络上学到的知识运用起来，从学到脑转换成学到手，完成从知识的记忆理解到技能素质的提高。学习论认为模仿是人们学习的一种极为重要的手段方式，人的知识和技能是在不断的模仿与运用中得到发展和提高的。网络知识的应用也可以说是在模仿与创新的过程中实现的。从网络情景中学到的知识，可以在网络所模拟的逼真的虚拟情境中进行运用，也可以在真实的现实情境中进行运用。

值得说明的是，在网络学习中应对学习者掌握知识的过程划分阶段，目的是揭示这个过程的规律性，在理论上深刻认识各个阶段的特点与功能。但在实际的学习过程中，这些阶段之间的关系是相互渗透、相互贯通、相互转化的。

2．学习中的几种必然联系

在网络情境下的学习过程中，它内部的各种因素相互依存、相互作用，形成了一些稳定的、必然的联系。这也是网络情境中学习过程规律性的体现。网络学习过程中主要有以下几种联系。

(1) 虚拟经验与实境经验的必然联系。自从网络出现后，就逐渐有了网络学习，逐渐形成了网络社会，可以说，新时代人们的学习情景主要有两种：第一，虚拟经验是实境经验的模拟和再现、集中和概括，是一种理想状态的真实经验。美国学者威廉•J.米切尔曾预言："在21世纪我们将不仅居住在有钢筋混凝土构成的现实城市中，同时也栖身于由数字通信网络组建的软城市里。不难想象，在一个计算和电信无所不在的世界里，计算机网络将像街道系统一样成为生活的根本。21世纪的都市将是一个不依附于地球上任何一个确定地点而存在的城市，其格局不取决于交通的便利性和土地的有用性，而受互联性与宽带程度的制约。它的运作在很大程度上是异步的，居民由脱离现实的、分裂的主体组成，他们以化名和代理人的集合形式出现。城市中的场所将由软件以虚拟方式组建，而不是以石头和木材的物理方式建造，它们通过逻辑关系而不是门、走廊和大街彼此相连。那时人们将生活在一个神奇的比特之城(City of Bits)中。"的确，在这个神奇的比特之城，学习的概念发生了天翻地覆的变化。网络校园、虚拟师生、虚拟教室、数字化图书馆、比特书店、虚拟化实验室等的出现恰如"忽如一夜春风来，千树万树梨花开"，成为人们学习、生活的重要工具和手段。这使得学习的速率大大提高，学习更加集中，使得知识始终处于不断的快速更新中。可以说，网络学习、网络虚拟经验的掌握是新时代学习的潮流。因此，学习者在网络中所习得的虚拟经验就具有超文本、不受时空限制的特征，具有集中、迅速、超大容量的特征，具有不断更新、变化的特征。这些特点就决定了学习者可以在最短的时间内，以最高的效率来掌握人类世世代代所创造、积累的文化知识，可以从多方面丰富学习者对世界、对人生、对社会、对个人等的感性而完美理想的直觉。从而促进学习者个体的成长与发展，促进人类社会的快速发展。第二，实境经验是虚拟经验的基础。在现实中学习者所习得的实境经验则是在一定的时空内，以线性顺序多层面展开。受物理时空的限制，学习者所获取的间接经验耗时耗物，也费力费神，知识更新慢，分布散漫不够集中。然而，学习者作为人类的一分子，既受自然条件的限制，也受社会条件的约束。马克思有一句科学的论断，"人的本质并不是单个人所固有的抽象物，在其现实性上，它是一切社会关系的总和"。学习者的存在是以社会化的存在为基础，以现实的存在为基础，学习者学习的最终目的不是成为知识篓子，不是成为具有一定技能的"机器人"，而是要谋求人生的幸福与自由，谋求个体的社会化。实境经验所提供的直接经验包含着社会的各种约定俗成，当前社会的风俗习惯、道德伦理、宗教信仰、民族传统、文化精神等在学习者的学习过程中有意无意地得到传递与继承，从而完成了人的社会化、历史化和精神化。

可见，网络时代，虚拟经验发挥了人类间接经验的诸多优点，是学习者终身学习的主要对象，而实境经验为学习者提供了坚实的人生感悟和社会素质，是我们生存、生活、学习发展的基础和依据。有人预言,网络要代替商店,网络要代替学校,这其实是不大可能的,而二者的结合会具有更大的优势。有人沉溺、迷恋网络确也不必,为网络殒命更是可悲,须知真正的人生、实境的人生才是我们的故乡。

(2) 智力因素与非智力因素的必然联系。在网络学习过程中,智力因素与非智力因素之间的关系也是值得重视的一个问题,学习者对它们之间的关系有了正确的认识,妥当地处理好,才能更好地学习。在教育心理学中,学习者学习的智力因素是指为认知事物、掌握知识、锻炼技能而进行的感知、观察、理解、思维、记忆和想象等心理因素。学习者学习的非智力因素是指在认知事物、掌握知识、锻炼技能过程中的兴趣、情感、意志和性格等心理因素。智力因素与非智力因素是同时存在、相互作用、相互渗透的,学习者的学习过程既有智力因素的活动,也有非智力因素的活动。因为,学习者的心理是一个整体,不能把它割裂开来看待。

(3) 学习者的主动性与导师的引导性的必然联系。在网络时代与网络社会中,传统的教学观让位于网络学习观,学习者真正成为学习的主体,网络导师从前台退到幕后,从现身说教到遁影引导,学习者与导师的地位完全发生了变化,民主、平等、协商、角色转换成为网络学习中的常态。第一,学习者学习的主动性是学习成功的关键,导师的引导只是辅助。一般而言,年龄不大的学习者更需要导师的引导,学习动力不足者更需要导师的引导。而对那些专门从事研究的人、具有坚定信念的学习者则应更大程度上发挥他们的主动性。第二,如果仅把网络学习定位于网络学校、网络学院或远程教育的学习,学习者的主动性与导师的引导性之间的关系就显得比较复杂。因为,这样的学习是把学校教育与网络学习结合到一起了,新的网络学习观念弱化、淡化了以赫尔巴特为代表的传统教育观念(以教师为中心的观念),以杜威为代表的"现代教育"理念(儿童中心说)得到强化。其实,二者的结合更应该扬长避短,导师的引导性在学习者的知识系统性、完整性和人格的养成、优良品质的培养上应有所作为。

需要说明的是,完全割裂学习者的主动性与导师的引导性之间的关系,把二者对立起来或在网络学习中完全摒弃导师的引导性的做法都是违背学习规律的。

三、网络学习模式分析

网络学习模式的含义包含两个重要方面:第一,网络学习模式与计算机、网络、信息技术的发展息息相关。网络代表了当今时代最为先进的技术,网络的诸多优点为构建新的学习模式带来新的视角、新的思路和新的理念。网络学习模式所具有的优点,就是网络自身所具有的优点,这些恰好是传统学习模式的不足之处。第二,网络学习模式是学习模式的分支概念、下位概念,是诸多学习模式中的一种。网络学习模式代替不了整个学习模式,也代替不了其他分支学习模式,这些学习模式都具有很强的实践生命力和理论基础,不会在某些大师、专家的夸张言词下消灭殆尽,它们之间相互补充、相互影响,共同丰富了学习模式的内涵。

把网络学习组织形式作为一个维度(水平方向),网络学习模式可以分为个体的、小组的、集体的；把学习者学习过程的管理作为另一个维度(垂直方向)，就有了从被动的到主动的网络学习模式。若将二者建立坐标图，则学界所流行的异步讲授型、同步讲授型、协作学习性、讨论学习型、探索学习型、问题教学型、案例学习型、掌握学习型、自学辅导型等模式均可从中找到其坐标位置，如图 3-3 所示。这个研究成果具有很强的理论概括力。

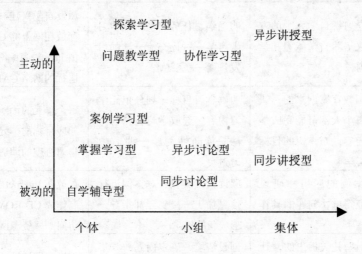

图 3-3　网络学习模式图

整体结构上说，网络学习模式呈现出网状的结构，这个网状的结构是由许多子级的模式相互交织而形成的。在网络学习过程中，这些子级的网络学习模式相互影响、相互发挥作用。不过，在具体的、不同的网络学习情境中，人们往往会偏重某种模式，以这种模式为主导。

理论意义上说，自学辅导型、掌握学习型、案例学习型、问题教学型、探索学习型、研究学习型是比较适合于在网络学习环境中以学习者个体学习为主的学习模式，并且随着排列的顺序，学习过程的管理逐渐从被动到主动。异步讲授和同步讲授型模式比较适合于以集体学习为主的网络学习；在异步讲授过程中，学习者学习过程的管理主动程度要高于同步讲授学习模式。而介于两者之间的协作学习型和讨论学习型学习模式比较适合于以小组为单位主体的网络学习模式。

1．以学习者个体学习为主的网络学习模式

适应这一特点的学习模式主要有五大类：自学辅导型、掌握学习型、案例学习型、问题教学型、探索学习型，如表 3-2 所示。

表 3-2 中所列的网络学习模式既有差别又有共性。差别在于它们各自的侧重点不同，如自学模式主要以发挥学习者的主动性、积极性为主，探索模式结合了实践活动和追究问题的长处；共性在于实际的网络学习过程中它们之间的界限并不是划得那么清楚，而是相互支持，随时转换。例如在网络学习支持的方式上有一些共同点：①电子邮件——异步非实时地实现；②通过网上的在线交谈方式实时实现；③导师编写的存放在特定服务器上的问题库；④BBS 系统不仅能为学习者的学习提供强大的交流功能，也能为学习提供支持；⑤网络聊天工具，如腾讯 QQ 聊天工具以及 MSN 等网络交流工具也是一种非常理想的网络

学习支持工具。

表 3-2　以学习者个体学习为主的网络学习模式的部分要素比较

名　　称	指导思想或目标	学习程序	策略及学习材料的要求
自学辅导模式	以学习者自学为主的方式来培养自学能力和学习习惯	明确学习任务和要求—学习者自学—讨论交流—导师启发答疑—联系总结	激发自学兴趣,摸索自学方法; 存放在网上的 CAI 软件库; 由 Java 语言编写的直接在网上运行的网络 CAI 课件
掌握学习模式	美国教育家创立的,认为每个人都可能完成学习内容;布卢姆的目标分类学	明确学习目标—划分单元学习内容—选取学习材料与方法—诊断性测验—调适学习进度	每个单元的诊断性测验; 相应目标的单元学习任务; 学习进度的调适
案例学习模式	从案例的应用和研习中获得解决问题的具体方案	阅读大量案例—对案例进行信息加工—接受导师指导—形成新的概念	存放在 Internet 上的案例库; 制作成 CD-ROM 的案例库; 访问一些资源网站
问题教学模式	马赫姆托夫提出的,让学习者自己提出问题和解决问题,立足于"学习-认识过程"的核心	创设情境、确定问题—收集信息、自主学习—协作学习、交流信息—分析信息、构建答案—答案展示、效果评价	创设问题情境; 提供有关的信息材料; 提供解决问题的一些提示
探索学习模式	主要由布鲁纳提出的,通过具体的活动实例锻炼学习者的归纳思维	问题分析阶段—信息收集阶段—综合阶段—抽象阶段—反思阶段	提供适合由特定的学习来解决的问题; 提供大量的与问题相关的信息资源

2．以小组学习为主的网络学习模式

1) 讨论学习模式

讨论学习模式可以分为在线同步讨论和异步讨论。它既可以利用网上的 QQ 或 MSN 聊天工具进行,也可以利用网上的 BBS 站点进行。在讨论学习模式中,讨论的深入需要通过学科专家或导师来参与。

2) 在线讨论

在在线同步讨论的网络学习环境中,导师要有对文字的敏锐感觉,能够及时捕捉到思维的火花,并对其进行正确的引导。讨论结束后导师要对整个讨论过程作总结,导师的总结要全面,从多样角度进行点评,坚持以鼓励为主的原则,提出批评意见时,态度要诚恳,措辞要有一定的艺术性。因为大家交流的唯一工具就是文字,所以文字的功底对于在线指导讨论的导师而言,其意义的重要性不言而喻。

3) 异步讨论

进行异步讨论学习,巧妙的、富有启发性的问题是关键。平庸的问题只能导致平庸的答案,不能给学习者思考的空间,不能激发学生寻求最佳答案的兴趣。如司空见惯的是不

是、对不对等不是问题的问题。因此对问题的设计要经过慎重的考虑，必要时要求教于专业的学科专家。这对导师来说是一个个很大的挑战，认识到这一点对于组织网络教学，使学习者达到良好的网络学习效果会有很大的帮助。讨论模式对于导师来说可贵之处在于引导，而对于学习者来说重点在于对一个问题进行发散思维，从不同角度挖掘问题的内涵。在讨论的过程中和阶段中导师要适时做出恰如其分的评价。

进行异步讨论学习，组织者可以发布一个讨论期限，在这个期限内学习者都可以在某种讨论平台上撰文发言或针对别人的文字表现进行评论，导师要定期对网上的言论进行检查和评价，并提出一些新的问题以供深入讨论。

3. 网络协作学习模式

协作学习模式又称合作学习模式，它的核心思想是学习者以小组形式参与学习活动，每个小组成员努力协作达到一个共同的学习目标，它的关键词就是小组、协作、目标。协作学习模式对于较为复杂的问题或学习活动可以说是一种很好地进行参与解决的方式。学习者在协作中通过对话、商议、争辩、讨论求得解决问题的最佳答案，在求知的同时也完善了个性的不足。

协作学习是有一定的理论基础的。建构主义认为学习者学习知识、掌握技能是通过意义建构进行的。学习环境的四大要素是情景、协作、会话、意义建构。通过互相协作获取知识正是建构主义学习论的具体要求。人本主义心理学家认为，学习中的思维与智力是在学习者参与的交互活动中不断得到内化而发展的。学习者之间的相互协作是非常重要的学习方式和内容，能够促使学习者个体进行自我调节与反省，能够唤醒学习者内心的开化。

从上面的简述中可以发现，协作学习就学习过程而言主要强调学习者之间的互动性，学习资源的共享性，学习者个体的积极主动性和富有激情的创造性。这和网络学习所表现出来的许多优点是相一致的。那么网络协作学习模式可以描述为以网络为文化背景和技术平台，学习者分小组在网络上协作参与共同的学习目标，求得学习成效的最佳值。

网络协作学习的策略有：学习者小组成绩分工、小组游戏竞赛法、切块拼接、共学式、小组调查等。

网络协作学习的基本环节可分为四段：分小组、定目标、相协作、互点评。网络协作学习的基本环节如图3-4所示。分小组时要尽量考虑到小组成员之间的优势互补，例如，学习者的成就、能力、性别、个性等因素。确定目标时条目要细化，责任要清晰，例如，目标可以分为长、中、短期目标，同时也可以分为小组整体目标和学习者个人目标，并且制定与之相应的配套责任，鼓励学习者完成基本任务的同时，表现自我，发扬个性，追求完美的结果。进行协商讨论时，导师要引导学习者求同存异，积极思考，把目标与协作活动的关系处理好。评价时既允许小组自评，也可以小组间评，还可以由导师来评价，总之，评价方式灵活多样，多从积极面着眼是很必要的。

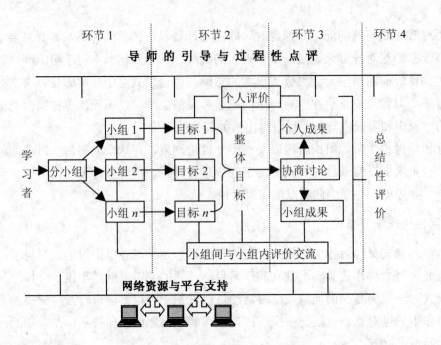

图 3-4　网络协作学习的基本环节

4．以集体学习为主的网络学习模式

传统的以班集体为单元的讲授教学模式同样可适用于网络集体的学习。讲授型教学的优点十分明显，长期以来成为许多国家、地区主要采用的教育教学方式，在经典教育学中成为一种主流的模式。讲授型模式的主要优点有：便于组织教育教学；能够系统地传授给学习者大量的知识；耗时短，成效快；能够广泛地传播科学文化知识；所需教育教学成本相对来说比较低。这些优点将在网络集体的教学中发扬光大，并且网络集体的概念完全突破了传统班集体的内涵，弥补了传统课堂教学的诸多物理限制，使之不受时间、场所、人数等因素的种种局限。这使得传统的讲授型模式在新时代新技术的改进下显示出蓬勃的生机。例如，网上的新概念英语教学，近年网上的考研辅导，新东方的网上教学以及许多网校的教学，大多采用名师讲授的方式来吸引学生，并且收到了很好的成效。网络集体学习中的讲授型模式根据导师和学习者上网的时间差可以划分为异步讲授和同步讲授模式，不同的模式将采用不同的程序、策略和评价方式。

1) 同步式讲授

同步讲授模式与传统的课堂讲授模式并无二致，指的是分布在不同地点的导师和学习者在同一时间登录在网络上，进行网络学习。整个学习过程表现为：诱导学习动机—感知理解学习材料—巩固知识—运用知识—检查反馈。在这种学习中，导师在网络授课教室中通过直观演示、口头讲解、文字阅读等手段向学习者传递学习信息，学习者在网络上接收信息后，通过观察感知、理解学习材料、练习巩固、领会应用等过程进行学习，通过一定的设备可允许学习者和导师进行互动，最后由导师对学习结果进行及时检查。学习材料及学习者的作业可通过网络、通信等系统实时呈现和传送。这些材料通常是以多媒体信息方式呈现，包括文本、图形、声音，甚至还有一些视频内容。

2) 异步式讲授

异步式讲授指的是不同地点的导师和学习者在不同时间登录网络进行学习。这通常需要借助于网络课程和流媒体技术来实现。流媒体技术是边下载边播放的低带宽占用的网络视频点播技术，这种技术可以在 Internet 上实现，主要包括视频、音频的导师授课实录的即时播放。

在异步讲授学习中，学习者学习的主要方式是访问存放在 Web 服务器上事先编制好的网络课程。这些网络课程的网页左边通常采用树状结构的布局(类似 Windows 资源管理器)，右边显示着相应的章节内容，能非常方便地在课程结构中浏览课程的内容，同时听到导师的有声讲授。这对网络课程的设计和开发有很高的要求，其中不仅要体现学科的课程结构和内容，还要包含导师的教学要求、教学内容和教学测评等，这些材料可以是文字的，也可以是声音的或视频的，以利于学习者按照要求进行自我检查。

在异步讲授学习中，当学习者遇到疑难问题时，可以通过 E-mail 向网络上的导师或专家进行咨询，也可以通过腾讯 QQ 聊天工具、MSN、BBS、新闻组或在线论坛等形式与网络在线的其他学习者进行讨论交流。

第三节　网络学习的规律与原则

一、网络学习的本质规律

1. 网络学习的主体性规律

就学习者的主体地位而言，在传统学校班级授课制下，尽管强调学生的主体性，然而，那只是一种笼统、模糊、抽象的口号而已，在实践中很难贯彻，因为有威严的教师、严格的纪律，有集体的荣誉；个体的差异性与丰富性被公然抹杀。实际上，学习的真正发生是极其个人化的事情。

相比较而言，网络学习使传统的被动学习过渡为充分发挥主体性的积极主动的学习，学习者在网络学习中的主体性得到了前所未有的发展。学习者成了学习的主人，在网络这个包罗万象的世界中，学习者总能够找到他们感兴趣的学习资源，或者按照自身的情况，量体裁衣，自行设计一套学习活动，在活动中不断调适、改进。

网络学习的主体性规律表现在两个方面：一是网络和网络学习是学习者主体性地位的前提保证和平台；二是学习者必须充分发挥积极主动性才能保证高效、有质量的网络学习的发生和进行。网络和网络学习更容易激发学习者主体性的各种积极因素，而学习者越是充分发挥这些积极因素就越能够巩固其主体性。这样，网络学习就会成为学习者的生命、生活、学习的一部分，伴随其整个的生命历程。

2. 网络学习的互动性规律

网络学习并不寂寞孤独，学习者可以聆听别人，也可以倾诉自己；既可以向网络导师求教,也可以发表高见于网络学友;近能够求证于亲朋好友,远可以问学于异国他乡。网络学的互动性也是网络学习的本质规律之一。它的互动性主要表现在以下三方面:第一,学习者与学习者之间的互动。当前的网络技术有利于发挥协作式学习,它们开发出互动式信息服务软件,为诸多学习者进行小组讨论、合作学习提供支持,创造出一种知识互惠、信息共享、情感交流的环境,有些学校自主设计的学习软件包不仅能即时批改答案,而且在完成作业的过程中,一个学生在任何时候遇到困难都可以得到其他同学的帮助。第二,学习者与网络导师之间的互动。网络导师可以是自己身边的老师,也可以是提供网络服务的导师,还可以是世界各地的学有所长的人。第三,学习者与学习空间、学习资源之间的互动。学习者可自由选择、自由建构。

网络学习的互动性规律是其主体性规律的延伸,与传统的学校教学有极大的区别。

3. 网络学习的创新性规律

网络学习规律的特色之处在于它的创新性。创新性就是在原有事物、知识基础上的创造和推陈出新。网络本身就是人类一个奇迹般的创造,利用网络进行学习更是空前的新鲜事。网络学习的创新性规律包含以下内容:第一,网络学习空间的创新性。网络学习空间虚拟而多维,蕴含着无限的可能性,学习者的想象可任意驰骋,这个空间可以使学习者摆脱现实的束缚和时空的限制,去设想、设计一个未知的、陌生的、新鲜的世界。第二,网络学习资源的创新性。网络学习资源以超文本、音像等方式存在,资源容量无限庞大,人类所创造的文明成果,所赖以生存的文化知识几乎都被转化成电子格式,以数字的形式储存在网络中,轻点鼠标,学习者要索取的信息知识就会快捷地、不断地涌来。学习者可自由阅读、观赏、理解、想象、设计、模拟、实验,自由搭配组合,构建创造,做出自己满意理想的成就来。第三,网络学习主体的创新性。网络为学习者提供了创新的环境,学习者的创造性思维被激发出来,使网络学习始终保持创新的本质特色。现代心理学认为,学习者的创造性思维是多种思维的结晶,既是发散式思维和聚合式思维的统一,也是形象思维和抽象思维的统一。创造性思维的过程大致经历准备期、酝酿期、豁朗期和验证期。网络学习使学习者的各种思维品质得到锻炼和提高,网络学习的过程也基本符合创造性思维的过程(见前文网络学习过程阶段)。长期的集体式教学与驯化窒息了学习者独特的个性,创造力严重萎缩,而网络学习解放了学习者的个性,学习者的思维表现出极其丰富的多样性、差异性和独特性来,这是网络学习创新、创造的必要前提,也是网络学习创新性规律的集中体现。第四,网络学习结构的创新性。网络学习结构指的是网络学习各种要素之间的搭配关系,这种关系的创新性在于它不是静止的,也不是单一的,而是在不断地重组、变化中。

4. 网络学习的虚拟性规律

强调网络学习的虚拟性规律,目的是指出网络学习的外部要素特点,也就是内部要素的外部空间与环境特点,形成对网络学习本质规律比较全面和整体的认识。网络学习的虚拟性规律是网络虚拟技术的社会化体现。网络虚拟技术最先是从英语国家引入到我国的。虚拟一词的英文单词是 Virtual,这个单词的原意为"实际上"、"有实效的",强调的是实际效果，而"虚"的含义则是从属意义，指的是与现实相对应的一种状态。但它不是完全的"虚空"，什么东西也没有，只是表示把相对应的现实存在转换成另一种存在方式——以当代电子科技为依托的"数字存在"。这种"数字存在"弥补了人作为现实物的三维性，具有更加灵活自由的超时空存在的特性。不过，这些"数字存在"还得依靠"现实存在"的硬件设施才能发挥作用。可以这样认为，正是由于网络"数字存在"的特性，使得网络环境所模拟的"现实存在"比真实还要逼真。

因而，网络学习的虚拟性规律也就是学习者在这种"比真实还要逼真"的模拟情境中的学习规律。它一方面依赖于现实的硬件技术；另一方面又表现出数字资源的种种便利。当大量的学习者围绕网络而形成网络学习社会时，网络学习的虚拟性的内涵就会有令人意想不到的、奇妙的拓展延伸，但那基本的两方面一直贯穿始终。这就要求我们在追求高效的学习效果中，一是要不断改进和创新硬件技术，二是要在网络虚拟信息的无限丰富和便利之中保持清醒的头脑与思路。

二、网络学习遵循的原则

网络学习是基于因特网及其数字化资源进行的，以学生为主体，以教师为主导，以形成良好认知结构，培养创新意识、创新能力为目标的一种全新的学习方式。它既包括基于因特网及其信息资源进行的各种学习活动，又包括利用网络及其信息资源，为学习某一特定课程而进行的有目的、有计划、有组织的学习活动。同时，网络学习的外延也很广。所以，网络学习的原则既有一般学习原则的特点，又有它自身的特点。概括地说，网络学习原则具有普遍性、特殊性、灵活性等特点。

由于网络学习活动本身所具有的特殊性和丰富性以及人们在总结网络学习的实践经验时所包含的价值观和认识水平的差异，网络学习原则呈现出多样性和不确定性。但它对网络学习活动总体上有一定的指导作用。学习者可采用比较适合自己学习特点的学习原则，在以学习者为主体的网络学习中，原则具有不确定性，但学习者不能因为网络学习原则的多样性和不确定性而怀疑其科学性。学习活动本身的复杂性决定了学习原则不是一成不变的，只有科学地认识和理解学习原则的丰富性和灵活性是体现学习者的认知主体性这一原理，才能使学习者根据具体的学习活动和自己的个性特点灵活地运用各条学习原则，从而能够真正提高学习效率。

1. 自我认识与自我选择原则

自我认识也称自识别。在网络学习中，面对丰富的学习资源，不可急功近利，一定要准确定位自己的实际水平和学习基础。另外，在自识别的基础上，一定要选择自己需要的并适合自己学习特点的学习资源和学习方式，只有这样，才能顺利而有效地完成学习活动。

自识别是指根据自身的认知水平并借助相关识别工具对自我内部条件和外部环境进行自主认识和判断。自识别可从两个层面进行把握：一是学习者内部识别，或称学习者自身条件，即个体对自己的认知水平、结构、学习能力、学习风格、知识状态等的判别。内部识别主要取决于个体的元认知水平。通过内部识别，学习者可以明晰自己原有的身心发展水平对新的学习的适合性。二是外部识别，或称学习情景中的条件，即个体对学习资源、人际交往等进行分析认识和识别。通过外部识别，学习者可以较好地选择适合自己特点的学习环境，以利于最大限度地发挥自己的学习潜能和提高学习效率。

加涅的累积学习模式的基本论点是：学习任何一种新的知识技能，都是以已经习得的、从属于它们的知识技能为基础的。例如，学生学习较复杂的、抽象的知识，是以较简单、具体的知识为基础的。加涅认为，新的学习一定要适合学习者当时的认知水平，因为以前的学习已经发展成为认知结构，学习就是把输入的信息与过去的经验联系起来，并对它进行加工。加涅把学习过程看作由低级到高级累积的过程。基于因特网及其信息资源的网络学习是一种主动的、自主性学习，它与传统的教与学环境下的学习有着根本的区别。在传统的教学环境下，学生是学习的接收者和被动者，新的学习的起点、内容和方法都是由老师决定的，学生没有选择的权利。而网络学习则打破了传统的灌输式的教学模式，是以学习者为主体的一种基于信息资源的学习。学生在学习的过程中有充分自由的选择权，学生可根据自身的实际情况，也就是在自我认识的基础上自主选择学习内容，选择适合自己个性特点的学习方式来有效地完成自己的学习任务。

面对网络上丰富的学习资源，学生如何才能选择出适合自己学习所需要的信息是我们值得探讨的问题。网络学习的时空无限化使学习者更加自由化，学习者可以自由选择学习内容、学习方式、学习的指导者、学习的合作伙伴等。但是，这种自选择的自由化不是任意的随便选择，而是要考虑自身的实际状况来做出准确的选择，这必然要求学习者要具备较强的自主选择能力。另外，选择新的学习内容时对自己原有的知识结构和认知水平要靠自己来判断。在网络学习中，自我选择是建立在自我认识的基础上的。只有对自己的认知结构做出自我准确的认识，才能很好地选出适合自己的学习资源来提高学习资源选择的有效性，也才能选出适合自己学习的指导者和合作者，从而提高网络学习的效率和质量。

2. 自我建构与交互合作原则

网络学习环境给学习者提供了一个资源丰富、广阔的网络学习平台，在这样的条件下我们遵循怎样的学习原则才能有效开展网络学习呢？网络学习作为学习这个大系统中的子系统，它具有一般学习的属性，同时也有它自己的规律和特点。建构主义学习理论认为学习环境的四大属性是：学习情景、协作帮助、交流互动和意义建构。网络学习环境与建构主义学习理论所主张的学习环境相符合，所以，把建构主义学习理论所强调的知识的自我建构作为网络学习的一个原则具有重要的现实指导意义。

建构主义学习理论指出学习是一种能动建构的过程。也就是说，学习不是被动地接受知识或机械地积累知识，而是学习者主动参与的一种知识的内化过程和主动建构新知识的活动。著名的心理学家皮亚杰认为，学习并不是个体获得越来越多外部信息的过程，而是学到越来越多有关他们认识事物的程序，即建构了新的认知图式。同时，他认为影响学习者发展的主要因素是：个体的成长(学习者的理性思维的发展)、物理环境、社会环境，以及具有自我调节作用的平衡过程。这四个因素都是认知发展的必要条件。网络学习环境下，学生的学习更突出自主性和主动性，学生是认知的主体，是知识意义上的主动建构者。因此，在网络学习过程中，以建构主义学习理论为基础进行知识意义上的自我建构和网络资源环境下的交互合作应是有效开展网络学习的一大根本原则。

基于信息资源的网络学习是一种全新的学习模式，它既强调学生对知识的主动建构，也强调学习情景中的交互合作。皮亚杰的学习理论属于建构主义的学习理论。建构主义学习理论认为，知识的获取是学习者在一定的情景即社会文化的背景下，借助教师和合作伙伴的帮助，也就是通过人际间的协作和交互活动，利用必要的学习资料，通过意义建构的方式获得新的知识。从皮亚杰的学习理论中我们得知，影响认知发展的两个最重要的因素是社会环境和自我调节作用的平衡过程。社会环境是指人的学习过程中的语言和教育的作用，它包括人与人之间的相互作用和社会文化的传递。而平衡过程指的是调节个体与环境(包括物理环境和社会环境)之间的交互作用，从而引起认知图式的一种新建构的过程。在丰富的网络资源条件下进行知识的自我建构不但能满足学习者的求知欲，而且能够培养学习者的创新意识和积极探索的精神。

网络学习不同于传统教学环境下的学习，也不同于不基于网络资源的传统的自学。相比之下，网络学习更具有开放性、学习资源的丰富性、学习方式的多样性等特点。遵循自我建构的学习原则就能充分体现以学生为中心的网络学习特点，但面对网络中海量的学习资源，要有效地进行知识的自我建构就必须与网络资源中的人才资源相互合作、相互交流。网络学习具有多元互动的特性。网络学习的多元互动包括个体的自我互动以及学习者之间的双向互动和多向互动等。个体的自我互动，包括学习者自身学习的反馈、评价、反思等。个体的自我互动是其他互动模式的基础，更是网络资源环境下自主学习的前提。双向互动和多向互动是指具有相同学习内容、目标的学习者之间的双向合作交流和集体间的群体互动。网络学习中的这种多元互动若能顺利实现，学习者的主体性才能充分发挥，才能更好地进行知识意义上的自我建构。自我建构和交互合作是互补的关系，在网络学习中不可重视一方而忽视另一方。二者相互促进、相互补充，能够形成促进学习的更大合力。因此，在网络学习中只有做到自我建构和交互合作的高度结合，才能真正提高网络学习的效率。

3. 自我调控与自我激励原则

基于网络情景的网络学习有着许多不同于其他学习的特点，它时空无限，资源丰富，更突出学生在学习过程中的主体地位，这种学习更有利于培养学生的发散性思维和创新思维。学生的主动性、积极性、创造性都能在网络学习中发挥得淋漓尽致。在宽松自由的网络学习环境下，学生学习的主动性、积极性都能得到很好的发挥，但这种学习的认知过程一定需要很好的自我控制和自我调节。否则，会因为学习的自由度过大而偏离方向，反而会降低学习的效能。因此，我们认为，在网络学习中应遵循自我调控与自我激励相结合的原则。自我调控是指学习者根据学习活动的要求，选择适宜的学习策略和技巧，一边学习，一边监控学习活动进行的过程，不断取得反馈信息的同时进行分析和反思，及时相应地调节自己的认知过程。自我调控从客观上讲包含自我控制、自我调节、自我监督、自我评价等几个方面。自我调控是一个非常复杂的过程，它与学习者的智力和非智力因素有关联。

自我调控是网络学习的一条重要原则，坚持这一原则，学习者会及时对网络学习过程中存在的问题，根据自己的学习方法等来加以相应地调节和控制，从而更好地解决学习中存在的问题，避免在学习中走弯路。自我调控是影响网络学习的一个重要因素，其中所包含的自我监督和自我评价都是学习者对自己的学习行为进行自我调控的重要机制和手段，应贯穿于网络学习的全过程。

要有效地进行网络学习，必然要求学习者不断加强自我调控能力的培养。提高自我调控能力就能把握住学习的正确方向，使学习效果更加突出。提高自我调控能力可以从以下几方面着手：第一，提高自我意识，培养能够维持良好的注意、情绪与动机状态的能力；第二，培养分析学习情景，并根据情景制订学习计划，选择适合自己的学习策略的能力；第三，提高认知水平，培养监控学习进程，并适时准确调节学习行为的能力；第四，培养对学习进行有效评价，并能将评价的信息进行自我反馈和处理的能力。在网络学习中，学习者的自我调控不仅是网络化学习的应然性要求，而且也是其必然性结果。正是这种自控性突出了网络学习的自主性特征。

自我激励是任何学习活动都不可缺少的一个重要原则，尤其是个性化网络学习更加需要这一原则。自我激励可以使学习者产生一种学习的内在动力，使学习者朝着预期的学习目标而前进；能够使学习者的学习积极性增强，学习兴趣更加浓厚；不但能激发并且可以维持学习动机。学习者学习动机的激发相对容易，而维持却很难，自我激励能够在自我评价的基础上很好地激励自己取得更满意的学习效果。其实，自我激励也属于自我调控过程中的一个要素，但我们把它与自我调控并列，并结合起来作为网络学习的一条重要原则，目的是要求学习者在网络学习中进行自我调控的同时，要学会并坚持自我激励，把一些外部诱因内化为个人学习的自觉行为。在学习中坚持持之以恒的精神，不断增加学习的动力，最终提高学习效率。

4．学生主体与教师主导原则

网络学习，从狭义上讲是指利用网络及其信息资源，为学习某一特定课程而进行的有目的、有计划、有组织的学习活动。譬如，现代远程教育的学生通过网络进行的学习。网络学习虽然在很大程度上体现了学习者的自主性，但它不完全等同于自学，尤其是远程教育的学生通过网络进行学习的时候，学生虽然是认知的主体，但不可忽视教师的指导。教师的指导是不可缺少的，应贯穿于学习的全过程。指导包括网上专家、教师的指导与点拨，也包括网下教师的指导与帮助。我们提出的教师主导与学生主体原则主要是针对现代远程教育中的网络学习。这种学习要想取得成效，就必须是以学生为主体、以教师为主导的一种过程。网络教育环境下的网络学习是一种新型的学习方式，它完全不同于传统教育下学生的学习方式。传统教育下，学生的学习是一种机械的知识积累，完全是教师在课堂上进行讲授，学生的一切活动都由老师来调控，学生的学习处于被动的状态，教师主宰着整个课堂，忽视了学生的认知主体作用，学生的学习任务就是消化、理解教师讲授的内容，把学生当作前人知识与经验的吸纳器，这样的课堂就是所谓的"一言堂"。这样情景下的学习虽然有利于系统科学知识的传授和知识的积累，但却忘了学生是有主观能动性的、有创造性思维的、具有独立个性的活生生的人。因此，这种学习模式不利于具有创新思维和创新能力的创造型人才的成长和发展。网络学习环境能为学习者提供图、文、声、像并茂的多种学习信号的刺激，有利于情景创设和大量知识的获取与保持；有利于按超文本、超链接的方式组织并管理学科知识和各种学习资源；有利于培养学生的创新思维和发散性思维；有利于建立新旧知识之间的联系。这种以学生为主体的学习模式在学习过程中能够充分发挥学生的主动性、积极性，使学生的学习变成创造性的、有意义的学习。但应该指出的是，我们在网络学习中突出学生这个主体地位的同时，千万不可忽视教师的主导作用。在网络学习中，教师的角色已经发生了变化，教师由原来的知识传授者、权威者变成了学生主动进行知识构建的引导者、帮助者、促进者和学习的合作伙伴。教师的主导作用虽然不显现，但这种主导作用在开展有效的网络学习中是必不可少的。在网络学习过程当中，特别是在远程教育的网络化学习中要做到以学生为主体与以教师为主导相结合，遵循学生主体、教师主导这一原则，将会大大提高网络学习的效率。这种学习模式发挥了学生和教师双方的作用，它不是纯粹的教师主导、学生被动地学习，也不是全靠学生自主学习而忽视教师的指导和启发，它既能发挥教师正确的引导作用，避免学生学习中的盲目性，又能以学生为中心，充分体现学生的认知主体作用，充分挖掘学生的学习潜能。既重视教师的主导，又重视学生的主动学习和思考，把教师和学生两方面的主动性、积极性都调动起来，做到相互促进，优势互补，其最终目的是通过这种新的学习模式来优化网络学习过程和学习效果。

5. 学、思、行相结合原则

学习是伴随人一生的行为活动，凡是获得新知识、增加新经验，使人的行为产生持久变化的活动，都可看作是学习活动。而信息时代的网络学习是一种主动的学习，一种基于信息资源的学习，它更能体现出学习者学习的自主性和灵活性，也能反映出反思和实践在学习过程中的重要性。无论怎样的学习，其最终的目的都是通过吸纳和积累知识、经验、技巧等来发展学习者自身的能力，并把自身的能力付诸于社会实践活动中去促进社会和人的共同发展。

网络作为学习的工具、对象和资源环境，是知识与信息的资源库，网络信息资源是交互的、全方位的，也是不断丰富和完善的。面对丰富的网上学习资源，学习者怎样才能进行有效的学习，怎样进行自主探究、发现学习并实现知识迁移，怎样把所学的知识加以运用，从而达到学懂会用，学以致用，真正做到知行统一呢？在知识经济时代，利用网络进行学习的人日益增多，网络学习过程是一个包含了学习、反思和利用知识去分析和解决问题的这样一个复杂的学习过程，它不是简单地吸纳知识的过程。因此，在网络学习过程中一定要做到学、思、行相结合。这种基于网络学习情景的网上学习所学到的是前人或他人总结出来的知识和经验，它是一种间接地获取知识的过程。网上学习在时间、空间和内容等方面有很大的自由度，学习者学习的自主性、建构性和控制性特征得以充分发挥。学习者必须考虑如何学习才更有效，学习者应选择适合自己个性特点的学习方式，选择适合自己认知水平和符合自己学习目标的学习资源进行合理高效的学习。

学习的有效性来自认真地学、会学，更来自对学习过程的思考和反省。学习过程不可缺少思考这一环节，网络学习更是如此。几千年前，孔子曾指出："学而不思则罔，思而不学则殆。"这一思想被后来的儒家学派发展为"博学之，审问之，慎思之，明辨之，笃行之"的学习理论。网络学习中，学习资源非常丰富，学习者应做出慎重的思考，有针对性地进行学习，而且对自身的学习过程要加以反思。反思本身是一种再思考、再认识的学习过程，这种思考，是对学习材料的加工、改造、提炼和升华的过程，通过刻苦钻研思考，才能加深理解、把握实质。对信息资源进行选择、比较、分析、总结，才能发现矛盾，提出问题和解决问题，从而能够创造新知识。

任何一种学习活动的最终目的都是发展学习者的能力，掌握了知识并不等于能力得到了提高。人们利用网络获取了并在记忆中储存了大量的信息后，重要的就是把这种知识信息转化为个人的能力，进而转化为生产力来促进社会发展。把学到的知识运用到实践中去分析和解决问题(即学、思、行相结合)应是网络学习遵循的一个重要原则。我国教育家陶行知先生提出"行是知之始，知是行之成"的教育思想。网络学习作为学习的子系统，应遵循学、思、行相结合的原则。学、思、行在不同的学习过程中有不同的形式，在个性化的网络学习中，它的形式因人而异，更加灵活。网络学习过程中的学主要侧重于对信息资源的获取和认识，这种浏览性的学习能在很短的时间内得到大量的信息和学习资源，它可以使人开阔眼界，拓宽知识面。思，主要是指对学习内容的理解、消化和反思，学习中不断思考可以形成自己的认识、体验和创造。行，就是实践，人们利用网络进行学习是手段而不是目的，最终目的是运用所学的丰富理论知识来指导实践。行，可以加深学，验证思，并形成技能、技巧。在网络学习中，学是基础，思为深化，行是目的。学便于思，思利于行，行而知困，又促进学习者进一步学习。网络学习是信息时代的新型学习模式，它可以节约时间、资源共享。在这种学习情景下，如果能做到学、思、行相结合，那么就能够使学习者在短时间内取得最大的收获，以适应这个瞬息万变的社会。

6. 学习资源的最优化原则

学习资源的最优化原则是网络学习中最重要的一条原则。面对丰富的网络学习资源，学习者如何学习才能达到理想的学习效果呢？前面第一个原则已经谈到网络学习中应遵循自我认识与自我选择的原则，对学习资源的自我选择充分体现了网络学习中学习者的自主性，学习者可以自由选择适合自己需求的信息资源，也可以自由选择指导教师和学习的合作伙伴，但这种自我选择的自主性一定要避免盲目性。这种选择如果不考虑具体的学习目标和学习情景而任意选择的话，不但浪费了网络学习资源，反而会事倍功半，降低学习效率。因此，网络学习要收到好的成效，就要使学习资源得到科学、合理、有效的利用，也就是要遵循学习资源最优化这一原则。

网络中的学习资源可以粗略地划分为信息资源和人力资源，而人力资源又包括人才资源这样一个子系统。网络环境下的学习资源(特别是信息资源)中包含科学知识、他人经验、学习理论、新闻报道等形形色色的信息，当然也包括一些不利于学习者身心健康发展的垃圾信息。这就要求学习者具备一定的处理信息和根据自我认知水平选择信息的能力。信息资源的筛选是网络学习的第一步，学习者一定要在自我认识的基础上，根据自己制定的学习目标来选择所需要的知识资源。网络学习强调学习者应是知识意义上的主动构建者，但是为了少走弯路，还是需要网上教师和专家的指导，这就是所谓网上人力资源。网上的人力资源包括一些专家、教授、同行学者、有共同学习目标的学习伙伴等。面对如此丰富的网络学习资源，学习者只有把自己所需要的资源进行合理优化，才能真正提高网络学习的质量和效率。

有些学习者在利用网络进行学习的时候，对信息资源不加选择、不加思考，该学的学，不该学的也看，最终导致网络学习达不到理想的效果。因此，学习者一定要先选择信息资源，在选择信息资源的时候要考虑它的科学性、实效性和指导性，对海量的信息资源要取其精华，去其糟粕，并进行创造性的学习。对原有的信息资源加以分析、提炼、总结，发展为新知识。对人力资源的选择也是因学习者和学习目标的不同而不同，不能盲目地崇拜一些专家、学者。网上的人力资源是相当丰富的，我们要选择适合自己认知特点的教师或专家来做指导，或选择在自己学习所需知识领域研究比较精深的学者来指导自己。如果对网上的学习资源不加选择，全盘吸收各种信息资源，或对教授和专家的观点不加思考，一味盲从，那么学习者的学习不但没有创新，学习者的大脑也会成为一个杂乱无序的知识仓库，学习将毫无成效。

网络学习情景下如何使学习资源最优化，是值得我们探讨的问题。网络学习资源是交互的，我们在进行网络学习的同时，也可以把自己的创新思想和观点提供给别人，通过建立个人网上主页或发起一个讨论组、电子邮件等来实现知识资源共享，与网上的一些学者、专家、同行学习者等人的观点进行对比、分析，然后再提出矛盾，在不断解决矛盾的过程中启发自己的思维。这样，会使学习者在学会思考、学会创新的同时，也学会了学习。

如果学习者根据自身的情况对学习资源进行了有针对性的选择，并通过合理地利用信息资源和人力资源，达到学习资源的最优化，那么，人力资源和信息资源将会形成一个能够促进学习的合力。这种合力远远大于部分之和，也将成为学习者学习中持久的动力，激发学习者学习的动机，从而使网络学习更有质量，更有效率。

本 章 小 结

网络学习是基于因特网及其数字化资源进行的，以学生为主体，以教师为主导，以形成良好认知结构，培养创新意识、创新能力为目标的一种全新的学习方式。它具有：以学习者个体学习为主的网络学习模式，以小组学习为主的网络学习模式以及网络协作学习模式。在这些模式中网络学习体现着它的规律性，即主体性、互动性、创新性、虚拟性规律。网络学习也遵循自我认识与自我选择；自我建构与交互合作；自我调控与自我激励；学生主体与教师主导；学、思、行相结合；学习资源的最优化等原则。

【思考与练习】

1. 什么是网络学习？网络学习的意义是什么？

2．简述网络学习的过程。

3．简述网络学习的模式。

4．网络学习的规律是什么？

5．网络学习的原则是什么？

【推荐阅读】

1．Delivering E-Learning for Information Services in Higher Education. Oxford: Chandos Publishing，2004.

2．桑新民．步入信息时代的学习理论与实践[M]．北京：中国广播电视大学出版社，2000.

3．Vaughan Waller，Jim Wilson[DB/OL]，http://citeseer.nj.nec.com/context/964439/0p.

4．曹卫真．网络化学习评价的理论思考[J]．中国电化教育，2002(9)：56-59.

5．何克抗．E-Learning与高校教学的深化改革[J]，中国电化教育，2002(2).

6．李向东．谈谈学习活动应遵循的基本原则[J]．职业技术教育，1998(2)：16-17.

第四章 网络教育的评价

本章学习目标

➤ 网络教育的评价及网络教育评价的特点
➤ 网络教育过程的评价方法
➤ 网络教育资源的评价方法

核心概念

评价(Evaluation); 过程(Procedure); 资源(Resources)

西南交通大学网络教育质量评价系统简介

西南交通大学网络教育学院根据自身的教学资源、服务支撑系统和教师、学生的实际情况，初步设计了针对学生学习、教师和课程的评价方案。

1. 对学生学习的评价方案

西南交通大学网络教育学院对学生开放的教学资源和服务支撑系统有：网上课件、自学指导书、各种复习资料、网上自测、学习论坛等。对学生学习的评价正是制定在合理利用这些资源上的。

对学生的平时学习采取积分制，平时利用学习资源进行学习越多，则积分越高。不同的积分导致了平时成绩占最终成绩的比例也是不相同的，这样可以鼓励学生尽可能多地利用各种教学资源进行学习，也可以促进任课教师不断丰富、完善各种教学资源。学生获得积分的方式很多，下面列举几种。

(1) 网上看课件和学习资料。通过记录学生点击、查看课件、复习资料的时间和退出的时间，计算出其学习的时间，达到一定时间后换算成积分。

(2) 网上自测题。通过记录学生做题的多少和正确率，也可以换算成相应的积分。

(3) 使用学习讨论区。学习讨论区不仅可以使学生和教师之间，也可以使学生和学生之间交流学习的问题。为鼓励学生多使用学习讨论区，我们可以设定：提出学习方面的问题可以加 2 分，一般性的留言加 1 分，而正确回答出学习方面的问题则可以加 5 分。这样，可以提高学生的积极性，丰富讨论区的内容，也可以使教师较好地了解学生在学习过程中的问题。

2. 对教师的评价方案

在网络教育中，由于采用了以自学为主，课堂教学为辅的教学方式。因此，教师的主要职责从传统的课堂教学、批改课后作业，转向为学生制定合理的学习目标和进度，提供符合自学特点的丰富的书面资料和网页课件，参与学习论坛，在学习过程中起到领航者的作用。因此，要根据网络教育的这些特点来评价教师的工作量和工作质量。具体评价方案如下。

(1) 聘请专家对教师的视频课件和网页课件进行评估。

(2) 统计教师在学习论坛中的答复次数；向学生发放问卷，对教师满意程度进行调查，并将调查结果量化后作为评价教师工作量和教学质量的参考标准。

(3) 对教师提供的资料(包括学习导读、习题讲评、测试题等)进行统计，在学生中调查教师提供的书面资料对学习是否具有引导作用，提供资料的日期是否符合学习进度。

3. 对课程的评价方案

课程评价历来是整个课程体系中的难点和重点。尤其是对于网络课程，自由度远远超过了任何形式的规范课程，加之内容、实施方式等都呈现出极度多元化，所以统一的课程评价标准很难制定。目前，西南交通大学网络教育学院对课程的评价方案主要有以下几种。

(1) 聘请专家对课程内容进行审核，评价课程教学的目的和对象是否明确，是否具有启发性，重点、难点是否突出。

(2) 在学生中通过问卷的形式调查学生对课程内容的满意度和认可度。

(3) 统计课程的资源是否能满足网络教学的需要，课件中的例证、数据，图片、视频搭配是否合理，配音和音乐是否恰当，动画应用是否巧妙、是否合情理等。

 案例分析

网络教育系统的各个环节是一种松散的结构，学生、教师以及相关的管理人员分散在各个地方，学生以个性化的方式开展学习，仅以学期结束时的一次考试或相关的调查问卷作为评价学生、教师、课程等的依据是远远不够的，这种状况对教学评价的开展造成了一定的困难。西南交通大学网络教育学院提出的这一评价方案，利用计算机网络具有交互性强、时间和空间开放、信息采集快捷、便于统计等特点，对网络教育系统信息进行采集具有现实意义。评价根据采集的信息并辅以相应的规章制度，从而形成一个完整的评价系统。

资料来源：http://www.scrtvu.net/smdea/Files/2004lwj/2004lwj23.html

第一节　网络教育评价概述

网络教育是网络技术应用于现代教育活动所产生出来的新型教育形式。由于这一教育形式具有教学信息传递高效、教育资源共享、教学过程双向交互、教学媒体高度集成的特点，因此它的应用成为现代教育的热点。由于网络教育的发展时间不长，即使在国外也还未形成成熟的理论体系，加上近年来网络技术的飞速发展，网络的教育应用形式被不断刷新，因此在研究网络教育时，需要对网络教育活动进行科学系统的评价，在评价的基础上

逐步完善其教育功能；同时通过评价可以使人们把握网络教育中规律性的东西，使之能够对网络教育的实践具有指导作用。

一、网络教育中的学习评价

学习评价，是指评价者参照一定的标准，运用合理的方法对学生的学习过程和结果做出评定，以及在此基础上对学生形成价值判断的过程。它是教学各环节中必不可少的一环，主要目的在于检查和促进学与教。

网络教育的学习评价是根据既定的教学目标，收集在网络环境中的学生学习过程的客观资料、信息和数据，对学生的学习态度、学习行为和学习结果进行科学的分析，并做出价值判断的过程。

由于网络学习具有师生时空分离、教学过程高度交互、教学资源极其丰富等特点，使得网络教育的学习评价也有了一些不同于传统学习评价的特点。因而，在长期的传统教学实践中产生的多种不同的评价标准和评价方法已经不能完全适用于这种新的学习方式了。

二、网络教育评价的作用与类型

1. 评价的作用

评价是从特定的目的出发，根据一定的标准，通过特定的程序，对已完成或正在从事的工作(或学习)进行检测，找出反映工作(或学习)进程的质量或成果的水平的资料或数据，从而对工作(或学习)的质量或成果的水平做出合理的判断。它的作用主要体现在以下三个方面。

(1) 提供反馈信息，促进学生的网上学习。

(2) 诊断教学疑难，不断改进网络教育。

(3) 认定教学效果，总结网络教育规律。

2. 评价的类型

按评价目的和评价实施的时间，可以把网上学习评价分为诊断性评价、形成性评价和终结性评价三种方式。这三种学习评价的特点、功能、目的、方法、时间诸要素均有不同，既有明显的阶段性特征，又是不可分割的统一结合体。

(1) 诊断性评价。诊断性评价发生在学习者开始进行网络学习之前，其目的在于对其已经具备的有关知识进行测量，以便有针对性地安排和组织教学。评价者可以利用网络通信工具(如视频会议、BBS 讨论、新闻组、小组测试等)方便地实现这一活动。

(2) 形成性评价。形成性评价的目的在于在网络学习的整个过程中，通过提供反馈信息，不断地调节学习者网络学习的进程，从而激励学习者的学习兴趣、强化认知。这一评价过程可以通过设计一系列的形成性测验来实现。

(3) 总结性评价。总结性评价发生在网络学习结束时。学习者通过一个阶段的网络学习之后，通过在线考试的形式对其学习效果进行全面的判定。

另外，要取得客观、合理的评价资料，必须遵循目的性、客观性、全面性、定量性和多渠道的原则，以便对网络学习做出科学的价值分析与判断。

三、网络教育评价的特点

1. 以形成性评价为主，以评促学

基于网络学习的特点，我们认为，网络学习中的评价的主要功能在于提供及时反馈，监控学习，保证学习质量。因此，在评价方式上，需以形成性评价为主。形成性评价以连续的测验为具体操作方法，其最大特点在于以评促学。依据布卢姆的目标教学思想，形成性测验是从一个统一的单元教学内容中筛选出必不可少的明确的教学目标，明确目标相互间在结构上的关系，制成单元目标分析表，然后根据此表逐一地检查每个目标的完成情况，以便从结构上把握住每个学生的目标达到度。因此形成性学习评价的评价标准是严格基于学习目标的，通过这种测验可以实现"完全习得"的学习。研究表明，连续的学习评价可能会成为促进学生学习的一个动机。通过形成性评价，学生可以衡量自己掌握目标的程度，如果所学内容尚未完全掌握，可以重新学习，或者针对具体的目标未达部分采取补充学习的方法。

在网络学习的过程中，不断而连续地施以形成性评价，小测验、作业、合作项目等都可以，并将结果收集、纳入学生学习过程评价之中。这样，可在不同程度上激发学生的学习意识，促进学习，保证学习质量。因此，连续的、频繁的形成性评价应该成为网络学习中的主要评价技术。

2. 融评价于课程，教学与评价一体化

传统教学中教学与评价是相对分离的，即学习一个单元之后，教师会适当地进行一些测验以检查学习状况。这些形成性测验起到一定的学习反馈和监控作用，但是学习过程中教师对学生无形的、始终的监控作用则加强了形成性评价的力度。然而，网络学习中没有了教师的无形监控，那么，要达到同样的效果，形成性评价的监控力度就要加大。网络课程是网络教学的主要呈现形式。因而，可以通过融形成性评价于课程的方式使教学与评价趋于一体化。

(1) 将学习单元进一步细化，列出比较详细的目标层次结构，以便学生能够在自我测评时有所依据。在线的、异步的知识传授方式倾向于把教学的各个单元进行模块化处理，进行模块化处理的教学内容将有助于提高教学的效率。

(2) 在课程内容中穿插必要的问题，利用提问来检查学习过程或作为对学习者学习的提示，并且有必要的反馈和帮助性的指导。

(3) 在课程中设置标记性评价(Sign Posted Assessment)，在课程中设置相关评价标记(链点，点击弹出对应内容的评价手段)，帮助学生在学习过程中不打断学习进程而找到需要的评价手段以确定学习进程，在学生进入课程下一阶段的学习之前提供自我测试，在标记性

评价中为辅助性的知识提供有意义、有帮助的暗示或链接。

(4) 课程单元后应该设计必要的作业、测验或综合任务等综合性评价方式。所有的结果都记入学生的学习档案，作为衡量学生进步程度、评定分数的依据。

因此，在课程设计时就要考虑学习评价设计，将学习评价打散分布于课程的适当位置，使学生可以在学习过程当中选择性地进入必要的诊断、评价以及获得反馈。这样，学习和评价走向一体化，能更好地发挥学习评价对学习过程的监控和判断作用，真正关注学生的学习过程。

3. 多元评价：科学性和人文性相结合

多元评价是国际学习评价的改革方向，它是指除了采用传统标准化测验的手段之外，还要采用各种"另类评价"来获得学生的学习表现。"另类评价"的特点在于不是以单一的多项选择方法，而是以观察、记录、让学生完成作品或任务、团体合作项目、实验、展示、口头演说、辩论、调查问卷等多种方式进行；不是从单一的考试背景中，而是从广泛的背景中收集体现学生学习情况和多种能力的信息；评价主体不仅仅是教师，还可以是学习者自己和学习同伴等。采用"另类评价"，可保持学生的探索性，激发学习者有秩序、有意义的学习及批判性、创造性思维的发展，使学习尽可能地与真实的生活经验相联系。

因此，实施多元评价可以将科学性和人文性有机地结合起来。对认知性内容的学习评价，可采用传统的作业、标准化测验的形式，评定学生对基础知识的掌握程度；而对能力、品质、高级思维等的评定，可采用定性的、非结构化的评定方式，如"另类评价"。

4. 加强隐性评价(自评和互评)

在教学中一直存在两类评价：显性评价和隐性评价。显性评价是指以教师为代表的外部评价；隐性评价则是指学生的自我评价和学习同伴对该学生的评价。在传统教学中，我们主要依赖于教师的显性评价，而忽略隐性评价的存在。而在网络学习中，因为教师角色的相对隐退，学生成为学习活动的主体，隐性评价的作用日渐凸显出来。

学生的自我评价包括借助网络课程提供的评价方式进行自我测评，也包括自我反省、自我调整的过程。只有学生的自我评价才能对自身学习起直接作用。因为网络学习的极大自主性，学生应该对学习负有极大的责任，远离了种种名次之争，学生的自我评价将变得比较客观、真实。另外，在协作学习中，学习伙伴之间可以利用网络提供的各种交流工具开展互相评价。

第二节 网络教育过程评价

网络教育过程是一个不断发展变化的过程，需要不断地完善和改进才能保证和提高网络教育的质量。网络教育过程评价作为网络教育活动的重要环节、网络教育管理的重要手段，从网络教育过程评价本身来看就是诊断和改进网络教育活动的具体体现。伴随网络教育活动的过程评价，通过收集、筛选、分析加工网络教育活动或评价对象的有关信息，能够真实地将网络教育过程的状况显示出来，帮助我们发现网络教育过程中存在的主要问题，及时地进行信息反馈，分析问题产生的原因，并及时地寻求解决问题的途径。

一、网络教育过程评价的内涵

网络教育过程评价侧重于测量与评价学习者的学习过程，也就是针对不同的学习形式与方法，依据一定的标准，采用适当测量工具和方法对学习者的学习过程或学习结果进行描述，并根据网络教育所要达到的目标对所描述的学习过程或结果进行价值判断。

从这一观点出发，可以得出对网络教育过程的评价要站在网络教育的主体——学习者的立场。站在主体的价值上，必须明确三点：首先评价目的是要让学习者认同并根据评价的结果及时、主动地调整自己的学习，最终由学习者本人诠释评价的意义；其次评价应该关注个体的差异，正确地判断每个学习者的不同特点及其发展潜力，为学习者提供有利于其自身发展的建议；最后强调被评价者的自我评价，学习者应该积极主动地参与评价的全过程，而且大量的评价应该直接由学习者本人实施。

如果单从过程来看，其价值的内涵在于：第一，把学习者在学习过程中的全部情况都纳入评价的范围之内，凡是影响学习效果以及效率的活动，都要在评价时给予足够的重视；第二，强调评价活动与学习活动的互动，关注学习过程的每一个细节，并进行及时的调控；第三，方法论特征是定性评价与定量评价相结合，在注重学习总体定性分析的同时，也关注学习者可量度的量的变化。

因此，我们认为网络教育过程评价就是在一定的主体价值观和过程价值观的指导下，对具有时间连续性、顺序性以及动态性的网络教育过程，通过主客体相互沟通、反馈进行评价和指导相统一的过程。

二、网络教育过程评价的重要性

任何现象的发展变化都要在一定的时空中反映出来。从纵向来看，网络教育是在信息技术基础上发展起来的，我们不能从某一点去评价网络教育过程的技术平台，而应该从技术发展的连续性去评价网络教育的整个过程；具体到每一位学习者，也不能以某一次考核或测评作为评价的依据，而应该对学习者的过去、现在以及发展的势头，包括努力的程度进行评价。从横向来看，评价网络教育过程要具有全面性、系统性，网络教育过程评价必须通过各种网上测验、调查等方式，全面而不是片面、系统而不是零散地获取网络教育过程的信息资料。只有如此，网络教育过程评价才能发挥作用。

1. 促使学习者积极参与评价，提高网络教育的效果

网络化学习是充分发挥学习者主观能动性的学习方式，其学习评价的主体将不像过去那样局限于传统的教师，而是面向广大的"学习者"转移。网络教育评价的很多渠道都依赖于学习者的自主实施，如练习、测试等，而自我控制的学习者能够判断自己的成绩，他

们将不再奢望也不可能如传统教学那样依赖于外部反馈和监控，而是充分地利用获得反馈的机会，加强自我评价和自我反思。对于不少的学习者，网络教育过程是非智力因素获得锻炼的极好机会。无论是网络教育者的自我评价还是同伴的参与评价，网络教育都抛弃了以往的面对面的许多消极心理，消除了网络教育者的敌对情绪，有助于网络教育者积极参与到评价活动中，提高学习效率。

2．利用先进技术手段，进行及时、有效的评判

代表性的面向过程的学习评价为学习历程档案评价。传统教学条件下的学习历程档案评价也时有发生，但是是在教师占用大量注意力的基础上进行的。而网络教育过程评价，则是自动化地借助跟踪、记录、存储的方式，建立学习者的数字化学习档案，可能包含学习者的电子作品、学习活动的原始记录、学习评价信息等。数字化学习档案可以较好地反映学习者利用网络教育的历程和最终结果，它倾向于对学习者行为的质的分析，因而可以成为学习者学习成就的直接评价依据。在网络教育环境下，由于学习可以充分凭借丰富的网络教育资源进行大跨度、多维度、综合性的学习，这时的学习结果远不只是学习大纲和教科书所界定的知识和技能，故而这时的评价应该更加侧重学习全过程的评价。加强对学习者利用资源的能力和效果进行及时而有效的评价，可以从学习者身心发展的角度，全面审视各种学习因素，建立立体多维的评价模型，及时有效地对学习实际情况进行科学评判。

3．通过作品集为学习者知识应用和创新能力的提高搭建一个平台

电子作品集是学习者在一定目标指导下自己进行创新思维和解决问题的学习活动，并运用现代信息技术展示自己的学习成果。电子作品集不仅反映了学生学习的最终成果，还反映了学习者的学习过程，体现着学习者协作学习、集体讨论、合作创新的每一个小的进步。对学习者电子作品的评价形成了一个完整、连续的评价链条，不仅考察了学习者理解和灵活运用所学知识的水平，而且考察了学习者在作品创作中的合作精神和创新精神，引导学习者积极、主动地开展科学探索。

4．促使每一位学习者改变传统的学习方法

网络教育相对传统学习的另一明显优势在于其互动性。在大多数传统学习形式中学习者只是被动的信息消费者，即信息往往由教育者单方面地"倾销"给学习者。学习者往往扮演被动的接受者的角色，他们主动参与的机会非常有限。然而在通过互联网寻求答案的过程中，学习者已不再是简单的信息的接受者，他们亲身参与了收集材料、组织材料、研究材料的过程，而这一过程与专业研究人员对信息进行的编码、解码过程是很相近的。坚持以这种方式学习，学习者的认知能力和理论分析能力必定会得到提高。这种学习过程中的良性循环不但会帮助学习者掌握良好的学习方法，而且还能促进其确立正确的学习态度。而良好的学习方法、正确的学习态度不仅对某一次特定的学习任务有利，而且对学习者一生的学习过程都会产生良好的影响。

5．实现终身教育的梦想

网上学习的独立性和自律性使得因特网成为实现终身学习的最有力工具。事实上，终

身学习的重要性已广为人知,而互联网的存在则为这一意识的实现提供了巨大的便利。对于那些必须穿梭于正常工作、家庭生活和继续学习之间的成年人来说,互联网提供的远程教育成为他们实现终身学习梦想的最佳选择。通过互联网,学习者可以在自己方便的时间、用自己习惯的学习方式和节奏选择下载自己喜欢的课程。事实上,互联网使终身学习变得更加现实。

三、网络教育过程的评价方法

与测验、调查、观察为主的传统学习过程相比较,网络教育过程的评价方法和评价工具有了新的变化。网络教育过程的评价方法呈现出多样化的现象,其主要的评价方法如下。

1. 量规

所谓量规,是用于评价、指导、管控和改善学习行为而设计的某种标准或一套标准。一个量规是一套等级标准,每个被认为重要的元素都有一个等级指标,每一元素的等级指标由几个等级组成用于描述绩效的不同水平。它具有主客观相结合、准确性高、操作性强的特点。利用量规进行评价能与学生及其家长达到清晰交流的目的;量规提供的反馈信息为学习者和教育者进行反思提供了基础;能提供学习者有关学习绩效的多方面的丰富信息,并避免使用概括性的分数。在设计量规时,要根据侧重点的不同确定权重;要根据不同的目的和学习者的学习水平来确定每一部分的结构分量。

2. 学习契约式评价

学习契约式评价方法源于真正意义上的契约或合同,是一种愈来愈受到重视的评价方法,也被称为学习合同。这种评价方法使得评价更加客观、更加合理,能够让学习者在完成任务和解决问题时有一个具体的目标和依据,清楚地显示出学习者的学习内容、学习方法、学习进度以及评估方式等,它使得不同主体协商评价在实践中得到了落实。

3. 档案袋评价法

档案袋是在 20 世纪 80 年代西方中小学评价改革运动中形成和发展起来的一种新的质性评价方式,它是指教师和学生有意地将各种有关学生表现的材料收集起来,并进行合理的分析与解释,以反映学生在学习与发展过程中的努力、进步状况或成就。档案袋评价的基本特征是:第一,档案袋的基本成分是学生作品,而且数量很多;第二,作品的收集是有意而不是随意的;第三,档案袋应提供学生发表意见和对作品进行反省的机会。这种方法应用到网络教育中,提供给学习者对自己的作品进行自我评估和反省的机会;档案袋的内容可以更及时、准确地掌握每个学习者真实客观的学习情况,了解每个学习者的学习方式和学习特点,进行更有针对性的指导;能够有效地促进网络教育过程与评价的有机结合。可以把档案袋评价贯串于整个网络教育过程的始终,将其当作不可分割的一部分。

4．绩效评价

绩效是指组织及其子系统(部门、流程、工作团队和员工个人)的工作表现和业务成果。绩效管理被引入到不同的领域。绩效评价在网络教育过程中是通过学习者或者学习小组针对某一个具体的问题，以电子作业、网页、研究报告等方式来展示业绩而对学习者进行评价来实现的。在绩效评价中，学习者有机会展示广泛的才能，通过绩效评估，学习者不仅可以得到锻炼，而且能够适应不断发展的学科新领域。

5．评价包

评价包(Portfolio)是按照一定目的收集的反映学生学习过程以及最终产品的一整套材料。学习者能在自我评价中变得积极，促进自我的发展。评价包包括了学习者在网络教育过程中不同形式的学习材料，如调查报告、作业、图画等。这些都有利于学习者在经过一段时间后重新反思和检查自己的学习情况和自己的成长情况。针对不同的学习者，评价包中所包括的材料是有所不同的，甚至是截然相反的，但是它们在网络教育环境中都可以自动建立和完成，最终成为学习者学习文档的一部分。

第三节　网络教育资源评价

网络教育是一种教育活动，是有目的、有计划的，因此对网络教育资源的评价是以网络教育活动的实际效果与学习者所预期的学习目标相比较并做出判断、评估的过程。网络教育资源评价离不开评价目标，没有评价目标就不知道评什么。因此，确定网络教育资源评价目标是进行网络教育资源评价的前提和基础。网络教育资源评价目标具有其独特的特点，在评价时，常常把评价目标分解为具体的评价项目，评价项目能够反映被评对象的属性。要想科学地确定网络教育资源评价的具体内容，设计者就必须充分、深刻地认识网络教育资源的规律，认识网络教育资源评价的本质属性。要求在一定方法论的指导下，将网络教育资源评价的目标具体化。

一、网络教育资源评价目标的体系

要对网络教育资源的价值进行判断，首先必须明确三个问题，即评判的内容是什么，为什么对这些内容进行评判，具体采用什么样的办法来对这些内容进行评判。这就牵涉到网络教育资源评价的指标体系。

网络教育指标系统是指网络教育评价目标逐级分解为既有层次又相互联系的、系统化的指标群。评价对象不同，指标系统的结构也不相同。分析、弄清指标系统的一般结构及关系，是提高指标系统的设计水平，提高教育工作质量和评价质量的基本保证。根据何克抗、李文光的观点，评价指标体系设计的一般过程是：先对目标进行分解，导出评价对象特征，然后建立评价标准，进行标准的描述，确立价值取向的原则，最后确定指标的权重。

1) 分解目标

从指标系统的形式来看，指标系统有不同的层级，是由目标→指标，或由抽象→具体的多层级指标构成。指标系统形式如表 4-1 所示。

表 4-1　指标体系的形式

一级指标	二级指标	三级指标	评价标准	等　级
A	A1	A11		
		A12		
		...		
	A2	A21		
		A22		
		...		
	A3	A31		
		A32		
		...		
B	B1	B11		
		B12		
		...		
	B2	B21		
		B22		
		...		
	B3	B31		
		B32		
		...		
...	...	...		

2) 归类、筛选、精简指标

通过第一步的分解指标后，人们往往对于评价的指标系统有了更清晰的认识，但同时也会遗漏一些重要的因素，因此往往要进行第二步的归类、筛选和精简。

筛选的原则是：同系统、同层次指标内涵相同的要合并；指标有因果关系的留因去果；相互矛盾时选择合理的；可操作性差或无法获取信息的可寻找替代指标。指标筛选常用的方法有经验法、调查统计法和相关分析法。

二、网络教育资源评价标准的结构

网络教育资源评价标准包括评价的系统划分和评价标准的表达方式两种。

1. 评价的总目标一般分为三个子系统

评价的总目标一般分为三个子系统。条件指标系统、过程指标系统、效能指标系统。网络教育资源评价标准也分为这三个部分。

(1) 条件指标系统是指网络本身在承担或完成各项任务时应具备的条件标准，也就是基于 Internet 的网络设施硬件。

(2) 过程指标系统是指网络教育资源应承担的责任和应完成的学习任务的角度确定的评价标准。

(3) 效能指标系统是指网络教育资源在促使网络教育者学习的效果和取得这些效果所耗费的人力、物力、财力等角度确定的评价标准。

2. 网络教育资源评价标准的表达方式

网络教育资源评价标准的表达方式多种多样，常见的有三种形式：描述式标准、期望评语量表式标准以及客观可数等级式标准。

描述式标准就是运用文字描述每个不同要素的等级，并赋予每个等级分值。期望评语量表式标准是根据目标要求，写出期望达到的评语或要求，同时把该项指标分为若干等级，每个等级赋予分值，评判者根据达到期望评语或要求的程度逐级打分。客观可数等级式标准也就是数量区间式标准，即以明确的数量区间为标准给被评对象评定等级。

三、网络教育资源评价的操作方法

网络教育资源评价是一个复杂的过程，必须将评价的总目标转化为可操作的、具体化的指标。因此，我们需要着重探讨一下网络教育资源评价的操作方法。

1. 网络教育资源评价方案设计

评价方案是在评价活动中，为了实现一定的评价目的，对评价的依据标准、方法途径、实施程序等所做的设计和安排。在设计网络教育资源评价时，我们应该根据网络教育资源评价的内容做好几个关键性的工作。

(1) 明确网络教育资源评价的目的，确定网络教育资源评价的对象以及范围。

(2) 确定网络教育资源评价的具体标准，选择合理的评价方法。

(3) 做好网络教育资源评价信息资料的整理。

(4) 选用科学合理的方法和工具。

(5) 网络教育资源评价数据的整理和对结果的解释。

(6) 网络教育资源评价实施中的误差心理及其调控。

2. 网络教育资源评价指标体系设计的步骤

(1) 确定网络教育资源评价的对象和目标。网络教育资源评价的对象可以是广义的网络教育资源，包括相关网络硬件资源及其软件资源两个方面。其硬件资源是指各种网络教育资源(各种知识库或信息库)在收集、加工、存储、传递和利用过程中必须借助和依赖的相关网络硬件，如网关、网卡、光纤、电缆等；软件资源是指各种网络数据库(知识库或信息库)及其相关管理、存储和传输的软件、技术标准与协议(包括网络操作系统、信息存储格式标准、信息库的制作软件、IP 和 FTP 等网络传输控制协议等)。它也可以指狭义的网络教育资源，仅指学习者能够用于网络教育活动的各种网络数据库。在具体的评价过程中，可以采用抽样的方法，选取部分网络教育资源为对象。

评价目的要具体明确，要以教育教学目标为依据，确定具体的评价目标。如可以单项地评价网络硬件资源，可以评价网上学习资源设计方案的实施效果，也可以综合地开展网络教育资源评价，全面了解网络教育资源对学习者学习态度、学习行为、认知程度及能力发展状况的影响。

(2) 确定网络教育资源评价的途径。依据评价目标选择合适的评价途径，亦即选择收集评价资料的方法或教育测量的方法。要即时了解学习者对网络教育资源的反应及动态，可采用网上提问或网上调查法；要较全面即时地分析学习者基于网络教育资源的实际学习效果，可采用基于网络化的形成性练习；要评价利用网络教育资源学习后学习者的动手能力或实验技能，可采用虚拟实验考核或借助视频传输的实验过程展示；要全面了解学习者网络教育的态度，则需用态度量表法，通过网络问卷表单来实现。

(3) 建立网络教育资源评价指标体系和评价标准。评价指标体系即各级指标项的集合体，它是评价目标的分解和具体化、行为化的产物。指标体系及其量化方法、评价标准的设计，是网络教育资源评价的关键性、决定性的工作。

(4) 构建指标体系树状结构。对评价目标进行具体深入的分析，通过结构化的分解方法，将之逐次分解为一系列相互独立的构成要素。分解时各次级指标项不能相互重叠或存在因果关系，体系结构要完整，不能遗漏重要的构成要素，具体的指标项必须有可测性，即可用操作化的语言加以定义，便于评价者操作和应用。

(5) 确定权重系数。权重系数表示某一指标项在指标项系统中的重要程度。权重系数的大小与目标的重要程度有关，权重系数大，则表示该项指标在指标项系统中所占的比重大。权重系数可由有经验的专家根据实践直接评定，经统计后取平均值加以确定，即可以采用专家评定法；也可以通过问卷调查的形式，或者采用加权统计方法求得。

(6) 指标项的等级划分与量化。对指标进行定量性描述是网络教育资源评价的重要手段，有些指标可以予以直接定量描述。如网络教育资源的存储情况、传递速度等。但网络教育资源评价中很多指标通常已直接量化，需采用等级划分的方法，先做定性等级描述，如很好、较好、一般、较差、很差等，再对不同的等级赋予量值，称为二次量化。

(7) 建立评价标准。衡量事物的比较基准称为评价标准，也就是说，必须对各指标项的各个等级的标准加以准确地描述或做出解释，以便对评价客体做出公正一致的评价。

(8) 列出评价体系总表。将各项具体评价指标、权重系数、等级及分值等列成一个供具体评价的表格，它可以根据已收集到的资料，按照等级划分标准进行评判。

3. 资料收集、统计与分析

网络教育资源评价可以借助网络开展，通过在网络站点内设立某些评价调查的页面和表单，由调查对象在规定的时限内提交，完成统计并发布。根据评价的目的来编制问卷，对评价对象进行总结性评价、形成性评价或诊断性评价。借助题库，进行自动在线组卷，进行自适应测验。这种方法提高了评价的时效性，免去了诸多人为的处理环节，容易获得真实的信息。同时对于不能在网上组织和实施的评价项目可以沿用传统的办法。评价人员可以通过建立专家信箱、开辟专门的讨论区等方法，同步或者异步的方式来进行对相关数据的采集。由于彼此的不直接接触、匿名的特点，避免了评价双方的主客观因素影响，调查可以全面、深入地获得想得到的信息。

评价数据分析是针对前面收集的信息中获得的数据，进行整理、分析，揭示出蕴含在数据中的评价结果。这个过程中需要完成大量的数据统计工作，从而最终理顺数据间的分布状态、数据的特征和变化规律、数据间的关系。目前可以采用一些专用的统计分析工具来完成一系列的数据处理分析工作。对评价资料进行整理，按统计学方法进行认真的统计、计算与数据处理，最后按价值判断分类进行归类分析与判断，得出评价结果。

本 章 小 结

网络教育资源的评价对象不仅涉及专门为教学而开发的网络课件、网络课程，还包括网络上具有教学功能的一切信息资源。对网络教育资源进行评价具有重要的意义。但是，对网络教育信息资源的评价是一项复杂的系统工程，评价结果的正确性和有效性除了受到评价主体、客体和评价方法的影响外，很大程度上还有赖于评价标准的完善、评价工具的改进以及网络运营环境的规范等。因此，评价过程中要尽量采取主观和客观相结合，综合运用各种定性、定量评价方法。

【思考与练习】

1. 什么是网络教育评价？
2. 网络教育评价的特点是什么？
3. 网络教育过程评价常用的方法是什么？
4. 网络教育资源评价的过程与步骤是什么？

【推荐阅读】

1. 刘少杰. 发展性评价的认识[J]. 现代教育论丛，2003(6)：27-30.
2. 周渡. 关于网络资源评价体系的几点思考[J]. 江苏大学学报(高教研究版)，2004(4)：89-92.
3. 教育部. 网络课程评价规范(CELTS-22)[EB/OL]. http@//www.celtsc.edu.cn/.
4. 苏广利. 因特网信息资源评价研究[J]. 情报资料工作，2001(6)：26-28.
5. 黄奇，李伟. 基于链接分析的学术性WWW网络资源评价与分类方法[J]. 情报学报，2001(2)：186-191.
6. 孙晓梅. AHP在网络课程质量评价中的应用[J/OL]. 教育技术研究(电子版)，2003(2).

第五章　网络教育的法律规范与社会管理

本章学习目标

➢ 网络教育的法律规范
➢ 网络教育的社会管理
➢ 网络教育的法律保护

核心概念

法律规范(Legal Fan);　社会管理(Social Management);　法律保护(Legal Protection)

高校网络学院遭遇信誉挑战

4月9日本是工作日,中国人民大学网络教育学院办公区却空荡荡的。据了解,所有老师被派往人大网院在各地的50多个教学中心负责监考。"总部人员全体出动,为了防止个别教学中心出现考试舞弊现象。"北京大学、北京理工大学在每年两次的专业课考试中,也会派总部教师前往各教学点监考、巡考。

各地教学中心是高校网络教育学院的派出机构,负责网校在当地的招生和教学管理。近年来,高校网院的地方教学点不断扩充,最多的达100多个,管理和监控难度增加。一位不愿透露姓名的教学中心负责人说,有些网院根据招生人数和学费来返还提成,因此一些教学点为了让学生尽快毕业,有意"睁一只眼,闭一只眼",监考不严、考生替考、提前漏题等现象时有发生。

"网络学院发展的成绩有目共睹,然而目前网络教育在规范招生、入学门槛、教学培养、毕业审核等方面仍然遭遇较大的挑战。"一位高校网络学院负责人透露。

"冒名"招生、"套读"学历曾经是网络学院难以说清的问题。在发展之初,曾经有部分院校的现代远程教育学院以全日制的方式招收大量高考落榜生。这种全日制的教学被教育主管部门叫停。此后,各试点高校虽然没有了全日制的网院学生,但是一些教学中心与一些民办高校或者培训机构合作,在招收自考生全日制培训的同时"套读"网院的学历。一些培训机构则借重点高校的名声,为各种培训项目添彩。

记者以学生的身份向一家位于北京朝阳区的自考生培训中心咨询,该机构工作人员表示,参加自考脱产学习的同时还可以参加某重点高校的网院学习,就算自考没有过,3年也能拿大专,5年也能拿大本。"我们可以签保过协议!"工作人员神秘地说。当记者表示,教育部有通知不能这样招生时，该人员解释说还没有看到通知，随后挂断了电话。

网络教育的利润，也吸引一批非法中介蜂拥而来。"不用考试，也不用交作业，公司会请人代为考试，只需要交 12 000 元就可在两年半后轻松拿到本科毕业证。"广州市天河区某教育咨询公司把网络教育变成赤裸裸的"交钱买文凭"。

黑中介另一种获利方式是买卖生源。通过虚假广告和招生宣传诱使学生报名，手中掌握一定数量生源后，再向高校网络教育学院"转让"，收取中间费用。学生在毫不知情的情况下被转来转去，承诺的教学质量大多不能兑现。

"这些乱象不治理，会降低网络教育的含金量！"这位负责人表示。

案例分析

网络教育取得发展并得到社会认可的关键在于课程和学习资源建设，高校网络教育要在发展中规范，保证学历教育的高质量。针对网络教育出现的不规范现象，国家应进一步建立完善的现代远程教育法律法规，规范包括学历学位教育在内的、终身学习的继续教育办学体系。抓紧实施现代远程教育质量评估，对于教学质量达不到要求，且在招生等办学过程中存在违规行为的试点高校，严格实行以"停止招生"等措施为主的"摘牌"制度。

如何结合中国网络使用现状，开发和推广适宜的学历和非学历在线教育模式，提高网络教育质量，发展网络教育品牌，也成为当前网络教育的新课题。

资料来源：http://edu.sz.net.cn/edu2/2010-05/18/content_2354333.htm

第一节　网络教育的法律规范

网络教育社会管理中的一个重要问题是网络资源的合法利用问题以及存在于网络上会影响网络教育发展和形象的网络违法问题甚至犯罪。当然，这一问题是网络自身存在的问题，但这些现象在网络教育的过程中都会有不同形式的表现，因此，应当引起我们的重视。

一、发展网络教育需要法律保护

发展网络教育对于科教兴国、教育为本理念的实现以及国家综合国力的提高等都具有重大意义。在发展现代网络教育的过程中，必然会存在对网络教育的法律规制和资源保护问题，只有在法律上严格规范现代网络教育的发展，国外优秀的教育资源才会源源不断地流入，国内教育资源才能实现真正的共享。因此，我们要充分发挥和运用法的作用，通过网络教育的建设和发展，从法律上去指引、预测网络教育的规范发展，从而保护网络教育，对违反网络教育发展规律的行为进行预防和制裁，最终使法律体现出对网络教育的确认、调整和保护功能，发挥法律的社会调整器的作用。

当今世界是法制社会和法制经济的时代，不仅教育要受到法律的规范和制约，信息技术同样也要受法律的制约和保护，只有这样，基于信息技术的网络教育才能够稳步发展。美国是网络教育最发达的国家之一，信息技术也最发达，因此，法律保护就比较完善。1978年，佛罗里达州就通过了第一个《计算机犯罪法》；1984年，通过了《非法使用计算机设备、计算机诈骗及滥用法》；1985年和1995年，分别发布了《美国联邦信息资源管理政策》和《个人隐私与国家信息基础设施》的管理文件；1996年，国会通过了政府的《全球电子商务框架》；1998年，克林顿签署了《数字著作权法》；1999年，弗吉尼亚州政府有了第一个互联网上的法律。俄罗斯在1992年就制定了《关于电子计算机和数据库程序保护法》；1995年，又通过了《关于信息、信息化和信息保护》的法律。欧共体1996年通过了《关于数据库法律保护的指令》。德国1986年颁布的《经济犯罪防治法》就对计算机有了专门规范，还通过了《信息和通讯服务规范法》。1988年，法国实施了《计算机欺诈法》。1990年，英国制定了《计算机滥用条例》。1987年，日本修改的刑法就补充了不正当运用计算机系统进行诈骗、伪造电磁记录、破坏软硬件等信息犯罪行为。

我国为应对信息技术发展和信息犯罪的增加，也很快地进行了立法保护活动：1991年，颁布了《计算机软件保护条例》；1993年，发布了《无线电管理条例》；1994年，颁布了《计算机电信系统安全保护条例》；1996年，发布实施了《计算机电信网络国际联网管理暂行规定》和《中国公用计算机互联网国际联网管理办法》；特别是1997年颁布实施的《刑法》，专门规定了非法侵入计算机系统罪和破坏计算机信息系统罪的内容；1997年还发布了《中国公众多媒体通信管理办法》、《计算机信息网络国际联网安全保护管理办法》以及1998年出台的《软件产品管理暂行办法》、《计算机电信网络国际联网管理暂行规定实施办法》等，这些都为已经到来的信息社会以及信息犯罪的惩治奠定了坚实的基础。

从以上国内外的情况来看，都是随着计算机科技水平的发展，主要是针对犯罪行为以及商务行为的规范和保护的法律体现，迄今还没有直接针对网络教育的行为制定立法规范。但是，应当说，这些法律法规对于网络教育而言，都是非常重要的，因为我们这里所分析的网络教育就是基于计算机多媒体技术以及网络技术和卫星通信系统而存在的，因此，这部分的法律保护理所当然的可以运用其中。

这些法律法规的一个明显特征就是对于网络教育所支撑的技术系统有了比较完善的规范，涉及的范围较大。对于网络教育而言，没有体现出具体规制的法律产生，就不会突出教育的特色，这对于网络教育的发展是有影响的。因为我们知道，现代社会是一个开放的社会，由于信息技术使得人们的距离感越来越近，在这种情况下，网络教育也会呈现出世界性或国际性的特点来，即使在国内，东部的优秀教学资源也有一个向西部转移的过程，如果在这个过程中不对网络教育及其资源实施法律规制和保护，那还有谁敢来发展网络教育呢？这和当年美国对我们实行知识产权的封锁是一个道理，如果我们不保护知识产权，甚至保护措施不到位，都会受到法律的制约。因此，要发展网络教育，就必须先设立规范和保护的法律，以消除人们的怀疑。保护得当，优秀资源就越来越多；不去保护，人们就会等待观望，甚至失去耐心，我们就有可能失去发展现代网络教育的机会。因此，我们需要制定一部专门保护现代网络教育的规范性文件。

从国内外法律规范来看，大多为单行的计算机保护法律或者信息资源保护法律，或者是对于利用计算机犯罪行为的惩罚，以及对于互联网的管理和无线通信设备使用的规范，主要表现为单行法律，即针对某一方面进行立法；而网络教育的实施，是一个集计算机利用、通信设施的使用、电视传播手段、网络管理、信息资源管理及其保护等多方面事务的法律问题，仅仅侧重于某一方面可能会造成对网络教育的损害，同时，又不可能制定一部面面俱到的法律规范。因此，整合目前的法律法规就成为规制和保护网络教育的重要法律活动。要根据现有的法律规范，针对网络教育的特点和运行过程，制定专门的网络教育保护法规，主要应当着重于对网络教育的资源库建设即对利用信息资源进行规制和保护。此外，还应当注意对运用现代网络教育过程中的优秀教学资源的知识产权以及信息传输过程中的安全进行保护等，这些是网络教育法律保护问题重点应予关注的领域。

规范制约和保护网络教育不仅是法律问题，还需要建立一个完整的管理体系和政策配套的支撑，要围绕网络教育信息资源这个中心，构建起对信息保护、知识产权保护、计算机病毒防范、资源共享维护与保存以及信息犯罪等政策法律的体系网络。特别要针对网络教育的特点进行全方位的管理，如对学习者可以实行准入制度，在他们进入学习过程前进行身份的验证，确立"实名制"的实施；再比如，可以实行标准化管理制度，对于网络教育的信息资源实行统一的规范化管理，进行版权保护、分级限制、密级划分、统一管理。

无论是政策导向还是法律制度，最重要的是"贵在落实"。在法律上，我们称之为严格执法，就是对于网络教育进行的法律政策规制和保护。这是一种强制性规范，也是对实施者和学习者双方权利义务的法律调整，从而支持现代网络教育在健康的轨道内能够自由合理地运行和得到合法的保护。对于这些行为准则的侵犯应该受到法律公正的制裁，这样，才能显示出法律的正义性在每个公民面前的平等和法律的威严。

二、网络教育的法律规制和保护的重要意义

我们应认识到发展网络教育和规制与保护网络教育的深远意义，这是实现教育机会均等、教育民主化、法制化、规范化、有序化的有效途径。保护和规制现代网络教育有利于大力引进发达地区社会、经济、文化和教育发展的成果，它对于在教育方面人力、财力和物资短缺的状况的改善具有特别重大的意义。由于广泛应用现代信息技术，网络教育的教学质量、投资效益和法律保护与规制正在经受传统大学的竞争和劳动力市场的考验。因此，保护和规制网络教育并非权宜之计，而是整个国家乃至世界教育发展的必然趋势。

网络教育是在传统教育不能满足社会需求、还没有来得及进行彻底的教育改革的情况下发展起来的。与建立独立的院校相比较，利用现有的教学资源，充分发挥传统教育的办学优势举办现代网络教育必然会收到投资少、收效快的效果。因此，可以肯定地说，开展网络教育，积极主动地为各类学习者提供现代网络教育的种种服务，是网络教育的一个发展趋势。与此相对应，网络教育为了提高自身的质量，也将会更积极、更主动地借助传统教育已形成的优势以及法律的保护和规制的完善来开拓自己的事业。因此，现代法学和传统教育将用很大的力量发展和研究网络教育。

无论是发达国家还是发展中国家，随着生产力的发展，生产工具和管理程序将日趋复

杂。社会一方面需要能够设计生产这些复杂工具、管理这些复杂过程的高级人才；另一方面，还需要一大批具有熟练操作技术、能够掌握和使用这些复杂工具的中级人才。当然，无论是高级人才，还是中级人才，都需要不断地更新知识和提高技能。因此，继续教育、终身教育将成为现代网络教育的重要任务。单一的学历教育已经不能满足社会对人才培养的多种需求。多功能、多层次、多规格地培养人才是社会的一种发展趋势，而网络教育就能够满足这种培养人才的要求，它主要为在职人员和失业者进行职业技术培训，提供重新就业的机会。符合终身学习理念的现代网络教育必将在法律规范下伴随人的一生发展。我们应当意识到，独立的现代网络教育必将在法律规范的前提下向多功能、多层次、多规格的教育综合体转化。

现代信息技术在网络教育中的运用，集中体现在以多媒体教学代替单一的面授教学。在这里，媒体的优化组合对课程设计的质量有直接的影响。各种媒体都有其优缺点，都有一套可以充分发挥其优势的运用法则。只有我们明确了教学目标，掌握了媒体的特征，在确定的教学内容和教学模式条件下进行精心的选择和设计，才能达到最好的教学效果。卫星电视、激光视盘、计算机网络等新技术，对于网络教育的发展已经产生和即将产生重大的影响。可以相信，在较短的时间内，这些新技术、新媒体的运用与组合将成为网络教育的主体。自然，媒体的组合一定会在法律规制的范畴之内进行。在法律规制下优化媒体组合，及时运用最新科技成果将是发展网络教育的必备条件。

我国现有网络教育学院(指教育部批准的开展现代网络教育的高等院校)67 所,而利用网络进行教育传播，已经不仅成为我们国家发展教育的一个重要手段，而且也是世界教育发展的重大趋势。因此，法律保护的完善对于国外优秀教育资源的引进和利用也必将带来积极的影响。这对于教育界和法律界而言，都是一项具有现实意义的课题，它可以促使我们能够在法律规范之下利用现代网络教育手段吸引国内外优秀的教育资源，从而实现教育的跨越式发展。

网络教育一方面需要国家给予政策上的扶持；另一方面又需要国家给予政策上的规范。政策是发展网络教育的前提，只有国家对网络教育进行必要的扶持，网络教育才能大踏步发展；只有国家对网络教育政策进行统一，网络教育的发展才有希望；只有国家对网络教育进行必要的规范，网络教育才会得到健康发展。那么，我国的网络教育发展应采取什么样的模式？应允许大胆创新，勇于探索，走出一条具有中国特色的网络教育道路。由于网络教育在我国起步较晚，还是一个新生事物，对长期习惯的学校教育是一个新的挑战和机遇，是对学校管理体制、教学模式的挑战，特别是对人们头脑中已经根深蒂固的教育思想和教育观念的挑战。它必然会触动人们陈旧的观念，引起我国教育管理制度上和体制上乃至教育政策上的一系列改革。因此，国家应尽快统一网络教育的政策，制订相应的法规，建立相应的法制，采取强硬措施，更好地规范网络教育。

编者认为，应以法律手段规制与保护为主体，对比行政手段、经济手段和法律手段以及技术手段的不同与优势，运用多种方式进行网络教育资源的规制与保护，从而使网络教育发展伊始就沿着健康的轨道发展。在技术方面，我国已建成和正在建设多条贯通全国的光缆干线，已经形成卫星通信技术与网络技术的结合，这一切正为现代网络教育的发展提供着强有力的技术保障。对法律规制的方法和手段应该运用行政法律、民事法律和刑事法律的规定，结合现代网络教育的现实特点，提出针对性的具体规制和保护措施，这对于促进现代网络教育在我国的整体发展都将具有积极的作用，从而发挥出法律的规范社会行为的功能。

三、网络教育法律规制的基本原则

发展网络教育，既要遵循教育法则，也要遵守网络规则，还要在法律规范下合法发展，因此，必须立足于我国实际，遵守网络教育发展的法律规制与保护的基本原则。

1．遵循网络世界规则的原则

计算机网络构筑了一个全球性、跨地域性的虚拟世界。在这个环境中，人们交流和共享信息几乎不受距离和时间的限制。无论你身处何地，只要连入因特网，就能独立地与世界各地的人进行信息交流，获得各种教育的机会，这使得地域的界限变得几乎没有任何意义。虽然由于社会现实环境、历史等种种因素，使得各国的制度与文化存在很大差异，但网络的发展与应用已经将国与国、地区与地区之间的距离拉得很近。如此一来，就出现了当网上的信息交流跨越国界时，传统的法律基于地域管辖该如何处理？各国开展有关信息网络立法及其研究，建立一些现代信息化社会的国际法律准则，缓解以全球化为特征的互联网络与以国家、地域性为根基的法律之间的矛盾，就成为法律在网络上的具体而重要的运用。在这一过程中，网络的技术性、科学性就体现出来，因为网络问题更多的是技术问题，法律不可能代替技术而要依赖技术发展，同时又要积极鼓励技术的发展解决管理上的疑难问题；另一方面网络法律的概念术语表述上要科学、严密，同时要明确、易解，能为人们所掌握、执行。

2．符合教育发展规律的原则

国家的发展依赖于教育的发展，这已经是一个不争的事实。教育从来没有像今天这样对一个地区的前途和命运起着如此至关重要的作用。从世界的角度来看，教育的发展水平将影响一个国家在世界上的政治地位、经济竞争力、科技发展和人民生活水平；从国家的角度看，一个地区教育的发展水平将影响该地区经济发展、社会进步和人民生活水平的提高，进而影响整个国家的整体发展。正因为如此，我国提出了科教兴国的基本战略。由于我国教育的相对不发达和各地区教育发展不平衡的现实，实施科教兴国作为中国的基本国策实属必然。而要发展教育，不能按部就班，必须从战略角度，以网络教育的实施为先导，使整个国家的教育实现跨越式发展，这样，我们的经济文化发展才能跟上时代的发展步伐。

3．政府促进原则

由于网络教育的跨地域性、全球性特点，其规划、建设及运行问题都是社会化、大规模的行为，这就需要政府的宏观调控和协调。近年来，我国网络教育的建设和发展非常迅速，尤其是东部沿海地区已经初具规模，对地区经济的腾飞和社会信息化发挥了重要作用。

但是由于西部地区基础设施还相当落后，制约着网络教育的建设和发展。网络教育涉及众多学科、采用多种高新技术，并且是跨部门、跨行业的系统工作，这种大规模、产业化的发展要求政府参与进行协调和调控，才能为网络教育的发展创造有利的内外部环境，加快网络教育在整个国家的平衡发展和建设。

4．综合立法原则

网络教育涉及的内容相当广泛，仅仅颁布一部法律就能解决问题是不可能的。在世界经济一体化、文化日趋繁荣、网络遍布全球的今天，网络教育更加具有国际性和综合性的特点。因此，我国在网络教育立法上应当充分借鉴各国立法的经验，不断完善网络法律，加强各个机构的协作，共同加强对互联网络的使用管理，制定网络教育的行为规则，防止无序竞争和违法现象在网上蔓延。另外，网络教育的立法也应当尊重在网络建设过程中，逐渐形成的许多网络空间特有的规则、协议、标准。

网络教育的出现不仅改变的是人们的学习方式，同时，也改变着人们的社会生活，产生许多新的社会关系，因此其与现有各个法律部门之间存在重叠与交叉。比如，刑法中有关计算机犯罪的问题、民法中有知识产权的问题等。可以说，网络教育法律涉及人们社会生活的各个层面，单靠一个部门法不可能解决所有问题。因此，由众多法律部门中有关法律、法规集合构成的一个法律规范，进行法规的整理，立法上成本更低，也能节约司法资源。

5．加强监管原则

促进网络教育的发展，就要通过建立各种法律激励机制，创造各项有利条件促进网络教育产业的发展。但同时，我们也要考虑网络的应用会带来一些负面影响，如网络安全、有害信息扩散、知识产权的侵害等，这就需要加强监管。当然，网络法律规范中要注意将网络自由与监管有机结合，寻求到最佳结合点，不至于妨碍网络教育健康、快速地发展。

第二节　网络教育的法律保护

对于网络教育来讲，法律规制与保护的范围是比较广泛的，从网络教育的构成来看，有技术手段法律问题、传播技术法律问题、教育内容法律问题等；从网络教育的活动来看，有网络教育的技术保障法律问题、学习者利益保护法律问题、远程机构权益问题、服务机构法律问题等；从网络教育的内容来看，以多媒体计算机网络为基础的专业活动规则是网络教育法律规制的主要内容；而从法律自身分析，涉及反欺诈与反垄断、反诽谤、反色情等法律问题。

一、知识产权

网络教育开展过程中最重要的就是版权的法律保护，目前主要侧重于对网络教育教学资源的知识产权保护，但我们要认识到这仅仅是现代网络教育法律规制与保护的一个方面。

网络教育中常见的版权问题主要有：①网络使用者或服务商在自己设立的网页、电子公告栏等论坛区非法复制、传播、转贴他人享有著作权的作品。②将在网络上传输的他人作品下载并复制成光盘。③行为人将他人享有著作权的文件上传到网络或从网络下载进行非法使用；超越权限范围的使用共享软件，使用期满不进行注册而继续使用等。④未经许可将他人作品原件或复制件提供到网上进行公众交易或传播，或明知是侵害权利人著作权的复制品，仍然将其在网上散布。⑤侵害网络作品著作人身权的行为，包括作者的发表权、署名权和保护作品完整权等。⑥擅自破解著作权人对作品所采取的技术措施。网络教育中对版权的侵害方式主要有三种：①擅自将传统媒体上发表的作品移植到网站上。将作品进行数字化转换并在网络上传播是作者的专有权利，他人不得侵犯；被告从网上将原告的作品下载，并在网上进行传播的行为，是对原告作品的传播使用；被告未经许可，侵害了原告对其作品享有的使用权和经济权。②将网上作品擅自下载并发表在其他传统媒体上。对于这一问题还需要做更多分析，因为在网上公布的作品还存在一个真实性的问题需要得到解决，即匿名作品、化名作品问题如何对待和处理。③发表在一个网站上的作品被另一个网站擅自使用。这种侵权既有作品的抄袭、复制和使用，还有从网页到栏目设计的全方位克隆，当然包括了侵犯设计等权利。

我们以教学资源知识产权保护为例来分析网络教育的法律保护的内容，它主要包括：①印刷媒体的知识产权保护。包括了文字教材、辅助教学材料、辅导刊物等；从作品创作角度讲，包括了原创作品、改编、翻译、汇编作品等；从主体角度讲，包括了原创者主体、继受者主体、职务作品的著作权人和出版者等。②视听材料的知识产权保护。包括了录音教材、录像教材、电视课程等；从法律上来说，视听教材的知识产权既包括著作权，还有邻接权的问题。著作权人享有发表权、署名权、复制权、改编权、表演权、广播权等；同时，表演者、制作者、电台、电视台享有传播者的邻接权。③计算机教学与信息网络传播的知识产权保护。它包括了计算机教学辅助课件、网络课程、网络课件，这些都属于计算机软件，其著作权属于软件开发者。

我们从学习者作为一种特殊的消费群体来分析，他们有权要求网络教育机构或组织者提供及时、相应的教学服务，主要包括了课程资源、优秀的教学资源、多媒体课件或教材、良好的学习支持服务系统、有效的交互系统、完善的管理，这些都是学习者作为网络教育消费者的身份所应当享有的权利。法律保护学习者利益，维护学习者权利时，应当着重从网络教育主题的市场准入、教育提供者和学习者的权利义务、建立学习者督评制度、制定网络教育标准以及网络教育提供者的法律责任等方面进行规制。

在网络教育管理中，很重要的一个问题会涉及法律的就是版权问题。版权的范围界定为原创的文学作品、数据库、音乐作品、艺术作品、录音、录像或广播，拥有版权的作品复制严格限定于作者或创作者的允许下除非得到无障碍系统的许可，作品无论是什么形式或者通过何种外在形式的演示，包括电子方法都受到保护。保护期通常为作者死后50年或70年，主要是文学作品、戏剧、绘画、音乐作品。对于为盲人复制盲文材料不视为侵权；对于为商业目的使用进行的研究或个人使用的复制定义为侵权；在英国有一个版权许可代理机构，这是一个非营利性的有作者和出版商所组成的关于复制权益的机构，其运作是为保护作品复制权而建立一个费用控制的许可机制，在高等教育中的复制文章、书的一些篇章、会议论文和个人诗作每页最高限价 5 英镑，但不包括印刷的音乐、地图、私人文件、圣经、礼拜作品、报纸。现在在教育中只允许纸张对纸张的拷贝，对于扫描和其他电子复制形式需要办理许可，主要是从文本复制为数字格式经由 OCR。照排许可时不用办理，即不需付费就可以进行照相，但扫描目前在办理了许可后仍需付费。

各国对于数字版权目前还没有一个协议或法案，教育机构在促成使用数字化的教学手段应用版权材料方面一直努力。比如，在内部扫描的问题、作品使用问题以及通过电子系统传递数据材料的问题。对于报业、广播电视、电影等应用于教育目的的许可系统也是一个问题。

二、网络课程的著作权归属

权利归属是实施著作权保护的基础。网络课程作为网络教育的核心单元，从规划设计到脚本编写，再到技术合成往往是一个系统工程，完全依靠单个人的力量几乎难以完成。这样，网络课程就不得不涉及多个著作权权利主体，导致其间法律关系的复杂化。网络课程开发过程的这个特点要求我们必须根据现有的法律法规理清开发过程中可能涉及的法律关系，从而更好地明确网络课程的著作权归属，避免更多的著作权纠纷发生。

我国关于网络课程建设的政策，主要以高等教育的网络课程项目管理办法规定为主，将网络课程建设工程的支持方式设置为全额资助、部分资助和政策支持三种。全额资助指由投资者全额投入项目经费，项目成果的著作权归投资者所有，项目承担者享有署名权。部分资助指由投资者和项目承担者各自按照一定的比例投入项目经费，项目成果的著作权由投资者和项目承担者分享。政策支持是指对申请项目提供政策上的支持，项目经费由承担者自筹，项目成果的著作权由承担者独自享有。有关教师教育的网络课程申请指南指出，所有网络课程开发项目具有全额资助性质，各项目成果的著作权、出版权由投资者拥有。但该指南又要求项目承担者在申请时需提供至少 1∶1 的配套经费，这样，网络课程的权利主体除投资者和创作者外，又加入了项目承担者所在单位或者第三方投资人。先前的权利归属条款已难以执行("全额资助性质"的界定很模糊)，加入新的权利主体后，权利关系的处理将变得更为复杂。不过，这些政策性规定还是给处理网络课程著作权归属问题提供了有益的思考，它使我们初步明了，网络课程开发制作过程中所涉及的权利主体，主要包括投资者(不管有多少方)、制作者(及其合作者)以及制作者所在单位等三类；著作权作为包含了人身权和财产权的复合权利(我国著作权法中列举概括了 17 种权利类型)，在解决网络课程权利归属问题时尝试使用权利分割、分别行使的办法是可能的。

网络课程的投资者与制作者之间，因经费资助以及是否参与创作，可能产生两种关系：委托创作关系和合作创作关系，由此产生的成果就可能是委托作品或合作作品两种类型。委托作品是受托人按委托人意志而创作的作品，《著作权法》第 17 条规定："受委托创作的作品，著作权的归属由委托人和受托人通过合同约定。合同未作明确约定或者没有订立合同的，著作权属于受托人。"该法提出了委托作品著作权归属的两种情形：约定归属和法定归属。

约定归属，即著作权归属完全取决于当事人的意思自治，虽然受托人是作品的作者，但委托人依照双方约定可以依约受让取得著作权，特别是财产权。约定归属与合同法关于委托开发合同的规定紧密相关，《合同法》第 331～334 条规定了技术开发中委托人与受托人的基本法律责任，如："委托人应当按照约定支付研究开发经费和报酬；提供技术资料、原始数据；完成协作事项；接受研究开发成果。""研究开发人应当按照约定制定和实施研究开发计划；合理使用研究开发经费；按期完成研究开发工作，交付研究开发成果，提供有关的技术资料和必要的技术指导，帮助委托人掌握研究开发成果。"

法定归属是在没有约定或约定不清的条件下依法享有著作权的情形。在这里，著作权法的规定对委托人来说略失公正。依照《著作权法》第 17 条的规定，虽然委托人投入了网络课程创作资金，但若约定不清，则受托人将依法取得著作权，以后委托人若意欲使用该作品，则不得不重新取得受托人的授权并向其支付费用，这对委托人来说显然是不公平的。我国著作权法的这一缺陷曾经引发了多个著作权纠纷。认识到这一点，最高人民法院在 2002 年 10 月 12 日颁布《关于审理著作权民事纠纷案件适用法律若干问题的解释》，对委托创作行为做了进一步的补充规定。该解释第 12 条规定："按照著作权法第 17 条规定，委托作品著作权属于受托人的情形，委托人在约定的使用范围内享有使用作品的权利；双方没有约定使用作品范围的，委托人可以在委托创作的特定目的范围内免费使用该作品。"司法解释的这一补充规定与著作权法第 17 条一起，为委托创作网络课程如何归属权利提供了有效的参照。

合作创作网络课程的著作权归属。合作作品的确权问题在权属纠纷中发生最多，因此我国《计算机软件保护条例》第 10 条规定，软件合作开发应该订立书面合同。需要指出，具有一般合作关系并不一定就产生合作作品。成为著作权法意义上的合作作品需具备严格的法律要件，即合作者之间必须有合意、合创行为。合意是指合作者对完成某一作品有共同的意思表示；合创是指合作者均为作品付出了创造性劳动。对于网络课程开发来说，与项目承担人构成合作作者的可能有投资者以及其他创作人员。不过，构成合作作者必须满足以上两个要件，"没有参加创作的人，不能成为合作作者"。那些为网络课程提供资料并数字化、编辑修改加工，以及提供咨询指导工作的人，大多数情况下不能被认为是合作作者。

对于合作作品权利的行使，《著作权法》的规定也较为详细，该法第 13 条规定："两人以上合作创作的作品，著作权由合作作者共同享有。没有参加创作的人，不能成为合作作者。合作作品可以分割的，作者对各自创作的部分可以单独享有著作权，但行使著作权时不得侵犯合作作品整体的著作权。"这里的作者既可以是自然人，也可以是法人或其他组织。因此，网络课程开发如果存在合作创作，我们认为可以比照以上规定行使权利。

职务创作网络课程的著作权归属。在很多开展了网络教育的学校，特别是高等院校，为充分利用本校学术资源和节约办学成本，他们通常就近与本校教师联合，共同开发网络课程。这样，网络课程制作者与其所在学校或教育机构之间就可能存在职务创作，所形成的网络课程就涉及职务作品的著作权归属问题。这类作品在美国版权法中称为雇佣作品

(Work Made for Hire)，其版权通常归雇主享有。我国对这类作品的规定较为复杂，在不存在相关合同的情形下，具体有以下几种归属。

(1) 著作权属于作者，但单位有权在业务范围内优先使用。作品完成两年内，未经单位同意，作者不得许可第三人以与单位使用的相同方式使用该作品，不过在此期间如果经单位同意，作者也可以许可第三人以与单位使用的相同方式使用作品，但所获报酬应由作者与单位按约定的比例分配。

(2) 除署名权由作者享有外，著作权及其他权利由单位享有，单位可以给予作者奖励。但条件是：①主要是利用单位的物质技术条件创作，并由单位承担责任的工程设计、产品设计图纸及其说明、计算机软件、地图等职务作品；②法律、行政法规规定或者合同约定著作权由单位享有的职务作品。需要注意，在以上两种归属办法中，如果满足条件，第二种优先于第一种。

(3) 著作权完全由法人或者其他组织享有，该法人或者其他组织可以对自然人进行奖励。这主要体现在软件开发中。软件保护条例规定了此种归属的情形，即自然人在其任职期间，所开发的软件是：①针对本职工作中明确指定的开发目标所开发的软件；②从事本职工作活动所预见的结果或者自然的结果；③主要使用了法人或者其他组织的资金、专用设备、未公开的专门信息等物质技术条件所开发并由法人或者其他组织承担责任的软件。在网络课程制作过程中，制作者对内容的投入一般远远大于计算机程序，其内容的价值也就远远超过计算机程序的价值。因此，在网络课程里，驱动内容通畅运行的计算机程序只起辅助性作用，它是为内容服务的。如果把网络课程归为计算机程序，制作者对网络课程内容所应享受到的权利就将被缩小甚至排除，这显然是不合现实的，所以网络课程难以归类为软件作品，因此第三种归属办法一般不适用于网络课程。使用以上规则的前提是对职务作品认定。教师在校工作期间，所创作的作品不可能都是职务作品。然而美国大学教授联合会(AAUP)指出，在网络课程上产生了一些"灰色地带"。在制作网络课程时，教师需要比创作传统学术作品使用更多的学校资源。由于大学拥有这些资源的所有权，所以一些大学主张应该对网络课程享有所有权利，当然他们会与开发网络课程的教授们分享其利润。这种观点遭到了教授们的强烈反对。在美国，一般情况下，传统学术作品包括教材、讲义等作品版权归属于教师，因此教师认为网络课程应该同这些作品一样，成为自己的所有财产。AAUP在1999年发布的政策中提出建议说，除非是合作创作、委托创作或有协议规定，否则，教师应该保留其创作的网络课程的所有权利。不过由于使用了学校的一些资源，教师应该给予学校一些补偿，比如，可以免除学校缴纳版税或许可费，允许学校在校内使用网络课程。否则不仅会损害学术自由，而且还会打击教师参与网络教育的积极性，从而影响网络教育的良性发展。

随着我国网络教育的大规模推行、网络课程应用层次的不断深入，教师为履行职责而开发网络课程的情形必将大量涌现，职务作品的著作权归属就是一个不可回避的问题。法定归属的多样化及其限定条件增加了确权问题的难度，需要尽量避免。有效方法之一就是采取约定归属的办法，以使双方权利义务得以有效落实。

网络课程创作过程的复杂性，导致了创作主体间法律关系的交错。在目前看来，网络课程创作过程中作者与投资者之间的关系可能是委托创作关系、合作创作关系，制作者与单位之间还可能有职务创作关系，不论是什么关系，最好采用协议的办法约定归属，协议越清楚就越能规范各方行使著作权的行为。如可以分割行使权利，人身权赋予作者，可转让的财产权依照相关比例共同分享。同时，协议还需对在网络课程开发过程中引用他人作品时的各方责任、不同课程成果(如数据库、配套单机课件、配套文字教材)的权利归属，课程升级版本的权利处理、衍生版本的权利处理以及未来课程使用的时间、人群、空间范围等内容加以详细约定。相对于法定归属，约定归属的办法是处理民事关系的低成本方法，符合我国市场经济和法制社会发展的趋势。

此外，还有一个页面版权问题。页面资源的保护和硬件拷贝材料一样受到版权法的保护，因为连接外部网页资源一般都要求从主页进入，不能直接连接资源，这涉及网址所拥有的资源利用问题。在选择和开发系统的过程中要注意版权的授予是一个重要因素，要具有侦测和记录下载的功能。确保有版权的材料在线出版时要有学院许可。随着扫描技术的进一步成熟，会增加这些材料的使用，因而网络教育系统中电子材料将会更多地增长。

三、学习者权益保障

随着网络的发展和计算机的普及，网络教育对我们工作、学习和生活产生着愈来愈广泛的影响。网络教育是近年来兴起的基于卫星通信和计算机网络技术的教育形式，具有网络和计算机的超时空性，超地域性，信息容量大，资源可共享性等优越性。这样便适应了不同层次学习者对知识的需求，也扩大了在线人员的数量，它打破了地域、时间的限制，充分发挥优秀师资的作用，使不同地域的学生得以接受名师的指导。但是，网络教育的迅速发展也提出了新的挑战：学习者面临着可获得法律保护以及在接受网络教育的过程中也会面临损害赔偿的问题，教育机构及其教育工作者也面临着管理规范网络教育和考虑学习者权益的法律保障问题。因此，随着网络教育的发展，学习者保护问题越来越受到关注。在学习者接受教育的过程中，就会产生法律保护，即运用法律手段对网络教育学习者的合法权益进行保障，从而有利于网络教育的健康发展。

尽管侵犯学习者权利的行为方式多种多样，但目前主要集中在两大方面：一是在线欺诈或者欺骗行为；二是侵犯学习者在线隐私权行为。

1. 隐私权保护

随着互联网的广泛应用和电子商务的不断发展，人们在对资讯的与日俱增的需求得到充分满足和尽情享受网络带来的各种快捷、便利的服务的同时，个人隐私权却面临被侵害的巨大危险。由于网络固有的结构特性和电子商务发展导致的利益驱动，个人隐私扩散的最大威胁来自对信息技术的滥用和网络道德的败坏，网络学习者的姓名、性别、年龄、地址、电子邮箱地址、电话号码、身份证号码，甚至信用卡号码等个人数字信息都可以在自己不知情的情况下被盗取，这些信息一旦进入互联网，就有可能在全球广泛传播，并被人无休止地复制、转载。例如，现在许多网站都使用的 Cookies 技术，就可以不经允许在用户硬盘上存储信息并进行相应的信息传送，能让服务器追踪到你在网上的位置、你浏览过的内容，甚至你的 E-mail 地址，你的个人资料也就可以在你毫无察觉的情况下被别人收集到，甚至为营利的目的出售给第三人。虽然，现在已有删除 Cookies 的各种的方法，但在商业利益的驱动下，仍有其他的获取网上个人数据的方法接踵而来。比如，时下流行的多数电子邮件发送方式也会使用户的身份暴露无遗。电子邮件会携带一种独特的数字认证标识，这种标识以前只在网络浏览器中出现。一些公司在向用户发送邮件时，在邮件中夹带了称为"网络臭虫"的一种标识。它可把标识安装在用户的硬件设备上，公司据此就可以查看用户的邮件通信录了，而目前对此还没有破解之术。所以，任何一个上网者的任何一个个人数据，都有被窥窃的可能。因此，互联网的应用使以往人们并不具备的侵犯隐私的手段，随之普及化，是对人们隐私权的巨大挑战，它打破了时间、空间的界限，作为隐私权屏障的时间、空间已在很大程度上失去了意义。

对于侵犯学习者在线隐私权行为还应关注保护学习者在线隐私权。通过因特网，商家能够收集大量的关于学习者身份、兴趣、活动等的信息，通常学习者并不知晓或并没有表示同意。甚至当学习者在访问一个网址时，的确同意提供关于自身的信息，学习者也很少能够得到来自该网站经营者的保证，确保学习者提供的可以确认其身份的个人信息，只用于提供信息时所指明的用途，并不随便向第三方传播。

就教育行政管理机关调查表明，绝大多数的网络教育机构从学习者那里收集个人资料。应当说，隐私权和安全性的保护问题，是学习者特别是成年学习者就网络的使用所最为关心的问题。实际上，许多学习者认为，如果不能确定网上交易会不会泄漏了其私人信息，他们宁可选择不使用网络。只有网站经营者采用了对学习者有意义的隐私权保护措施，学习者才愿意使用因特网从事网络教育。因此，如果隐私权保护问题不能有效解决，网络教育就不能得到充分发展。

就我国的网上学习者而言，在法律上既没有新的网络隐私保护的规定可供适用，也不能求助于传统隐私权的保护手段来保护个人的网络隐私。在这种情况下，我国两千多万网上用户的隐私权实际上处于一种非常危险的状态，一旦出现因特网服务提供商或其他的主体通过网络非法搜集网上个人用户的隐私资料，并用在对当事人不利的方面，网上用户很容易陷入孤立无援的境地。听任这种现状持续下去，并任其发展，在广大网民的切身利益受到直接损害的同时，正像前文所分析的那样，它反过来又会对我国整个的因特网和与之有关的产业带来非常严重的后果，造成难以估量的损害。

对于网上学习者来讲，要想获得自己隐私权的法律保护几乎是不可能的。但这不等于用户不关心自己的网上隐私，不担心自己网上的隐私材料被他人非法搜集或利用。到目前为止，我国不仅出现了网上非法搜集他人隐私材料并将之用之于商业用途的实例，而且也有越来越多的用户，包括专家都对这一问题有了清醒的认识，并强烈呼吁完善并健全我国的有关立法，加强对网上用户个人隐私的保护。

目前对于网络隐私的关注，还有另一种值得关注的倾向是我国的产业反对严格隐私权政策和法律责任的态度。毫无疑问，我国目前在网上隐私权立法和司法保护上的滞后在一定程度上对因特网产业是有利的。因特网服务提供商出于自身利益的考虑，担心对于网络隐私保护的任何规范都可能影响其目前的营销策略。另一方面，我国消费者在意识层面上对于网络个人隐私的注重程度远远大不到推动我国政府对因特网的政策和法律做出重大调整的程度，加上我国电子商务本身并不发达，种种原因导致了现在我国网络个人隐私保护方面的滞后。但是，编者相信，随着我国电子商务的发展，对于网上个人资料收集和使用的增多，有关的纠纷会越来越凸现，消费者的自我保护意识也会日益提高，网络隐私的法律保护最终会被提到日程上来。

2．欺诈行为

在线欺诈或者欺骗行为主要是指在网络教育发展过程中对学习者的不公平的或欺骗性的行为。不公平行为是指对于通过网络进行学习的人而言，要和接受学校教育的学习者一样享有同等的权利，对于造成或可能造成实质的损害，而学习者无法靠自己合理地避免这一损害，并且不能通过实际的获益而得到补偿的情形。同时，网络教育机构在合理的情况下实质性地误导学习者，就是欺骗性的。实质的误导指能够影响学习者对于网络教育的质量、教育机构服务的决定和行为。譬如在文凭的认知上，一些网络教育机构将通过网络教育获得的文凭等同于普通文凭，这是一种误导，二者是有区别的。另一个网络学习中发生的欺诈问题，是逐渐增多的主动提供的电子邮件或垃圾邮件。这些不受欢迎的电子邮件不仅给因特网用户和服务提供者带来了麻烦，其信息本身也常常包含了错误的或误导性的成分，还可能会使学习者的信用卡、借记卡或电话账单，会为从未发生的因特网服务付账。

3．人格权侵权

网络教育中侵犯人格权诸如网上侮辱和诽谤，对个人隐私的侵害，对姓名、名称、肖像等权利的侵害，主要包括了：①不合理或非法收集、利用消费者个人资料和隐私。②对个人资料质量和安全的侵害。③对通信隐私的侵害。网上利用电子邮件进行的通信，无疑是隐私的一部分，然而这种隐私被侵害的可能性很大。④擅自在网上通过发电子邮件、聊天室、新闻组等方式，宣扬、公布他人隐私。⑤垃圾邮件的寄送。即邮箱内充斥着大量与本人无关的内容，以至于引爆邮箱，使其无法正常使用。同时，大量的垃圾邮箱浪费了网络用户的金钱和时间，造成了网络系统的紧张。

此外，网上侵害姓名、名称权的行为主要表现为：非法使用他人姓名或知名组织名称作为域名；盗用或假冒他人姓名或名称。肖像权是自然人对自己的肖像享有利益并排斥他人侵害的权利。由于互联网技术的超媒体性，随着网上使用图片的日益丰富多彩化，网上使用肖像的比例也愈来愈高，由此带来的侵权行为就愈加突出。网上侵犯肖像权行为主要表现为：未经本人同意在网上刊登在非公开场合中拍摄的他人肖像；用他人肖像做网站的装饰画面、广告和商业宣传以及其他不当使用行为等。

4．语言权利的维护

法律保护多民族语言的使用，如果这一语言在网络中可以应用的话，应当与通用语言有同等权利。在网络教育中应当有多种语言的系统支持，主要是系统界面和前端中的菜单、超链接和其他进入系统功能的引擎。有两种定制网络教育系统界面的语言支持方法：一个选择就是修改文本按钮或者导航以适应某一特定语言，这种改变也会把原始文本语言替换掉，因此一般仅限于定制中使用这种方法，一些界面功能会因此被阻滞或非定制化。此外，界面文本的修改也可以提供所选择的语言的工具，但不能同时提供多种语言去让使用人定制界面语言。第二种选择就是一些网络教育系统提供装在与网络教育系统中的预制好的语言文件包，给使用人提供他们所需要的语言界面。一些开放资源也提供特定的语言环境。

除了界面语言问题外，最主要的是内容的语言，即文本语言的转换与翻译问题，因为不可能提供文本转换的工具，因此，现在的语言翻译特别是在线翻译就成为一个新的课题。但目前的翻译软件及其在线系统都不尽如人意。

四、网络教育的权益保障

随着网络教育的发展，侵犯学习者权益的实例在不断增多，作为教育行政管理机关，对于惩罚在线商业的违法行为，为保护学习者的合法权利，应该起到重要的作用。各相关部门和机构要尽快做出法律法规和政策规则的调整，以适应学习者保护的新要求。

作为学习者，当然希望自己的付费能购得想要的知识，更希望在线网站能对个人隐私进行保密。从这个角度看，网络教育已不单是教育，更是一种产业。网络教育机构可以看作知识的卖方，在线学习者便是买方。这种买卖关系就构成了无形的市场，正如有形市场需要法律规则，网络教育这个无形市场也需要法律规则，才能有效制止欺诈和欺骗行为，保护消费者的在线隐私权。

1. 要在法律上保护这些学习者的权益，应界定学习者的范围

在线学习者，顾名思义指在网上从事学习的人。这其中在校的学生占有这些学习者的大部分，然后便是非在校学生，包括社会青年、各工作单位职工、科研人员等，这一部分比例较小。虽然在校学生所占的比例较大，但他们居住集中，懂得有关法律较多。只要网络教育行政管理部门对他们加大法制宣传的力量，他们便能遵守有关法规，同时积极捍卫自己的权益。但令人担心的是那些所占比例较少的群体，特别是社会青年群体，他们所懂的法律法规较少，自制力不强，很容易通过网络在教育中进行欺诈，侵犯别人的隐私。而自己被人欺诈和侵犯隐私则全然不知或置若罔闻。再者，这些人在社会上较为流动，更难以对他们进行管理。因此，网络教育行政管理机关应对这些学习者分类管理，才能收到应有的效果。

2. 应弄清楚他们在网络教育中所享有的权益

关于这个问题，我们可以将在线搜索想象成在商店购物，那么我们很快就知道自己应享有知情权、公平对待权、投诉权和求偿权。这些权利也可应用到网络教育中。此外，还有隐私绝对保密权等。在网络教育中，作为学习者就应该知道所要学的知识的价格、来源、质量等商品因素，有时还要货比三家。在发生侵权时，还要行使投诉权并对受到的损害请求赔偿。

3. 由于网络教育发展的不完善，实际过程中在线学习者的权益并没有得到很好的实现

如网络教育机构通常在学习者不知情的情况下，主动提供商业电子邮件或垃圾邮件，让学习者的信用卡为从未发生的因特网付费。还有不公平对待事例发生，如在线学习者不能获得在校学生的同等学力资格。此外，当他们的合法权益受到侵害时，会出现投诉无门而让受到侵害的权益得不到补偿。

4. 对完善网络教育中学习者权益法律保护的一些建议

这些建议是：①作为产业经济的网络教育应遵守市场经济有关法规，如《反垄断法》、《银行法》等。②网络教育作为一种教育模式，应立法规制，禁止网上欺骗和欺诈，对个人的隐私绝对保密。③网络教育作为一种行业，可以通过行业自律。网络教育机构可以达成协议，就反对欺骗和保护个人隐私等涉及在线学习者权益的问题，制定相关的行业规则。这实质上也净化了该行业的竞争环境，有利于网络教育机构的盈利。④网络教育是一个世界性的教育模式。各国网络教育行政管理机构应加强合作，制定相关的协调机制，让信息资源得到更大范围的利用，实现良好的资源共享环境。

在这方面我认为发达国家的做法很值得借鉴，譬如，英国 1998 年的数据保护法案主要提供了组织处理个人信息的一个基本标准。个人信息包括了姓名、地址、联系方式及一些敏感信息(如精神或身体状况、宗教信仰等)。在合法储存和数据提供方面要注意 8 个问题：个人数据要公正合法地输入；个人数据的获得要出于合法的、特定的目的，不能用于任何不是出于该目的的使用；个人数据要足够并且相关但不能超出该目的；个人数据要准确，必要的话需要更新；个人数据的利用不能超过目的所需要的时间；个人数据的输入要符合本法案的数据权利内容；要采取适当的技术和管理措施和方法来防止非法利用数据以及防止数据的丢失或毁损；个人数据不能传送到欧盟以外的国家和地区，除非他们已经确保有足够的保护权益的水平和自由利用个人信息的资源。

该法案提出的其他义务主要有：要通知信息委员会关于信息储存的情况的责任，包括信息内容、信息储存的形式、数据是如何保存的；有责任提供进入数据的要求，但不得超过最高费用的负担，其中要求有书面的请求；有责任停止使用自动系统由于个人提出这一请求，如果个人有信用、可信度或行为方面的问题；有责任澄清获取储存敏感信息的要求，如种族、民族、宗教、政治观点、会员资格、健康状况、性取向、犯罪记录以及主张观点。

在学校记录中最主要的就是学生档案，要注意不能直接上传于网页地址中，要建立学生记录系统。大多数学校都有自己的数据保护政策或程序，在电子系统中使用个人数据要遵守学校的安排。

第三节　网络教育的社会管理

一、网络社会管理中的主要问题

要开展网络教育，就必须进入网络，而因此会带来一系列网络中已经存在的消极负面现象和影响，需要我们在发展网络教育的伊始就应当引起重视。这些问题主要包括以下几种。

1. 信息污染

信息污染主要是指网络中存在的信息处于不健康、不安全、不稳定的状态中，从而有可能会对整个网络教育的发展造成不良的影响。譬如虚假信息，就是在互联网上发布和传播的各种没有事实依据的子虚乌有的信息。因为网络的开放性要求网络媒体开办比较简单，组织和个人均可设立网站用以发布和传播各种信息。正因如此，近些年来，不少组织和个人纷纷设立网站，或开办网络媒体，一时间，众多的网络媒体蜂拥而起，事实上形成了一种泥沙俱下、鱼龙混杂的局面。而这种虚假信息在网络教育中可能最多地表现为学生传播虚假考试信息或者不准确的招生录取消息等。信息过多过滥，也会对我们的学习、工作和其他各种社会活动造成严重的影响。目前，互联网上的信息过多过滥，形成了大量的冗余信息。这种冗余信息的产生有多种情况，其中有两个方面值得我们重视：一是互联网上传播信息的自由特性。在网络社会里，个人和组织在互联网上传播信息具有空前的自由，人们可以随意地传播信息，这或许是社会进步的一种表现。但这种信息的自由传播在为人类社会提供丰富多彩的信息内容的同时，也制造了大批的信息垃圾。二是互联网上传播信息的简便特性。在网络社会中，由于网络技术和计算机技术所提供的方便，人们可以非常简便地进行信息的抄转、引述、粘贴，因此即使是同一条信息，也可能在网络中多次重复出现，造成大量的冗余信息。譬如，如果在搜索引擎上查找"网络教育"，可能会有几万条甚至几百万条信息，而其中许多都是重复的。还有垃圾信息，这些信息由于时间的变化本身需要更新，而一些网站可能出于某种考虑，不去更新或者没有更新，从而造成了许多过时的、无用的垃圾信息。例如，在互联网上，由于有许多的主机都能存储大量的信息，因而很多网站只是无休无止地增加新的网页，而不对陈旧过时网页进行及时刷新。这种陈旧过时的网页提供的所谓信息实际上就是一种垃圾信息。还有，信息时代的信息极度膨胀，在这种极度膨胀的信息中就有不少属于鱼目混珠的信息，而这种鱼目混珠的信息就是垃圾信息。再就是电子邮件也大量发送垃圾信息。

此外，黄色信息是互联网上的一大公害，它主要是指那些淫秽、猥亵、媚俗、下流的信息，也称色情信息或淫秽信息。黄色信息历来都是信息污染的主要信息来源，而随着信息技术、网络技术的迅猛发展和广泛应用，黄色信息的泛滥有愈演愈烈之势。互联网上的黄色信息传播更加惊人。互联网大规模的商业化利用至今虽然只有几年时间，但网上黄色信息的泛滥却已成灾害，一些人出于某种利益目的，纷纷利用互联网无国界和缺乏有效控制的特点，把黄色信息四处传播。在网络教育中，虽然可以采用技术控制手段进行监控，但技术毕竟是有限的。

2. 技术侵犯

在网络教育开展过程中，可能也会出现技术侵犯问题的存在，而且这种技术侵犯往往和网络服务联系在一起，具有一定的危害。譬如拒绝服务攻击，这是一种破坏性攻击，最早的拒绝服务攻击是"电子邮件炸弹"，它能使用户在很短的时间内收到大量电子邮件，使用户系统不能处理正常业务，严重时会使系统崩溃、网络瘫痪。拒绝服务是一种新的计算机导致的错误行为。它包括废弃某系统，使端口处于停顿状态，在屏幕上发出杂乱数据、改变文件名称、删除关键程序文件，或扭曲系统的资源状态，使系统的速度降低。由于发生拒绝服务情况时，人们失去了全部或部分对计算机或信息的支配权，所以发现并不难，但预防却很困难，这种情况出现的频率难以预测，造成的严重性可能非常高。

还有盗用，即在数据输入之前或数据输入期间改变数据的处理，达到盗窃目的。它是最常见的计算机犯罪行为之一，也是最古老的犯罪行为之一，发现和预防可能都很困难，发生频率未知，造成的危害可能非常高。因为网络教育需要有经济支持，因此，可能会存在账户盗用现象，这和目前存在的网络盗窃的性质是一样的。随着技术的发展、计算机通信能力的提高，还可能会出现盗打电话服务的问题，特别是如果进行并机盗打的话，会造成用户及邮电部门难以发现或监测的状况，给用户造成很大经济损失。偷窃的对象包括设备、信息及服务。偷窃行为的发现及预防均比较困难。有时可造成非常严重的危害。此外，还有搭线窃听。窃听的对象包括有线、无线(含卫星通信)通信。采用保密通信手段可以预防窃听。发现窃听很难，造成的危害可能很高。

3. 病毒

网络病毒这个术语已被广泛用来命名一类恶作剧的计算机程序。它们是被设计成能将自身插入现有计算机程序的计算机代码，能改变和销毁数据，并能自身复制进入同一台计算机的程序或其他计算机的程序(自我复制)。它的名称的来由是根据它的寄生性和它的复制能力以及对其他计算机的传染性。病毒现在已变得比较常见，全面预防有一定困难，危害通常不大，但有时非常高。网络病毒也是以信息传播的形式出现的，是具有攻击性或破坏性的信息。网络病毒信息也是一种信息，它是指在网络上大肆传播的计算机病毒。具体来讲，它是指某些信息的发布者怀有某种非善意的目的而发布的一种有害无益的特殊的虚假信息。人们今天可能记忆犹新的是，1988年的"电子珍珠港事件"，也即"莫里斯蠕虫案"，以及其他诸如"CIH"病毒、"爱虫"病毒、"米开朗基罗"、"黑色星期五"等网络病毒信息对互联网的侵袭，都曾造成过世界性的恐慌，使人们达到了"谈毒色变"的程度。其中，"爱虫"病毒在四天之内造成的经济损失就高达47亿美元，而其变种的"Joke"、"Mother's Day"所造成的最终损失估计超过100亿美元。计算机病毒往往使计算机处于不能使用的状态，但由于计算机被愈来愈多地使用，无法使用可能会造成严重的后果。无法使用典型的例子是黑色星期五等定时发作病毒的侵害。它们可能同时造成许多计算机无法工作，其危害性很大，但预防及发现可能都很困难，发生的频率未知。

4. 程序隐藏

在计算机程序中出现的问题现在也比较多。如逻辑炸弹指修改计算机程序，使它在某种特殊条件下按某种不同的方式运行。这种事件的发生也许比较罕见，造成的危害可能非常高。几乎难以预防，发现可能很困难。深圳某公司员工为了报复没有取得要求的工作报酬，而在应用程序中设逻辑炸弹，造成巨额经济损失。

还有特洛伊木马，其名称来源于古希腊的历史故事。特洛伊程序一般是由编程人员编制，它提供了用户所不希望的功能，这些额外的功能往往是有害的。把预谋的功能隐藏在公开的功能中，可掩盖其真实企图。

特洛伊木马是指出现执行一个任务时，却实际上执行着另一个任务的程序。特洛伊木马能做任何软件所能做的任何事情。有些计算机病毒是特洛伊木马完成任务的副产品。特洛伊木马难以预防和发现，造成的危害可能非常高。

蠕虫是一种自包含的一个或一组程序，它可以从一台机器向另一台机器传播。它同病毒不一样，不需要修改。它是为攻击者提供"后门"的一段非法的操作系统程序。这一般是指一些内部程序人员为了特殊的目的编制的。后门是进入系统的一种方法，通常由系统的设计者有意建立，但有时因偶然故障而存在。陷阱门是后门的一种形式，通常指在大型复杂程序的编写、测试或维护时供程序员使用的检验手段。在程序运行的恰当时间，按某特定的键或键入某特定参数，就能绕过程序提供的正常安检与错误检查而进入系统。另外，有时为了适应某些使用者的特定要求，开发商可能会将包括很多功能系统中的某些功能块关闭，因为这样有时可以减少开发成本，而这些被关闭的功能块可能会成为另一种后门。后门和陷阱门造成威胁的发生频率，取决于后门及外界状况，是不可预测的，造成的严重性可能会很大，发现和预防均非常困难。

5. 黑客攻击

操作系统总不免存在这样或那样的漏洞，一些人就利用系统的漏洞，进行网络攻击，其主要目标就是对系统数据的非法访问破坏。黑客攻击已有十几年的历史，黑客活动几乎覆盖了所有的操作系统，包括 UNIX、Windows NT、VM、VMS 以及 MVS。黑客(Hacker)是指那些非法(非授权)进入系统的人。他们的动机有时并非为了窃取信息，可能只是为了证明自己的能力。他们利用窃听电缆、推测口令、篡改文件属性、解开加密文件、变动账号数据库数据等手段非法进入系统。黑客攻击次数呈迅速上升的势头，成为人们最普遍关心的问题。

6. 泄露机密信息

这包括两种情况：系统内部人员的泄露机密和外部人员通过非法手段截获机密信息。而在所有的操作系统中，由于 UNIX 系统的核心代码是公开的，这使其成为最易受攻击的目标。攻击者可能先设法登录到一台 UNIX 的主机上，通过操作系统的漏洞来取得特权，然后再以此为据点访问其余主机。攻击者在到达目的主机之前往往会先经过几次这种跳跃。这样，即使被攻击网络发现了攻击者从何处发起攻击，管理人员也很难顺次找到他们的最初据点，何况他们能在窃取某台主机的系统特权后，在退出时删掉系统日志。用户只要能登录到 UNIX 系统上，就能相对容易地成为超级用户。所以，如何检测系统自身的漏洞，保障网络的安全，已成为一个日益紧迫的问题。

这些问题的特征：一是作用范围的全球性。因为网络世界是全球化的，因此，网络社会问题也呈现出该特征，这是由网络社会本身的全球性所决定的。二是形成机制的技术性。产生于网络环境下的网络社会问题，其在形成过程和方式上都具有相当程度的高技术性，这是网络社会问题区别于一般社会问题的一个显著特征。

二、网络教育中常见问题分析

除了网络中常见的社会问题在网络教育中会出现外，还有一些问题是在发展网络教育过程中会出现一些特有的问题。网络教育中出现的不良行为和现象是在网络环境中产生的社会问题之一，也是一种客观存在的非正常状态，对网络教育的发展和学生的影响是不良的，甚至是不利或有害的，主要源于网络环境产生的网络社会问题。因此，需要全社会共同努力，才能得以控制。

1．网络沉溺

网络沉溺指学生陷于网络环境而不能自拔。沉溺于网络的学生一般都过度沉迷于娱乐、聊天和游戏。2000年华东理工大学退学、试读和转学的学生237名，竟有80％以上是因为过度沉迷于计算机娱乐和网络聊天、游戏；而同年上海交通大学退学、试读和转学的205名学生中，有1/3也是因为无节制地玩计算机网络导致成绩下降。尽管有些学生是因为迷恋于网络技术而沉湎于网络，但毕竟造成了其他学习任务的不能完成。所以，网络沉溺对学生的学习造成了不利的影响。

2．网络复制

这是网络教育中学生学习最难以控制的行为，更是一个无法控制的道德行为。设在美国新泽西州的教育测验中心针对全美4万名四年级和八年级学生调查后发现，计算机教育竟然对学生弊多于利。许多学生通过计算机网络互相抄袭功课。在大学校园里，越来越多的教授发现，学生交的作业内容，有的部分甚至是从网络上移植而来，有时候好几个学生的作业都一模一样。有些文史学科的教授相信，他们的学生在计算机屏幕前找完资料后就进行剪贴作业；而有的教授开始用一种软件来查获和判别学生的抄袭行为。美国教育心理学家希莉认为，使用电子科技学习，会使学生变成只会操纵键盘、控制机器的冷血人，而缺少用头脑思考、组织的思维能力。计算机更会阻碍学生的身心及社交和发展。恶意的网络复制还表现在将不健康的内容，甚至别人的隐私复制到BBS(电子公告板)。显然，不能把学生的网络复制看作网络资源库提供了学生的便利条件所致，根本的原因在于网络教育的评价方式：终结性评价。学生根据课件的要求一个环节一个环节学习，参加考试或提交论文，通过各种考核，获得成绩，这种网络教育方式实际上就是将教案电子化了。它并没有脱离以教师为中心的旧理念，教学方式仍然没有摆脱以灌输为主，评价体系也是如此。这实际是将教师灌输变成了计算机灌输和网络灌输。在这种学习方式下，学生考虑的是如何通过考试，网络复制在所难免。

三、防范侵权的主要方法

随着网站以及电子商务的不断发展，技术信任模型得到了快速的发展。目前网民在网络上可以见到的这些信任服务，如在线的用户身份鉴别和用户注册管理、网上标准时间信任服务等。网络社会控制的途径，应该从杜绝一切可能导致网络社会问题的根源入手，利用各种社会规范对网络行动者的行为进行控制。这主要可以分为两种途径。

1. 对网络进入的控制

从当前现状来看，网络上存在着大量社会问题的一个直接原因，就是网络的过度开放。由于缺乏有效的控制措施，网络行动者在进入网络时可以使用虚拟的身份。这种现象，从好的方面来说可以保护用户的隐私权，避免网络权力的过分集中；但是从另一方面看，在身份难以得到确认的情况下，网络行动者的行为难以得到有效控制，使得网络呈现出无政府主义的特征。因此，如果要提高网络的信任度和规范网络行为，对网络进入加以控制是非常必要的。对网络进入的控制，可以从两个方面进行：一方面，要求网民在登录网站或者在网络交往过程中使用可以确定真实身份的相关资料；另一方面，要求网络要在技术上建立规范的身份确认技术。在前一方面，就必须要求各个网站或者网络管理机构加以配合。比如在网站的使用规则上，可以明确地对此加以约定。在技术层面上，目前网络上确认身份的技术往往是通过用户的 IP 地址进行的。由于这项技术存在一定的缺陷，尤其是对普通的用户来说，单单通过 IP 地址是难以确认交往对象的。

2. 对在线行为的控制

网络进入的控制，可以确保网络身份的真实性。在进入网络之后，网络行为也是非常重要的，这就需要从网络文化价值观念、网络规范以及网络法规等方面对网民在网络中的行为加以严格的限制。

在线行为的控制，首先是针对网络犯罪行为的。当前存在的大量的网络犯罪行为同网络控制规范不健全之间存在着一定的因果关系。同现实社会中的各种犯罪行为一样，由于网络犯罪行为的主体认识到在当前相应规范和惩罚措施存在漏洞的状况下，网络犯罪行为可以为自己带来相应的需求满足，并且受到惩罚的可能性较小。在这种侥幸心理的推动下，网络诈骗、网络非法入侵、网络破坏、网络色情等问题大量泛滥。对于这种现象，只有针对具体的网络犯罪行为，制定和健全相应的网络行动规则和相应的惩罚措施，网络犯罪行为才可以在一定程度上得到控制。

四、网络侵权的控制手段

1. 运用网络技术

网络作为一个大的技术系统，网络技术在网络社会的形成和发展过程中起了极大的作用，可以说网络技术就是网络社会的根本。网络社会的社会控制，必须结合网络技术的发展，并借用和完善一些网络技术手段来对网络社会行动加以控制。网络技术分为四类：①设备安全防范。设备安全防范即计算机实体的物理安全。②数据加密保护。数据加密是保证数据安全常用的做法。加密的方法很多，各方法所需系统开销也不一样，可根据信息系统的重要性加以选择。③跟踪检测技术。对于任何被保护的数据资料的存取，操作系统应进行记录和较细致的跟踪检测。④网络安全技术。利用过滤软件封锁网址，限制用户调阅网络中的不良信息。一种技术是公开密钥与数字签名相结合查证对方真实身份；另一种技术是防火墙，它能在集团网络与整个网络之间装上一个"保护层"，自动阻止非法闯入者。

所谓技术措施，就是权利人以技术手段主动采取措施，保护和管理自己的权利，防止他人的侵权行为。运用技术的方法是权利人面对纷繁复杂的网络侵权，所采用的比较好的自力救济措施，这一措施更能够体现权利人维护自己权利的主动性。解铃还需系铃人，网络上发生的诸多侵权问题，很多是新技术发展带来的必然结果，因此也必须以技术的手段加以解决。技术控制手段的提高对有效制止网络侵权有举足轻重的影响。因为，网络既能因"科技"与不法商家结合而生流弊，也能依靠科技和制度而纯洁。

以版权保护为例，这些技术措施目前主要有：①电子水印、数字签名或数字指纹技术。这种技术通过在数字化作品中加入无形的数字标志以识别作品及版权人，鉴定作品的真伪。②反复制设备，即阻止复制作品的设备。在它的支持下，系统可以阻止用户进行某些被限制的行为，其中最具代表性的就是 SCMS 系统(Serial Copy Management Systems)。③控制进入受保护作品的技术保护措施。这种措施包括要求登记、加密、密码系统或定置盒和数字信封等。④追踪系统，即确保数字化作品始终处在版权人控制之下，并且只有在版权人授权后方可使用的软件。⑤标准系统，即按地区划分，设定不同的标准以避免对版权作品的侵权行为。⑥电子版权管理系统，即 ECMS 系统。可以识别作者的身份，通过加密保护作品，同时又可以像电子契约那样与使用者进行交易，收取使用费。

利用技术手段有可能实施网上著作权保护，对网上商标和域名的保护同样可采用类似的办法。倘若企业的商号、商标被人抢注，可采取一些诸如"周边注册"的技术措施，即注册与已有域名相似的域名，来维护自己的合法权益。另外，由于一级域的数量十分有限，我国的很多企业已经失去了在一级域名下进行注册的机会，此时可及时注册二级域名，即在现有域名之后加上所属国家的简称，如.com 之后加上.cn，就成为新域名。如果企业域名一旦被他人注册，当然还可以通过法律的手段，或通过友好协商以达成转让域名。因为域名的唯一性和注册在先的原则的影响，出于巧合或其他因素，一个企业与另一个企业名称、商标相同或相似是难免的，在非抢注的情况下，可采用协商的办法实现域名转让。至于网上个人隐私等权利，可以通过隐私保护软件的技术方法(目前最著名的软件是个人隐私偏好平台 P3P(Personal Privacy Preference Platform)。即当消费者进入某个收集个人信息的网站时，隐私保护软件会提醒消费者什么样的个人信息正在被收集，由消费者决定是否继续浏览该网站，或由消费者在软件中预先设定只允许收集特定的信息，除此之外的信息不许收集等。

将网络技术作为网络社会的控制手段，最大的好处在于这是一种严格的强制性控制，一旦行动者不遵循技术规范，就可能受到制约甚至惩罚。从控制范围上看，技术控制的对象可以是所有的网络社会成员，也可以是特定的一些网络行动者群体；从时间范围上来看，网络技术控制还可以在网络行动者进入网络就开始控制，一直到网络行动者离开网络，其行动得到即时的控制，这一点是其他任何一种控制手段都做不到的。

2．提倡网络道德

在日常的社会生活中，社会伦理道德是一个非常重要的社会控制手段。在网络社会中，伦理道德体系在对网络社会控制过程中也具有非常重要的作用。但是，由于网络发展的时间较短，网络社会中并未形成一个比较系统的伦理道德体系，人们对现有的网络社会评价的依据还是来自现实社会中。道德控制是一种软性的、内在的控制与制裁手段，它没有技术控制和法律控制的严密性、普遍性、稳定性和强制性的效果，而是需要网络行动者自觉地加以遵守。只有在网络行动者共同遵守网络社会中的伦理道德时，网络信任才会变得更加普遍，信任程度也才会有所提高。

3．建立网络法规

个人在网上为所欲为，必然会侵犯他人的权利和自由；因此，为防网络侵权，一方面需要在全球对网络世界进行统一立法，另一方面需要各国政府对本国的网络进行立法。的确，随着网络的全球化，有人提出，未来必将建立一个不依赖于国家权力而存在的独立的法律体系，即网络空间法，并有独立的立法机构和司法机构。这种设想是美好的，但目前是不现实的。现阶段网络的管理还有赖于各国的立法机构和司法机构，只有少数几个技术层面的问题，如 IP、Domain Name、Routing Tables 的分配是通过单一组织统一进行管理。因特网的最高国际组织是因特网协会 ISOC(Internet Society)，1992 年创建，总部在美国，主要致力于网络政策、技术系统及国际协调。另一个主要的国际组织是 1998 年组建的网络名字数字分配公司 ICANN，该机构既掌握了网际网络最有影响的网域名称的分配权利，同时又是目的唯一的全球性监管机构。ICANN 将通过监管域名登记工作，来实现各类网络法律纠纷的解决。

关于域名的管理，我国目前主要依据的规定是《中国互联网络域名注册暂时管理办法》和《中国互联网络域名注册实施细则》，这些"办法"和"细则"虽然对于域名的注册、管理、撤销等方面的事物具有约束力，但这并不是立法文件，还需要根据新的实际做出适当判断后，尽早完善这方面的立法。

相应的法律法规也是建立网络信任的一个重要方面。巴伯指出："如果法律用在没有一个人有信任的地方，那么法律就会灭亡或变得腐败。但是，反过来，如果已经产生了正当的不信任的那些人不求助于法律及其控制的话，信任就会减弱。"在网络迅速发展的过程中，由于相应的法律法规的制定没有跟上网络的发展，使得网络会在一定程度上成为法律控制的真空地带。但这并不表明网络世界可以不受法律的控制。以法律作为网络社会的一个控制手段，可以有效地控制网络行动者对网络所造成的破坏、侵害和危害，并通过强制性的惩罚措施强迫网络行动者遵守网络行动的规则。在法律控制手段的前提下，一个合法有序的网络社会系统将会出现。

4．普及网络教育

在社会信息化、网络化过程中，社会成员间的"数字鸿沟"及其由此引起的贫富分化的一个重要原因是社会成员间的知能差距，因此，最为关键的解决问题的办法理当是能够缩小社会成员间知能差距的办法。从通常意义上来讲，教育可以担当这种责任，因而可以这样认为，缩小社会成员间的知能差距，解决社会信息化过程中的"数字鸿沟"问题和社会成员间的贫富分化甚至两极分化的问题，最为根本的措施是大力发展教育事业。把发展教育事业作为填平"数字鸿沟"、缩小社会成员间贫富差距的根本措施，是完全符合人的发展和当代社会发展的科学规律的。只有通过大力发展教育事业，使社会体系中的广大社会成员都能受到良好的教育，才能缩小社会成员间的知能差距；只有通过缩小社会成员间的知能差距，才能有效填平"数字鸿沟"，进而缩小社会成员间的贫富差距，以至解决社会信息化过程中社会成员的贫富分化甚至两极分化的问题，以及由此导致的社会结构失衡、社会关系恶化、社会冲突激化和社会动荡不安的问题。因此，利用网络普及九年制义务教育、扫除文盲、高中扩招、高校扩招、开办自学考试、支持社会力量办学等，都是大力发展我国教育事业的重大举措。这些举措对于积极主动地缩小社会成员间的知能差距，进而填平社会成员间的"数字鸿沟"，缩小社会成员间的贫富差距，维护社会的团结、保持社会的稳定、保证社会的安全、推动社会的进步具有重要意义。

五、发展网络教育的政策法律

综合以上对我国网络教育发展过程中存在的问题以及对其他国家网络教育政策法规的制定及作用的分析，结合现在我国网络教育发展的现实情况，我们认为网络教育政策和法规制定的科学化与法制化是决定网络教育成败和可持续发展的重要因素。

1．以法律保证网络教育课程的质量

网络教育的质量是各国政府都非常关心的问题，一些国家不约而同地采用了法律保障的形式，但关注的焦点又有所不同，如德国专门制定了《远程教育法》，以法律的强制手段保障课程的质量，这有力地推动了德国网络教育朝着健康的方向发展，同时也使德国成为欧洲唯一立法审查网络教育课程的国家。法国的立法则注重对提供网络教育服务的组织和学校的控制，这种立法的方式以保证网络教育机构的素质来保证网络教育质量这一理念为基础，严格控制私立网络教育机构的教育质量，它要求私立网络教育学校都必须经过审批和测评后才能运作，强调网络教育提供者的必备素质。

2．以法律保护网络教育消费者的权益

消费者利益是网络教育服务的根本，德国的法律中对教育合同的规范，将在网络教育的消费者——学生入学时与校方签订，从而保护他们的权益；法国有专门规范网络教育广告的广告法，规定私立教育组织的名称应能反映出私立的本质，他们的广告也必须先送交教育部审查，审查涉及范围包括所有形式的广告材料及其发布方式、广告所借助的媒体的完整目录等。广告内容不得在学生应具备的教育水平、基本知识、学习类型、学习时间、应预先做的准备工作等内容上误导学生。

3．以法律保护社会弱势群体能享受到公平的网络教育机会

美国发布了《美国残疾人法案》，《法案》规定，对视觉有障碍的人不要使用图表，对

耳聋或有听力障碍的人要用文本来替代音频。美国网络教育中的多数教材都是遵照该法的有关规定来制作的。1996 年，美国司法部又发布了该法解释，要求政府机关和诸如大学院校的公共机构等要为残疾人通过所有媒体提供"有效的传播"。我国的网络教育发展也有一个西部倾斜的政策，比如，东部高校到西部办学就要下调每学分的价格，以使更多的西部经济欠发达地区的人接受教育。但在残疾人应用网络教育方面还没有具体规定。

4. 加强认证

国家和地方在网络教育事业发展和出台相关政策方面各司其职，发挥的作用各不相同。在美国，教育一般都是各州自己的事情，联邦除了在几个大法方面进行规约外，几乎很少干涉各州的具体立法，因此美国各州的网络教育政策法规是多样灵活的。但在集中制国家，国家出台的政策是要针对整个国家和社会的，不管是哪个省，哪所院校都要严格遵守，因此政策较为集中和单一。

我国应当尽快建立专门的法律，对网络教育的实施和管理进行约束。根据发达国家都对网络教育进行专门立法的经验及我国网络教育发展的情况，对网络教育制定专门的法律条文非常必要。法国、德国和美国等发达国家对网络教育进行专门立法或在相应的教育法中对网络教育的资格认证、质量保证等进行详细说明，有力地保障和促进了本国网络的管理和质量。

5. 实行行业自律

技术措施和法律措施对制止网络侵权来说，无疑是比较好的对策之一。然而，在建立健全信息网络技术和法律法规的基础上，民间管理、行业自律、道德制约以及自我教育等也是不可忽视的。在网络这个互动、多元、信息容量大的数字化模拟世界里，倘若单纯依靠高科技的介入或法律的强制力，要完全制止网络侵权也不太现实。网络法制和网络道德应是促进和保障网络世界健康发展的两大重要手段。互联网是在各种非政府机构以及普通网民中迅速成长起来的，因此，通过行业自律可以起到一些意想不到的效果。如在网站行业中开展反垃圾邮件、反色情邮件或者进行这些邮件的举报活动，就会收到意想不到的效果。

在法律的保障下，网络教育的质量保障问题往往最后还是落实到行业的自律上。一些发达国家建立了由官方授权给专业机构，要求他们对全国或一部分地区的网络教育学校进行评估的制度，这样既减少了官方的政治介入，又体现了网络高等学校的自主性。如英国的网络教育由非官方的开放和网络学习质量委员会来具体实施。在美国，教育部在国家范围内指定了一些机构作为专门的认证机构，它们分为机构式和专业式两种。机构式的认证机关包括六个地区级的学校与大学协会，国家级专业协会有 59 个。地区级协会主要负责本地区的学院认证工作，它们之间互相独立，但又紧密合作，并相互承认对方的认证工作，承担了全美大部分的认证任务；国家级专业协会则负责一些特定种类学院的认可。认证机构接受民间协调机构即高等教育认证理事会和联邦政府教育部的双重监督与协调。

我国幅员辽阔，地区差异较大。因此在一部国家统一法律的指导下，立法体制应有一定的灵活性，这样既可以满足网络教育实践活动不断发展的需要，同时也能满足不同地区的实际需要。中国的教育资源分布很不平均，经济发达程度也有同样的不平衡情况。这样，各地根据自己的特点和经济实力制定相应的网络教育法规，将能更合理地利用各种技术和资源来发展网络教育。

本 章 小 结

网络教育社会管理中的一个重要问题是网络资源的合法利用问题以及存在于网络上会影响网络教育发展和形象的网络违法问题甚至犯罪。

信息时代搞网络教育应知道网络教育的法律规范。

【思考与练习】

1. 网络教育法制的基本原则是什么？

2. 网络教育的法律保护形式简介。

3. 网络社会管理中的主要问题是什么？

【推荐阅读】

1. 万新恒. 信息化校园:大学的革命[M]. 北京: 北京大学出版社，2000.

2. 叶志宏. WTO 规则与远程教育教学资源的知识产权保护[J].中国远程教育，2002(3):69-71.

3. 黄文伟. 完善远程教育学习者权益保障法制的几点思考[J]. 中国远程教育，2002(3):73-74.

4. 文军. 网络阴影: 问题与对策[M]. 贵阳: 贵州人民出版社，2002.

5. Alison A.Carr-Chellman. Global Perspectives on E-Learning: Rhetoric and Reality[M]. Thousand Oaks SAGE Publications，2005.

第六章 网络教育的效益

本章学习目标

➢ 网络教育的经济效益
➢ 网络教育的社会效益

网络教育(Internet Education); 经济效益(Economical Benefit); 社会效益(Social Benefit)

北京大学医学网络教育经济效益实证分析

北京大学医学网络教育学院成立于 2000 年 10 月 10 日,是实施医学远程教育的实体机构。其管理机制是学院办学、企业化运作。财务独立核算,实行会计核算和预算制方法对其成本进行控制。学院办学经费主要来源于学费收入和初期社会投资。在系统考察学院 2001—2004 年度远程教育运营投入状况的基础上,依据学院年度财务报表,按自然年度重点整理和统计了与此相关的各类费用数据,并根据成本构成性质的不同分别对远程教育成本的整体格局和变化趋势予以阐述。

(一)总成本与学生人均总成本分析

总成本(TC)是指 2001 年至 2004 年学院投入远程教育并全部消耗掉的总资金,即学院办学过程中的正常运营成本。由于校外教学中心情况不一,核算时不包括校外教学中心分成部分和运营成本部分。学院连续四年用于远程教育的总成本分别为:494.77 万元、876.23 万元、1219.30 万元和 1599.98 万元,呈连续递增趋势。

生均成本(ATC),指的是平均每个学生分摊的教育成本,在数量上等于总成本除以学生总数之商。这是衡量教育资源利用效率的重要因子,也是制定学生学费标准的重要参照。学院统计出历年的在校学生平均数分别为:2001 年度 402 人,2002 年度 2527 人,2003 年度 5575 人,2004 年度 7845 人。根据前面统计的学院 2001 年至 2004 年度远程教育运营总成本,可以计算出:2001 年度的生均总成本为 $ATC_{2001} \approx 1.231$ 万元,2002 年度的生均总成本为 $ATC_{2002} \approx 0.347$ 万元,2003 年度的生均总成本为 $ATC_{2002} \approx 0.219$ 万元,2004 年度的生均总成本为 $ATC_{2002} \approx 0.204$ 万元。

从两项数据中可以看出,总成本和生均总成本发展趋势迥然不同。一方面,学院的远程教育总成本明显呈上升趋势,2004 年较之 2001 年增加了 1105.21 万元,增长率为 3.23 倍;

另一方面，随着招生规模的扩大，平均每个学生分担的教育成本则呈显著下降态势，2004年较之2001年下降了6.15倍之多。这充分证明了远程教育具有规模经济的典型特征，即与传统教育相比，远程教育模式初始成本投入相对要大，当规模达到一定点时，平均成本则低得多。

(二)支出构成分析

根据一般教育成本核算的规则，将成本科目归结为人力成本、事业成本及固定资产成本。其中，人力成本主要包括远程教育运营中涉及的各类人力资源的费用；事业成本包括在远程教育运营、课程实施的整个过程中涉及的公共事务性费用；而固定资产成本则是指，按相应的固定资产总值和使用年限核算的折旧费用。学院历年支出构成如图6-1所示。

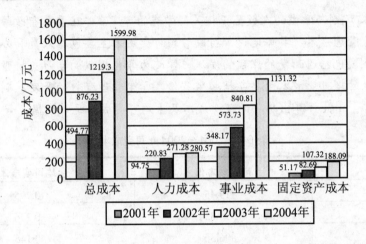

图6-1 学院历年支出构成

数据表明，学院处在高速发展时期，各项支出均有较大幅度的增长。在人力成本、事业成本以及固定资产成本三者中，事业成本支出所占比重最大。主要是因为随着招生规模的扩大，课程开发和发送、学习支持服务项目的增加，以及日常公共费用等均迅速膨胀；固定资产投资力度也在逐年加大。尤其2004年，投入固定资产费用为188.09万元，是2001年的3.68倍。其主要原因是学院成立近五年设备设施需要更新，加之业务范围扩大、人员增加和办公条件的改善。人力资源是远程教育生存和发展的基础。图6-1所示，人力成本在2002年陡增，2002年人力成本占总成本的25.20%，比2001年增加了2.3倍，主要是扩大招生后，人力投入迅猛增长所致。2003年和2004年人力成本分别占总成本的22.24%和17.54%，较2002年反而有所回落。其主要原因，一方面是远程教育规模效益特点的充分体现；另一方面是学院采用企业化运作模式，在组织结构、资源配置以及激励机制等管理方面尽量符合现代企业管理模式，以利于远程教育的持续发展。这些应引起管理者的关注。

(三)不变成本与可变成本分析

不变成本(F)是指不随学生人数增长而增长的成本部分，主要是指学院的基础设施投资，如办公设备购置、局域网络环境建设、教学平台及网络课程开发等。学院对已开发的网络课程只要再继续使用，每年都要进行修改和完善，在此可以忽略不计。因此，根据学院固定资产折旧的实际状况和已完成的课程，我们统一设定其使用期限为 3 年，由此计算出历年的不变成本数值和每个学生承担的不变成本数值，如表 6-1 所示。

表 6-1　2001－2004 年不变成本统计　　　　　　　　　　　　　万元

年　　度	不变成本值	生均不变成本值
2001	175.32	0.436
2002	280.38	0.111
2003	412.94	0.074
2004	570.80	0.073

而可变成本(V)则与学生的人数呈正相关，学院的可变成本主要是行政管理成本、教学运营成本和学生管理成本。具体地说，行政管理可变成本主要包括人员和办公成本；教学运营可变成本主要包括已开发的课程的发送、学院为学生提供的学习支持服务和教学管理活动成本；学生管理可变成本主要包括招生宣传，学生管理资料的开发、制作，奖学金和学生活动的成本。由此计算出历年的可变成本及生均可变成本统计数据，如表 6-2 所示。

表 6-2　2001－2004 年可变成本统计　　　　　　　　　　　　　万元

年　　度	可变成本值	生均可变成本值
2001	319.45	0.795
2002	595.85	0.236
2003	806.36	0.145
2004	1028.18	0.131

表 6-1 和表 6-2 数据统计显示，学院的网站建设、基础设施投资和已开发网络课程等不变成本，并包括行政管理成本、教学运行成本和学生管理成本在内的可变成本，均有了明显的增长。年增长率最低超过 27%，最高可达 150%以上。但是，无论是不变成本还是可变成本，分摊到每个学生的平均值则持续降低，2001 年到 2003 年降低的幅度比较大，而 2003 到 2004 年相对较小。以上案例充分表明，学生规模的扩大有助于降低学生承担的远程教育成本。

(四)网络远程教育课程运营成本分析

远程教育网络课程运营系统是由多个具有一定层次结构和特定功能的子系统共同组成的，各个子系统之间相互联系、相互制约、相互作用，共同实现系统总体的功能和目标。远程教育的经济研究也是如此。远程教育课程运营系统由网络课程开发、课程发送、学习支持服务和日常管理等子系统构成，为此，我们从其各个子系统所耗费的成本出发，剔除与课程运营无关数据进行统计分析，以研究其变化规律。鉴于各个子系统产生的成本消耗包括的具体内容前面已做详细论述，此处不再赘述。统计结果如表 6-3 所示。

从表 6-3 中可以发现，2001－2004 年学院投入课程运营的总成本是逐年递增的，就 2004 年与 2001 年相比增加了 2.16 倍，而学生数量则增加了 10 倍还多。这主要是学院新增专业和学生规模的扩大，带来教学量增加所致。课程开发成本在办学初期投入较大，以后每年的投入逐年减少，而每个学生平均承担的费用更是直线下降，从 2001 年的 0.535 万元减至 2004 年的 0.012 万元，降幅达 45 倍之多，学生负担的课程开发成本微乎其微。表 6-3 显示，几年来学院在学习支持服务方面的投入逐年提高，从 2001 年的 16.79 万元提高到 2004 年的 234.88 万元，主要是加强远程教学过程服务所发生的费用，如增设课程辅导教师、加强学习支持部门人员的配置、开通免费手机短信业务、增加老师与学生在网络的互动时间、开发助学材料、设置奖学金制度、开展虚实结合的校园文化活动等。其他如课程发送以及日常管理等成本项目，在总额上虽逐年均有增长，但生均成本也都有所降低。

表 6-3　2001－2004 年课程运营成本与生均成本统计　　　　　　　　　万元

年　度		2001	2002	2003	2004
课程运营总成本		494.77	676.23	919.3	1068.98
课程开发	总值	215.11	158.78	121.35	95.07
	平均值	0.535	0.063	0.022	0.012
课程发送	总值	10.00	37.16	46.30	62.52
	平均值	0.025	0.011	0.008	0.008
学习支持服务	总值	16.79	48.95	170.81	234.88
	平均值	0.042	0.019	0.031	0.030
管理与基础设施	总值	252.70	431.34	580.84	676.51
	平均值	0.629	0.171	0.104	0.086

 案例分析

医学远程教育具有规模经济和外部经济的特点，发展远程教育可以缓解我国目前医学教育需求旺盛而供给相对不足的矛盾。然而，相对传统学校教育获得政府和社会各界的广泛资助而言，我国的医学远程教育办学主要经费基本上来自学生的学费。同时，体现在政策支持上，医学远程教育办学比传统学校教育受到更多的限制。当然，这可能与远程教育在教学质量和教学管理上还不太完善有关，必要的规范管理或许有助于远程教育的健康发展。但是，政府在制定政策时应该更多的考虑通过正确引导和建立严格的考评机制来促进医学远程教育这一新生事物的规范成长，并在资金、人才、技术等方面给予更多扶持，而不是简单地将医学远程教育排斥在众多教育领域之外，为其层层设限(诸如招生范围、学历层次等限制条件)。总之，通过成本分析，可以看出医学远程教育具有广阔的发展前景，但这也需要政府和社会各界的广泛支持。

资料来源：高澍苹，远程教育的成本构成及变化趋势——来自北京大学医学网络教育学院的实证分析[J]，开放教育研究，2005(05)：19-23.

第一节　网络教育的经济效益

经济效益包括内容不同的两个方面：一是网络教育对于经济的促进作用，这主要表现在教育发展决定经济发展的水平和速度；二是网络教育的经济成本分析，说明发展网络教育的成本仍然是低廉的，经济效益相当显著。

一、教育对经济的促进作用

教育发展直接决定着一个国家劳动力知识存量的多少、国民素质的高低、人力资本的形成状况，从而决定着经济发展的水平和速度，这已经被世界各国经济发展的状况所证明。通过教育提高劳动者的专业知识和技能、劳动能力和素质，提高整个社会的知识总量和科技文化水平，从而在物质生产部门取得国民收入的增长，就成为教育对经济促进作用的最显著效益。教育的经济效益是从教育的投资所获收益得来的，其特点主要表现在间接性、迟效性、长效性、多效性等方面。由于教育的经济效益存在上述特点，使得人们对于经济效益的计量纷繁复杂而且多样，但无论以何种方法进行的统计或计量，都能够说明一个问题，即教育对于地区经济增长、人民生活水平的提高、文化物质的丰富都具有积极的促进作用。

关于教育投资对经济增长作用，最著名的代表人物是美国经济学家西奥多·威廉·舒尔茨(Theodore W.Schultz)，他因其人力资本理论对经济学的贡献而获得 1979 年诺贝尔经济学奖。舒尔茨从二次大战期间工厂和设备遭到严重摧毁的国家在战后迅速得到恢复中受到启发，指出只是因为这些国家具有较高的国民素质和教育水准，充分发挥了人力资本的作用，才能在工厂被炸平，铁路枢纽、桥梁、港口被破坏，城市被毁灭，建筑物、设备以及库存物资全部都被化为废墟的情况下，迅速医治好战争的创伤，在比人们预料的短得多的时间里，又重新创造出繁荣的经济。舒尔茨认为，经济发展主要取决于人的质量，而不是自然资源的丰瘠或资本存量的多寡。处于现代经济生产活动中的人力资本，其作用远比物质资本重要得多。当舒尔茨运用这一思想去考察贫穷国家的经济时，得出贫穷国家的经济之所以落后，其根本原因不在于物质资本的短缺，而在于人力资本的匮乏。由于向这些国家提供的新的外国资本通常被用于建筑物、设备，有时也被用来购置存货，而一般不被用来增加人力投资，所以，人的能力没有与物质资本保持齐头并进，而变成经济增长的制约因素。

人口质量的改进在很大程度上是由教育完成的。舒尔茨格外强调增加教育投资、发展教育事业对贫穷国家人力资本形成、经济持续发展的重要意义。教育投资是人力资本投资的主要形式，学校是造就现代经济人才的工厂。作为培养人才、发展经济的战略抉择，振兴教育事业是落后国家从根本上摆脱贫困的唯一出路。因此，改革教育体制，调整教育结构，更新教学内容，完善教材建设，充实师资队伍，不断提高教育投资的效益，就成为广大发展中国家增加人力资本、推动经济发展的首要任务。我国学者对于教育经济效益有一个核算实例，结果表明，从 1952—1978 年因教育水平提高对国民收入增长额的总贡献是 962 亿元(按 1978 年不变价格计算)，占国民收入总增长额的 41%；而从 1978—1997 年因教育水平提高对国内生产总值增长额的总贡献是 7053 亿元(按 1978 年不变价格计算)，占国民收入总增长额的 47.8%。

这些研究表明，知识所具有的重要作用能够产生惊人的实际效果：个人所受的教育愈多，他的前途就愈好；一个国家的国民受教育的比率愈高，其国家也就愈富强。在不断地受教育下，使人了解其工作的意义并获得报酬，无论在物质上还是精神上，都能够获得较美满的生活。因此，从短期来看，教育可能是消费，但从长远计算，却是一种投资；而且还被认为是最有价值的投资。虽然，迄今为止，教育投资的绝对精确利润仍无法计算出来，但对个人、社会及国家所形成的收益是绝对存在的；而此种收益绝不少于物质投资得来的收益。

的确，教育提高了人力资源的素质，国民生产也得以增加，教育对经济有很大贡献。所以，无论怎样说，投资于教育是绝对有利的。这是一般经济学学者评价教育投资在助长经济发展方面的结论。正是在这个意义上，增加人力资本投资、提高人口质量，是振兴一个国家民族经济的关键。教育越普及，人们所期待的社会发展也就越迅速。

二、网络教育的经济效益绩优性

劳动密集型的传统教育系统以教师面授教学活动为基础，有庞大的校园、教室和宿舍等与学生直接相关的教学和生活基础设施。教师面授教学活动所需的资源及其消耗直接与学生人数成正比增长，学生生活设施部分的资源及其消耗也与学生人数成正比增长，这些部分构成了传统教育系统的可变成本。因此，传统教育系统成本结构的特点是：传统教育学校经费的主要部分随学生人数成正比地增长，即可变成本远远大于固定成本。而对于资本(资金/技术)密集型的网络教育系统，以现代信息技术和多种媒体教学为基础，创建这样的教育系统的初始投资巨大，不仅要有多种媒体课程材料的开发制作基地，还要有教学课程的传输、发送和接收设施与设备，以及实施学生学习支助服务的基础设施和双向通信机制等。这部分基础设施是创办一个网络教育系统必需的前期投资，它们形成了网络教育系统的固定资产。由于网络教育系统较少或没有教师面授教学，而且网络教育系统中的学生并没有固定的校园、教室以及其他配套的生活服务设施，学生在家中或在工作单位学习，因此，网络教育系统中与学生人数呈线性关系变化的那部分可变成本很小。网络教育系统成本结构的特点是：网络教学学校较大的固定成本被巨大的学生人数分摊后变得很小，而其平均可变成本也远远小于网络教育系统的平均可变成本；在学生人数足够多时，网络教育系统的平均固定成本趋于零，从而使其边际成本几乎等于平均可变成本。对于网络教育和传统教育的成本从课程开发和发送、应用各类信息技术和多种媒体进行网络教学以及网络教育中对学生学习支助服务及基于技术的双向通信交流三个方面进行了经济学研究及相关的成本核算和成本分析。

1. 课程开发和发送

网络教育是一种基于技术、基于资源的教与学。因此，课程的开发、多种媒体课程材料的设计、制作和发送成为网络教育的重要基础。网络教育课程的教学成本可以划分为课程的开发成本和发送成本两部分，课程的开发成本又可以进一步划分为设计(创作原型)成本和制作(生产复制)成本。课程的设计成本、制作成本和发送成本的绝对量值和相对比重既取决于所选用的课程教学媒体类型，也与网络媒体教学的模式有关。

中国广播电视大学的广播电视传输可以通过卫星、微波和有线(光纤)等形式以及多种形式的结合，各自的传输成本也不一样。视听材料还可以通过发行盒带或租赁盒带的方式，以及到资源中心或学习中心的视听阅览室以观看的方式进行学习。通常在学生数量大而且分散时，宜用广播的方式发送；而在学生数量不大或相对集中时，可考虑使用非广播的发送方式。我国地域辽阔、学生众多，许多学生分布在农村和边远地区，采用卫星传输和地区有线网与家庭直接接收相结合的发送系统比较适合。总之，一项网络教育计划的实际成本在很大程度上取决于课程开发和发送的成本。因此，决策者和计划者在创建和组织实施一项网络教育系统前，应该依据学生对象的数量和分布状况、开设的专业和课程总数及各自的学时数，去进行课程设计、制作、播送或发行成本的核算和比较分析，做出恰当的抉择。

2. 应用信息技术进行多种媒体教学

网络教育是应用信息技术开展的多种媒体教学。不同的信息技术和教学媒体，不仅教学模式和教学效果不同，其教学成本也不相同。应该进行各种信息技术和教学媒体相对成本分析和教学成本对教学效果的比较研究。特别地，应该考查那些应用最新高级技术的教学媒体(如双向交互卫星电视直播课堂教学、双向交互电子通信会议系统、计算机多媒体和计算机网络系统等)，其教学效果上的优势是否足以补偿较高的成本开支。同样地，要考查应用传统成熟技术的小型媒体(如印刷材料、录音带和语音广播等)，能否在教学效果上有所提高。在以双向交互和计算机网络为主要特征的电子信息通信技术构成的网络教育体系到来时，在看到新技术新媒体的教育学特征和优势的同时，由于增加了双向交互的特征，增加了师生和同学之间基于新技术媒体(如计算机网络)的双向通信和交流，从异步非实时的通信(如电子邮件、电子公告板讨论和计算机会议等)到同步实时通信(如计算机网络在线教学和双向视频会议系统等)，显示出向劳动密集型经济回归的经济学特征：不仅极大地增加了参与双向交互网络教学过程的教学人员的工作量，而且增加了网络教育的平均可变成本。只要不放弃对基于信息技术实现网络教育双向交互教学的数量和质量的期望，以及对个别化学习及协作学习等符合建构主义的学习新模式的期望，随着学生人数的增加，可变成本也会相应增加。

3. 学习支助服务系统

在网络教育系统中，除了多种媒体课程材料的开发与发送外，学生的学习支助服务活动构成了网络教育教与学过程的重要组成部分。为了组织实施学生学习支助服务，需要一支专兼职相结合的教学人员(辅导教师和咨询人员)和管理人员队伍；需要建设和运行相应的基础设施，如国外开放大学的地区办公室和学习中心网络及相关的教育资源建设，如教学基地和教学设施的建设。此外，还需要建设和运行能实现学生与网络教学院校及其代表(教师和管理人员)之间以及同学之间进行教学信息沟通和反馈、实现双向通信和交流的机制。由于各类学习支助服务活动是直接面对学生的，相应的成本开支往往具有可变成本的性质，即随着学生人数的增加，学习支助服务活动增多，相应的成本开支也就要增加。既要为网络学生提供充分有效的学习支助服务，又要将平均可变成本控制在适当的预算水平上。

从以上研究的最终结论可以看出，网络教育相对于传统教育在成本效益上的经济学是有优势的，网络教育的经济学优势将随着技术的进步更加明显。

当然，也有学者持一种谨慎的态度，认为基于网络和多种教学媒体整合的网络教育有其自身的规律，它不是传统教育的简单延伸。网络教育体制的成本投入都可分为固定成本和可变成本两大类。开展网络教育，建立网络教学体制，其成本核算主要体现在三个领域：组织机构、课程建设和学生人数。与组织机构相关的成本投入有场地、设备、传播渠道、固定的经常性开支和地方学习中心数目，以及管理人员开支等。与课程建设相关的成本投入有平台建设、课件开发、课程数量、教学和技术人员开支等。与学生人数相关的成本投入有学习支持服务、指导教师的开支等。网络教育有较高的固定成本投入，往往被简单地理解为，这是将资金投入到现代信息通信设备和通信网络等硬件配置中造成的，这种理解是片面的。上述观点认为，网络教育制度相对于有校园的正规大学，网络教育课程资源开发是保证可持续发展的最大的固定成本投入，由此导致了网络教育有高的固定成本和低的可变成本。该文对于成本核算的划分简洁明了，但是对于成本的具体计算缺乏数据支持，同时，它提高了一个可供参考的成本核算案例。

我们从上述成本分析来看，在传统教学体制下，增开一门新的理论课，确定一位教师承担，安排好教室，基本上可以满足需要。若上课学生太多，则分班并增加教师。让我们简化计算一下开设新课的成本投入，如案例 6-1。

【案例 6-1】开设新课的成本投入

假设新课 70 学时，一位教师上课的课时费为 100 元/学时(暂不计人数系数和重复课系数)：学校为新课备课可以支付教学参考资料等补贴 1000 元，该新课课前成本小计为 8000元，选该课的学生假定有 1 个班 100 人，学生人均课前成本 80 元。在网络教学体制下，增开相同的一门新课，首先要进行课程建设。课程建设包括：课程教学大纲编写及其审定；课程一体化整体设计及其审定，含文字教材样章和音像教材样带的编制和审定；文字教材的编写与出版；音像教材录制，以及 CAI 课件等其他教学媒体的编制。按照电大多年课程建设的成本投入，建设一个 70 学时的新课程，最少的成本投入包括：大纲建设环节约 2000元；一体化设计环节约 5600 元；印刷教材假定 3000 册，约 60 000 元；音像教材，按总学时的 1/4 制作，约 34 000 元，暂不计其他教学媒体，以上成本小计为 10.16 万元。如果让传统教学体制与网络教学体制下的学生人均课前成本持平，进入网络学习的学生人数必须达到 1270 人。超过这个平衡点，网络学生课程学习生均成本会降低。也就是说，网络教学课程建设的成本投入，由于没有与学生人数直接相关，故被划定在固定成本中。而且，这一固定成本的大小，随网络课程建设选用媒体的不同而有较大的差异。考察现行普通高校的网络教育学院 2001 年的课程设置和收费。一个学生完成学业，获得专科起点的本科文凭，一般需要 17 门左右的课程，或者说 100 个学分左右，不同的学校和地区学分不同。多数学校每学分的收费在 65～180 元之间。高中起点升本科的课程教学分数一般要加倍。

从这个案例来看，似乎网络教育的经济效益并非是积极的，但是，我们认为是有商榷之处的。第一，对于在传统教育中成本的计算有不符合实际的地方，如上课人数方面，一般而言，是很少有 100 人的大班教学，高等教育有 20～30 人，中等教育有时会有 60 多人的情况，因此，我们应该依照平均数，按 50 人来计算的话，传统教育成本就会翻一倍，即人均 160 元，这还不包括学生的其他支出，如接受高等教育的(包括有些农村地区接受初等或中等教育)，都会产生诸如住宿费、交通费、生活费等，这些都是传统教育的成本，而且不比上述成本低。第二，将现代网络教育成本的费用仅仅平均于一批学生需要达到 1270 人才能达到效益平衡点的认识是不正确的。我们要看到网络教育的一次成本投入将会直接进入到固定资本中去，而对于接受教育的学生而言，不但省去了食宿、生活费用，节省了时间，这些都是收益；同时，学生的来源在逐年增加(这从开展网络教育的试点院校的情况已经得到了证明)，而成本却不会因为学生增加而大幅度增长，特别是资源建设的投资是一次性的(至少在很长一段时期)，包括课程资源。这样，网络教育的成本就会逐年下降，而不像传统教育成本呈现逐年增长的态势。第三，该案例考察网络教育学院的学科收费是非常重要的，根据此统计，学费为 6500～18 000 元之间，至于高中起点的收费要加倍的说法是不准确的，而应当按照增加的学年数来计算，即一般只增加一年或最多两年的学费，以此，平均每学年学费也就在 3200～6000 元之间，这和普通高等院校的收费大体持平。但是，我们应当注意到的一点是，学生的成本在大幅度地降低，因为食宿、交通和生活费用比面授教育要低很多，从这个意义上，可以证明现代网络教育的经济效益是非常明显的。

三、网络教育的经济效益分析

国外网络教育的经济研究已经证明其效益相当显著，这主要是以远程教育为基础。如 20 世纪 70 年代，英国的瓦格纳研究开放大学的成本核算和分析的结果表明：英国开放大学在校生的平均年经常费用是传统大学的 1/3，而其每个毕业生的平均成本则是传统大学的 1/2。瓦格纳和其他学者认为，"传统大学成本里主要一项是教师的薪金，而它在英国开放大学所占的比例不超过 15%，且与学生数无关"。开放大学在经济学上的真正优势是"以资本替代劳动力的方式获得潜在的规模经济"，而"在传统大学内教育技术只是现行教学方法的辅助手段，而不能将其取代"。20 世纪 80 年代的研究成果表明，当学生人数很大时，远程教育每个等价全科学生的培养成本低于传统院校全日制学生的培养成本。特别需要注意的是，并非每个参加远程网络教育的人都会寻求学历教育，而学历教育的合格率是网络教育成本的一个主要构成，如果去除不追求学历教育者，成本则应当从网络教育中减去而直接成为一种收益。如在英国开放大学，尽管开设学位教育计划并实行开放入学政策，仍有 40%的学生注册学习单科课程而无意取得学位。以英国为例，用网络教育方式进行在职培训，只要每门课程的学生数在 500 人以上，那么平均每个学生每个学时的成本在 4～8 英镑；而传统的离职培训，平均每个学生每个学时的成本需 15～20 英镑。离职培训成本较高，是因为要加上薪水开支和放弃的收入等项成本。这就显示出网络教育模式在成本效益上的巨大优势。

对基于网络和多媒体技术的网络教育而言，嘉格伦的《网络教育》中对网络教育的成本效益分析，是非常令人鼓舞的。他从 1994 年世界银行的分支机构国际重建和开发银行发布的一篇名为《高等教育：经验和教训》的报告分析，认为"网络教育和开放式学习在增加就学率方面十分有效，能以较低的成本，使得那些过去不能充分享受高等教育的人能够有受教育的机会。同时，网络教育还是提供终身教育和技术培训的有效方式。学校组织的教师在职培训，就是网络教育的一个成功例子。从 1970 年开始，网络教育在孟加拉国、中国、印度、印度尼西亚、韩国、巴基斯坦、菲律宾、斯里兰卡和泰国迅速发展。泰国的两所开放式大学已经成为政府解决最贫困阶层的教育问题的主要工具。这两所大学自筹资金，自负盈亏，但是其学生数量却相当于泰国大学生总人数的 62%"。

世界银行的报告指出，这些网络教育项目比传统的大学教育的成本要低得多，这是因为网络教育的学生与教师的比例非常之高。报告还揭示了一种国际性的高等教育危机：用紧缩的资金去满足日益增长的需求。世行报告探讨了关于这场危机的若干因素，并且着重指出了危机的两个核心问题：一是虽然有些发展中国家不惜以牺牲初级和中级教育来发展高等教育，但是，其国内要求本科学历的工作机会并没有相应增长；二是大多数国家对于高等教育的投入正在缩减，尤其是那些政府资助的学位和研究基金项目，所以，更多的学生必须自力更生。不管怎样，教育的公共投入未来不大可能有显著的增长。面对这种现实，要找到符合现实的经济的解决方案，我们就必须深刻地了解对教育的市场需求，同时认识到一味增加教育拨款并不能解决教育现在面临的所有问题。与此同时，嘉格伦还看到了成人教育的需求是相当吸引人的。他认为：成年学生迅速填补了传统大学生在人数上留下的空缺。这些成年学生一般年龄在 25～35 岁，至少是在半工半读，而且他们中不少人的雇主愿意为其垫付全部或部分学费。同传统意义上的大学生不同，成年学生经常面临诸如时间冲突、去校园就读的困难、因工作变动而迁移，以及照顾子女的额外负担等问题。因此，成年学生通常对社交、体育、学生联谊会等类型的学生组织和活动不感兴趣。他们关心的是课程的时间安排是否灵活，学费能否承担得起，以及能否选择上课时间等实际问题。大学图书馆和书店之类的设施，对于他们中的很多人来说没有太大意义，因为他们可以通过邮寄或上网等方式获取参考资料。这类学生目前广泛存在于各种类型和层次的教育项目中，并且在全世界各国普遍存在。

嘉格伦本人在《网络教育》中也计算了网络教育的成本比较(见表 6-4 和表 6-5)，这一比较简易明了，说明网络教育"比在校园中修课，要节省许多开支"。主要是不必付上学所需的交通、住宿、运动或医疗保险等离家生活所需的其他费用，再加上学生还可以一边工作，一边学习；最重要的是，除了节省开支以外，"还能节省同样珍贵的东西，那就是时间"，学习一门课的所需精力都是相同的，但网络教育不会影响工作和家庭生活。

表 6-4　两年制大学 1997—1998 年底学期预算开支(本科 12 学分)　　　美元

费　用	公　立	私　立	杰士知识**
学费	751	3428	1664
住宿与膳食	941	2272	居家开支
书本与学习用品	305	309	459*
交通	489	305	居家开支
其他	613	536	居家开支
总计	3099	6850	2123(未加居家开支)

*包括录像带和所需的课程软件；**杰士知识是嘉格伦创立的网络教育机构。

表 6-5　四年制大学 1997—1998 年底学期预算开支(本科 12 学分)　　　美元

费　用	公　立	私　立	杰士知识
学费	1 556	6 832	2 618
住宿与膳食	2 181	2 775	居家开支
书本与学习用品	317	316	571*
交通	287	269	居家开支
其他	695	522	居家开支
总计	5 036	10 714	3 189(未加居家开支)

*包括录像带和所需的课程软件。

　　国外研究证明，发展网络教育的经济效益是积极的。一是贝茨的研究证明了新技术虽然要求对通信网络的基础设施进行大量投资，然而，一旦这些基础设施建成了，无论是为了工商目的还是为了教育目的而建造的，它可能极大地降低网络教学的制作成本，教师和学科专家不需要大规模地开发和制作就可利用新技术。工业化模式的发送成本基本上是固定成本，同学生数量无关。举例说，无论有一人收看还是有 100 万人收看，电视节目转播费用固定不变。贝茨的结论是：当学生人数较少时，第三代技术就特别有价值，因为它可以节省工业化模式很高的固定制作成本。九届人大四次会议批准的《国民经济和社会发展第十个五年计划纲要》提出教育适度超前发展，为国民经济和社会发展服务。这种超前发展的思想是社会转型期和发展阶段对教育提出的需求。现在，以构建终身教育体系，为受教育者送去一流的教师，提供灵活、开放、不受时间和地域限制的学习形式，以及提供个性化学习等的网络教育构想正在变成现实，因此，我们要抓住机会，在网络教育经济规律的支配下，形成结构合理、效益显著的现代网络教育体系，以加快整个国家的经济文化建设和发展。

四、网络教育的产业发展

　　原教育部发展规划司司长、现任中国人民大学校长的纪宝成认为，不能按照企业经营方式、运作机制来办教育。他说，教育是产业，但不能产业化，教育称作产业，是"产业"这个概念的泛化，不是原本意义上的产业，与工农业的产业有很大的区别。而对于网络教育来讲，网络教育产业是一种全新的教学经营方式。网络教育是基于 Internet 的，它绝不是一个局域网、广域网的概念，而是面向全国甚至是全球化的概念。在这样一个条件下，网络教育必须树立起"开放"的思想，应该对各种教育服务资源开放。由于受我国经济、教育发展水平所限，完全靠国家投入发展网络化教育是不现实的，因此，在发展中小学网络化教育的过程中，一个重要的指导思想就是要引进市场机制，培育教育信息产业，在教育主管部门的统一部署和指导下，发挥大企业、大公司技术和资金的优势，支持几家有实力的企业公司参与网上学校、校园网络以及网上教育教学信息资源库的建设。

网络教育若任一方单独进行，其资源毕竟是非常有限的，为了加强网络教育的竞争力，无论是网校还是教育网站，往往都需要走一个合作的模式。万恒网络教育事业部总经理韩风充分意识到这一点，他认为，强强联合是网络教育的发展之路。网站自身的发展有两类：一类是综合类，涉猎几乎所有范围，如新浪、搜狐等，形成了一些非常完备的子目录；另一类是专业类，只涉猎专门的一个领域，如万恒网。人类进入信息社会，社会分工不断向纵深发展，对专业、信息服务的需求推动了专业化网站的发展。而同时，对于平行门户、综合类网站而言，就会面临一些挑战，转而寻求合作，与专业化网站联手。所以，当一个平行门户网站能够与更多的专业化网站走到一起进行合作的时候，会共同支撑起一个有效的教育网络。万恒网本身不属于教育界，所以做网络教育开始是与北京市第五中学合作，后来和全国其他一些学校合作，包括和一些国内外的公司在信息方面开展合作。它的优势是技术方面，但它的弱处是教育，或者是某一专业领域的知识，合作刚好能够形成互补。

网络教育是一种盈利的市场经营行为，其盈利来自各个方面，每一种模式都有其相应的客户群，也就是说，一个领域的教育对应一个领域的用户，投资任何网络教育的领域，都要分析这一领域的客户有多少，市场潜力有多大。另外，对客户群的分析要特别细致，尽可能广泛。以学科教学来说，现在最能盈利的客户是想要获得学位的，为了获取学位，用户显然愿意出钱。但并不是所有人都要获取文凭，有的人只是专业的需要，有的人只是为了辅导孩子。各种层次的需要太多了，所以我们要强调建设一个能为多层次的人服务的网站，提供全方位的服务。而要做到这一点，进行客户分析无疑十分必要。将网络教育用户分门别类，寻找好的细分市场，首先占领这些细分市场，这要比从别人那里抢夺市场容易得多。

对于正在进行产业化改造的非义务教育行业来说，互联网的出现同样带来了巨大的发展契机，并形成一个极具潜力的网络教育市场。网络社会将会加快教育产业的步伐。在新时代，教育产业可以通过网络有组织地采取传输基础的和专业性的知识信息，以提高人类知识水平和社会适应能力。同时，未来的教育产业将面向世界，打破一国或一地区的疆域限制。已经出现的"全球知识交换中心"、"网上学校"等便是很好的明证。据此，"无国界学校"、"无围墙学校"在网络时代可能会大放异彩。

综上所述，网络教育不仅给我们带来了更多学习深造的机会，更对国家的各个行业产生深远的影响。因此，对于网络教育，我们不能仅仅把它作为传统教育的补充方式来看，更应该从长远着手，把它当作产业加以大力发展。

从目前来看，网络教育产业化的优势主要体现在以下几方面。

(1) 学校省钱，学生省时。网络教学是数字化教学，维系学校与学生之间关系的只是一台计算机和一个互联网账号，教和学都在一个虚拟的空间内进行，校方无须为学生建教室、实验室之类的教学场所，而学生的学费照收不误，大多数大学对网上学生与在校学生收取同样标准的学费，因而越来越多的大学争相招揽网上学生。当然，创建学校计算机网络系统的成本也相当高，但从长远看，网络教育还是很有利可图的。

(2) 能够满足学生的不同需求，尤其是可以满足那些已成家立业或上了年纪但还想求学者的需求。

(3) 教学形式多样，手段先进，机制灵活。网上教育具有交互性，可以将图像、声音和文字有机地融合在一起，从而比一般的坐在教室听课的学习方式更具优势。教师和学生能够做到一对一地交流；学校通过网络提供课程，学生可以根据自己的时间灵活安排；网上直播课程改变了教师必须直面学生的教学方式，教师通过办公室里的计算机进行授课，学生则遍布全国各地，利用自己的计算机"听"课。

(4) 有利于缩小地区间教育发展的差异。对贫穷国家和地区而言，他们无须花大钱在本地建设好的大学，就可以通过互联网接触到世界上最优秀的头脑和有价值的信息、数据。尤为重要的是，网络教育为贫穷国家中渴望成才的年轻人提供了极为宝贵的机会，他们不用离乡背井就可以受到一流的教育，也就可以解决穷国人才流失以及由此带来的日益严重的贫富差距。网络社会所引发的教育新革命可谓是一场没有硝烟的战争，必将在人类教育史上留下浓墨重彩的一笔。

作为一种新兴的教育与学习手段，网络教育在未来必定能得到大力发展。这是因为，中国的经济发展在地区间不平衡，城乡之间的差别也较大，中国的教育资源配给在布局上同样极不均衡，而网络教育这种新的教育和学习方式不受时空及教育资源的限制，能够整合全社会的教育资源，为人们学习所用。据教育部电教办的统计，至1999年底，我国有上千万学生因大学规模所限失去接受高等教育的机会，另外还有3000多万青壮年需要扫盲。利用卫星、光缆、电视及各种双向式电子通信技术建立现代远程网络教育，不仅将可以在相当程度上使人力资源的结构、数量得到改善，而且有利于构建终身学习和不断更新知识、技能的教育体制。在我国教育资源相对稀缺的今天，客观上存在着对网上教育的旺盛需求。

另一方面，"科教兴国"战略的实施以及素质教育的大力推行，使目前传统的教育观念与手段受到强烈的挑战，为网络教育的兴起创造了良好的社会环境。更令人兴奋的是，近几年，由于电信的迅猛发展，网络在短时间内得到普及，从而为中国的网络教育提供了坚实的基础。世界经合组织的研究表明，1995—2004年，全世界远程教育的市场规模将以每年45%的速度扩张。这其中当然也包括突飞猛进的中国网络教育市场对之所作的贡献。截至2009年9月底，中国网民规模已达3.6亿，许多城市也都在兴建自己的数码港，许多小区也已有了更快的互联网接入模式。随着全社会对网络教育的理解、支持和推动，相信将会有越来越多的人采取这种方式进行学习充电。

因此，网络教育日益显现的巨大威力向我们表明：网络教育的作用是传统教育所不可替代的。随着技术手段的发展，它无疑将在我国教育中扮演越来越重要的角色。可以说，网络教育在中国将有远大的发展前景，将成为 21 世纪的主流学习方式，在教育领域掀起一场新的革命。

第二节 网络教育的社会效益

《中共中央关于制定国民经济和社会发展第十个五年计划的建议》明确指出，"信息化是当今世界经济和社会发展的大趋势"，"要在全社会广泛应用信息技术，提出计算机和网络的普及应用程度，加强信息资源的开发和利用"。而就我国教育事业改革与发展来讲，"各级各类学校要积极推广计算机及网络教育，在全社会普及信息化知识和技能"，"提高教育现代化、信息化水平、大力发展现代网络教育"。伴随着网络时代这一重要特征，人类跨入了新世纪。网络对经济、政治、文化乃至整个社会发展已经而且必将产生越来越大的影响。以微电子学理论为基础，以微电子技术和现代通信技术为主体，以全球信息互联网络的形式为标志的信息技术革命，把人类社会推向了信息网络时代。今天，以计算机、电视、无线电话、人造卫星、光子传输与印刷等现代通信手段为主体的传播网络，已把全球结合成一个紧密的信息网络整体。人类真正成为"地球村"的居民，信息网络技术开启了人类社会新的生活、新的实践。

作为教育主要组成部分的网络教育，在促进我国教育事业发展中，具有重要的意义及其不可估量的作用。全国第三次教育工作会议提出"要以远程教育网络为依托，形成覆盖全国城乡的开放教育系统，为各类社会成员提供多层次、多样化的教育服务"，并明确把大力提高教育技术手段的现代化水平和教育信息化程度，大力发展现代网络教育，形成社会化、开放式的教育网络，为适应多层次、多形式的教育需求开辟更为广泛的途径，逐步完善终身学习体系，作为重要的教学改革指导思想和措施。为使终身教育、终身学习体系得以实现，为使高层次教育资源得以有效开发和使用，都要求尽快建立系统、完善的现代化多媒体远程教育网络。为此，国家和地方都做了不少努力。

以现有教育科学网、电视网和电信网为基础，建立远程教育网，扩大教育覆盖面，使优质教育资源得以广泛共享。国家支持建设以中国教育科研网和卫星视频系统为基础的现代网络教育工程，加强经济实用型终端平台系统和校园网络或局域的建设，充分利用现有资源和各种音像手段，搞好多样化的电化教育和计算机辅助教学。同时，运用现代教育手段，开发各种能激发学习兴趣的计算机教育软件和开展多媒体网上教学，以适应不同年龄段求知者的需求。借助于现代信息技术，网络教育具有许多优越性和先进性。

一、我国发展网络教育的人口优势

网络教育看似通过网络来实现教育目的，而其所包含的内容是相当广泛的，特别是从技术层面来讲，可以说所有的教育传播都可以通过各种技术途径实现，而网络的实现方式不仅是现代化的，而且是随着网络发展在日益增长，这种趋势是我们这个世纪教育发展的一个主流方向，因此，对于网络教育不能停留在一般的认识或者仅仅局限于技术层面来看它。超越了技术，网络教育才会有其应得的地位，而要实现网络教育的社会化，要让人们正确认识网络教育，首先就要扶持网络教育的发展。

面对全球网络化的大潮以及日新月异的科技发展，我们必须立足于社会现实来思考网络教育。我们国家的一个最基本特征是人口居世界第一，从经济上来讲不一定是一种优势，但从教育发展来讲，不能认为是一种劣势。而从网络教育的特征来看，我国发展网络教育具有人口学上的优势。中国互联网信息中心将中国网络人口定义为：拥有独立的或共享的上网计算机或者上网账号的中国公民；平均每周使用互联网一小时(含)以上的中国公民。

从世界范围内看，网络人口呈几何级数增长，其增长之猛、影响之深，大大超出人们的预料。美国一公司对网络用户规模的调查结果显示，从 1995 年 12 月到 2000 年 3 月间对外公布的调查结果表明，世界网络人口在短暂的 51 个月内，已从 1995 年 12 月的 2600 万人增加到 2000 年 3 月的 30 436 万人，共增长 11.7 倍，平均每月的增长速度达 20%以上。在我国，尽管网络发展的时间并不长，但网络人口数量的增长同样惊人。我国网络人口增长迅猛，规模呈指数型增长。1994 年当互联网刚刚在中国内地登陆时，我国的网络人口仅100 多人，但其后几年迅速发展，至 1997 年 10 月，已达 62 万人。近年来，随着计算机在中国尤其是城市的日益普及，我国网络人口数量呈飞速发展状态。2001 年 7 月，我国网络人口总规模约为 2 千多万，而据最新的数据统计，截至 2009 年 11 月底，这一数据已达 3.6亿。作为一个发展中国家，短短几年间能达到如此规模，让人叹为观止。网络人口从高素质、高收入、高技术的特殊人口群体逐渐向普通人、低收入的人群转化，带领着整个社会人群的发展方向，成为推动社会经济发展的中坚力量。

与此同时，网络教育的人口年龄呈现出多元化的发展态势。网络人口的年龄构成是指一个国家或地区网络人口总量中不同年龄组人口的数量比例关系。由于不同年龄组的人口在经济支付能力、上网动机和上网行为等方面存在明显的差异，因而其对互联网的发展也有着明显不同的影响和作用。随着互联网变得更加廉价和更加容易使用，典型用户的年龄范围应该拓宽，更年轻和更年长的用户比例都将加大，尤其是更年长的用户比例将有较快的提高，因此，互联网用户的年龄应该是逐年提高的。整体而言，我国目前网络人口的年龄构成比较年轻。据中国互联网络信息中心的统计，2005 年 1 月的统计显示，中国网络人口的平均年龄呈现进一步年轻化的趋势，36 岁以下的青少年占到了 81.5%。

随着计算机和网络技术的不断突破和发展，任何人只需要掌握很少的计算机知识就能顺畅地在网上冲浪。虽然网络的发展对人口素质和区域教育水平的要求仍然较高，但随着网络向国民经济各行业的扩散，网络人口的文化程度构成呈下降趋势不可避免。

二、人们对网络教育的接受程度和条件在提高

截至 2004 年 12 月 31 日，我国 WWW 站点数为 668 900 个，半年内增加 42 300 个，增长率为 6.8%，和去年同期相比增长 12.3%。目前，我国国际出口带宽的总容量为 74 429Mb，

与半年前相比增加了 20 488Mb，增长率为 38.0%，和去年同期相比增加 173.5%，是 1997 年 10 月第一次调查结果 25.408Mb 的 2929.4 倍。可见，我国国际出口带宽增长速度非常快。从互联网调查来看，使用过网上教育服务的用户认为网上教育学习时间灵活(79.6%)、学习地点灵活(59.1%)、自由掌握学习进度(63.6%)、可以得到国家承认的学历(22.9%)、可以提高自己的专业技能(54.4%)，网络教育体现出的主要特征基本上能够实现；用户选择网上教育学校时最看重的因素是学校/网校品牌(16.4%)和教学质量(42.9%)以及专业设置(14.5%)等；用户在网上教育学校所选择的专业类型以电子信息类(51.0%)为主；管理科学工程、工商管理、语言文学、教育、法学、经济学等专业也很热门。

从网民受教育程度分布来看，大学本科以下受教育程度的网民所占比例略有增加，从绝对数上看，大学本科以下受教育程度的网民增加了 494 万，达到 6514 万，与半年前相比增加了 8.2%；大学本科及以上受教育程度的网民增加了 206 万，达到 2886 万，比半年前增加了 7.7%。大学本科以下受教育程度的网民在这半年内的增长速度要高于受教育程度为大学本科及以上的网民。

从用户行业来看，网民中从事制造业的人最多，占到 14.6%，其次是教育业(13.0%)和公共管理和社会组织(11.9%)，IT 业所占比例也较多，达到 9.3%。制造业、教育业的网民所占比例均有所上升，在绝对数量上，从事制造业的网民增加了 667 万，增长将近一倍；教育行业网民增加了 134 万，增长率为 12.3%。

从网民上网途径来看，随着网络技术的进步和互联网的发展，我国网民在上网地点、上网设备以及上网方式方面均有不同程度的扩展和变化。第十五次 CNNIC 调查结果显示，67.9%的网民在家里上网，41.1%的网民在单位上网，24.5%的网民在网吧、网校、网络咖啡厅上网，18.2%的网民在学校上网，2.1%的网民移动上网、地点不固定，0.4%的网民在公共图书馆上网，0.5%的网民通过其他方式上网。通过调查结果可以看出，家里和单位依然是网民上网的主要地点。

这一方面说明随着家庭计算机的普及、小区宽带的铺设以及互联网使用成本的降低，越来越多的家庭接入了网络，相应的，家里成为网民上网最主要的地点；另一方面也在一定程度上说明，随着我国信息化建设的不断深入，上网场所在不断扩展，上网条件在不断改善，上网变得更为便捷。

第十五次 CNNIC 调查结果显示，在我国 9400 万上网用户中，使用专线上网的用户数为 3050 万人，使用拨号上网的用户数为 5240 万人，使用 ISDN 方式上网的用户数为 640 万人，使用宽带方式上网的用户数为 4280 万人。而在我国 4160 万台上网计算机中，通过专线接入互联网的计算机为 700 万台，通过拨号方式接入互联网的计算机为 2140 万台，通过其他方式接入互联网的计算机为 1320 万台。网民的情况及上网计算机的情况都表明拨号上网是到目前为止用户上网的主要方式，同时使用宽带方式上网的用户数和计算机数也呈现高速增长的趋势。从 CNNIC 近几次的调查数据来看，在上网用户数方面，通过专线上网的用户人数同上次调查相比，半年增加 180 万人，和去年同期相比增加了 390 万人；通过拨号上网的用户人数同上次调查相比，半年增加 85 万人，和去年同期相比增加了 324 万人；通过 ISDN 上网的用户人数同上次调查相比，半年增加 40 万人，和去年同期相比增加了 88

万人；通过宽带上网的用户人数同上次调查相比，半年增加 1170 万人，和去年同期相比增加了 2540 万人。可以看出，拨号上网用户人数虽然一直处于主导地位并继续增长，但增长趋势走缓，专线上网用户人数、ISDN 上网用户人数呈稳步增长的状态，宽带上网用户人数则出现较快的增长。在拨号上网计算机数保持主体但增长趋缓的同时，专线上网计算机数和其他方式上网计算机数呈现较快的增长状态，尤其是其他方式上网计算机数增长迅速。网民上网的主要地点是家中，上网的首选设备是台式计算机，上网的主流方式是拨号上网。但是网民上网的场所正不断扩展，新的上网设备和上网方式正在逐渐被网民所接受和使用。可以预见，随着网络技术的不断发展、互联网的进一步发展普及，网民的上网途径将不断扩展，人们将在多种场所、利用多种设备、通过多种方式，更方便地使用互联网。

从网民上网行为来看，随着我国互联网的发展，越来越多的人开始接触互联网，网民的队伍逐渐壮大，人们对互联网的使用也越来越频繁。通过分析网民对互联网的使用行为习惯，可以较好地了解互联网与人们日常学习、工作、生活的结合程度，从而更准确地把握互联网在我国的发展和普及状况。

第十五次 CNNIC 调查结果显示，关于"使用互联网可以提高工作/学习和生活的效率"观点，26.8%的网民非常赞成，61.5%的网民比较赞成；而在非网民中，39.5%的非网民非常赞成，46.1%的非网民比较赞成。总体而言，88.3%的网民赞成此观点，3.0%的网民不赞成此观点；非网民中 85.6%赞成此观点，6.9%反对此观点：这表明网民与非网民中绝大部分都认同"使用互联网可以提高工作/学习和生活的效率"的观点。相比而言，非网民中非常赞成此观点的比例比网民高 12.7%，与网民相比，非网民对互联网在工作/学习和生活上的作用有着更高的期望。

这些数据都说明我们发展网络教育的条件以及人们对网络教育的期许都是很高的。希望我们能够抓住这个有利时机，大力促进和发展网络教育。

三、政府扶持网络教育发展的优势

政府统筹，校企结合是我们发展网络教育的一大特色和优势。网络教育的资源建设已经成了网络教育中的一项重要内容，网络教育的教学质量在很大程度上取决于教育资源的质量。政府应重点扶持一批有影响力的教育研究所、企业等开发全国性的大型资源库。教师有丰富的教学经验、优秀的教学课件、大量的教学素材；学生有深刻的心得体会、不断完善的电子作品集和个人课余搜集的学习资料以及个人网站；企业有先进的技术设备、专业的研发人员，对于大型教育信息资源库的建设，应采取校企结合的形式进行。

从网络资源建设的特点出发，合理进行资源建设，利用图书管理系统的资源优势进行重组，自动索引，合理导航，成为自己的资源。教育行政管理部门为了集中人力，高质量、高效率地建设教学资源，要实行课程资源建设的项目管理制。要采用竞标的方式选聘承建单位和人员，落实项目责任制，签署承建或使用合同，讲究成本效益，做到谁制作谁受益，奖优罚劣。对各地已建课程资源，提供通用网上平台推荐使用，实行市场运作，凡受学生欢迎的优秀课件，要采用收购的方式，为全国共享。

网上多媒体资源建设需要的技术力量强、经费投入大，目前开展网络教育的学校，一般在人力、财力和设备条件方面均不足，各个学校应利用自身的优势和国家给予的政策合作共建；提倡与有实力、有影响的公司、企业合股共建，探索产业运作的道路。要注意保护知识产权，制定严格的管理制度，实行有条件接收和有偿使用的办法。资源建设还要采用开发制作和改造、引进等多种方式进行。近年来，各级各类学校都已开发制作了许多优秀的教学资源，有的还积累了丰富的资料和素材。要充分利用这些录音、录像、动画、资料等资源，通过选择、加工和数字化改造，使之成为适于远程开放教学的课程资源；或建成素材资源库，包括微小课件、媒体素材、案例素材、试题库素材等，服务于各学校教师教学和各地网络课程建设。对于国外优秀的教学资源，只要适合我国网络教育需要，就应采用积极引进的方式，丰富国家的资源库。

在资源建设的规划中也要将网络教育资源建设与数字化图书馆工程紧密联系起来。分布在各级各类图书馆中的教育资源是极为丰富的，数字化图书馆工程的核心任务之一是对它们进行数字化改造，这样可以使这些教育资源方便地在网络上发布。我国数字化图书馆工程已正式启动，由于国家数字化图书馆工程有企业参与，寻求一个合理的合作途径，在保证著作权、企业合理利润(直接的或者是间接的)前提下，将资源建设与数字化图书馆工程有效地结合起来。不但可以使我国网络教育资源建设的速度和质量得到大幅度提高，而且也能使数字图书馆发挥最大的效益。

本 章 小 结

经济效益包括内容不同的两个方面：一是网络教育对于经济的促进作用，这主要表现在教育发展决定经济发展的水平和速度；二是网络教育的经济成本分析，说明发展网络教育的成本仍然是低廉的，经济效益相当显著。

教育发展直接决定着一个国家劳动力知识存量的多少、国民素质的高低、人力资本的形成状况，从而决定着经济发展的水平和速度，这已经被世界各国经济发展的状况所证明。通过教育提高劳动者的专业知识和技能、劳动能力和素质，提高整个社会的知识总量和科技文化水平，从而在物质生产部门取得国民收入的增长，就成为教育对经济促进作用的最显著效益。教育的经济效益是从教育的投资所获收益得来的，其特点主要表现在间接性、迟效性、长效性、多效性等方面。由于教育的经济效益存在上述特点，使得人们对于经济效益的计量纷繁复杂而且多样，但无论采用何种方法进行的统计或计量，都能够说明一个问题，即教育对于地区经济增长、人民生活水平的提高、文化物质的丰富都具有积极的促进作用。

网络教育日益显现的巨大威力向我们表明：网络教育的作用是传统教育所不可替代的。随着技术手段的发展，它无疑将在我国教育中扮演越来越重要的角色。可以说，网络教育在中国将有远大的发展前景，将成为 21 世纪的主流学习方式，在教育领域掀起一场新的革命。

【思考与练习】

1. 试说明教育对经济的促进作用。
2. 简述网络教育的经济效益绩优性。
3. 举例对网络教育的经济效益进行分析。
4. 试说明网络教育的产业发展趋势。

【推荐阅读】

1. 丁兴富. 远程教育学[M]. 北京：北京师范大学出版社，2001.
2. [美]嘉格伦. 网络教育：21 世纪的教育革命[M]. 北京：高等教育出版社，2000.

第七章　网络教育的技术基础

本章学习目标

➤　计算机网络及其组成
➤　局域网的构建及其传输媒体
➤　网络拓扑结构

核心概念

传输媒体(Transmission Media);　局域网(LAN);　网络拓扑结构(Topology)

引导案例

中山大学北校区校园网案例

根据中山大学北校区的地理区域相对较小、楼宇集中的特点,以网络分层的原则,骨干网采用压缩的核心层和汇聚层的逻辑拓扑结构,核心和汇聚层交换机均集中在北校区网络办进行管理,而校区内的每栋楼基本通过裸光纤以 100Mb 或 1000Mb 的以太网方式直接上连到骨干网中,如图 7-1 所示。

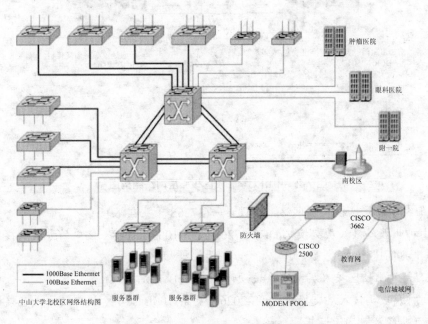

图 7-1　中山大学北校区网络结构图

(一)网络建设需求

中山大学北校区校园网主要在一期、二期工程的基础之上全面提升整个校园网的建设工程，实现整个校园内部教学、科研、交流和办公需要，全面提升整个学校信息化建设的整体水平，提升学校整体的科研、教学、管理效率。归纳起来校园网建设的需求主要有以下几方面。

(1) 校园网内部实验楼、教学楼、主楼、辅楼等单位实现联网。

(2) 实现校园网内部所有用户的安全接入，保证整个校园网内部网络用户高速、安全接入，对一些非法用户进行拒绝。

(3) 建立高速、安全、高效的网络基础支持平台，为实现"数字化校园"创造条件。

(4) 实现校园网系统"以网养网"，主要通过校园网自身的运营对所有学生、教职工用户实现计费、管理等功能，主要采用 802.1x+DCBI 2000 全网认证计费方案。

(二)中山大学北校区网络建设方案

中山大学北校区高速网络骨干的建设按照核心层、汇聚层和接入层三级网络建设模式，以下分别进行系统设计。

1. 中山大学北校区网络核心层网络系统设计

采用三台神州数码 DCRS-7504 核心交换机组成一个环形多机热备份的核心交换机系统解决方案。具体网络连接如图 7-2 所示。

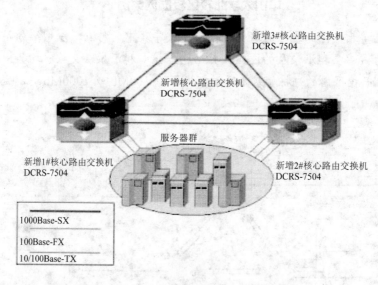

图 7-2 中山大学北校区核心层网络结构图

2. 中山大学北校区接入层网络系统设计一(3726S 千兆接入)

采用由神州数码接入层交换机 DCS-3726S 提供 1000Base-SX 接口的方式直接核心交换机 7504 作千兆高速连接。

3. 中山大学北校区接入层网络系统设计二(2026B 百兆接入)

采用由神州数码接入层交换机 DCS-2026B 提供 100Base-FX 接口的方式直接核心交换机 7504 作百兆经济、高速连接。

(三)网络路由策略解决方案

在网络建设过程中，我们充分采用路由交换机提供整个平台的核心交换机、汇聚交换，其与采用交换机和路由器组成的网络系统的主要不同之处是：从设计开始就强调组合路由和交换；路由表足够大，可处理因特网内或边缘操作所需要的目的数量；尽可能将其做到硬件内(如 ASIC)，而不采用软件实现。

在中山大学北校区网络路由策略中建议采用能够支持静态路由设置、支持 RIP 协议(对 RIP V2 的支持必须符合 RFC 2453，对 RIP V1 的支持必须符合 RFC 1058)、支持 OSPF V2、支持 VRRP 路由网关协议等路由协议的核心、汇聚路由交换机。神州数码 DCRS-7500 系列核心路由交换机提供强大的路由策略支持功能，对静态路由设置、RIP 协议(RIP V2/V1)、OSPF V2、VRRP 等路由协议提供强大的支持功能，用户可以根据自身业务应用的方便性、易管理性和安全性的要求采用符合自身应用的路由策略应用，也可以采用多种路由策略并用的环境，以满足不同应用阶层的需要。

(四)安全解决方案

网络系统安全策略是一个庞大的系统工程，它可能会因为一个地方的疏忽而导致整个网络致命的缺陷，但总体情况下网络系统的安全策略分为"物理安全策略"、"访问控制策略"两方面，并从这两方面为用户提供完善的安全解决方案。

案例分析

中山大学北校区通过此次网络建设，完善了教育行政部门、教科研部门、学校和社区互动、高速的信息网络；建立了安全、共享、高效的信息平台；组建了开放、动态、丰富的教育信息资源库；构建了掌握现代教育理论和教育信息技术的师资队伍；制订、完善了中山大学北校区教育信息化建设、应用、评价等的标准和制度，建立了符合中山大学北校区本地特点的教育信息化的标准化体系和评估体系；教育信息资源对全社会开放，初步形成教育信息产业化；利用信息技术优势，构建了中山大学北校区终身化学习体系，促进了中山大学北校区学习型社会的形成，使中山大学北校区的教育信息化工作在全国处于领先水平。

资料来源：http://www.pconline.com.cn/jjfa/jjfa/alfx/0405/374202.html

第一节　网络基础

随着计算机应用的深入，在计算机网络上开展教学，是教育信息化的重要标志，也是教育现代化的突破口。网络教育在我国尚处于起步阶段，其思想理念、网络教育模式、网络教育技术、教学管理与运行机制、网络教学服务体系及质量控制等方面，都处于探索和研究阶段。随着网络技术的不断发展，网络技术基础也将更加科学和完善。网络应用于教育，网络基础的作用也是关键之一。

一、网络基本概念

信息时代，资源共享，个人计算机的硬件和软件配置一般都比较低，其功能也有限，因此，要求大型与巨型计算机的硬件和软件资源，以及它们所管理的信息资源应该为众多的微型计算机所共享，以便充分利用这些资源。这便促使计算机向网络化发展，将分散的计算机连接成网，组成计算机网络。

1. 计算机网络

计算机网络是现代通信技术与计算机技术相结合的产物。所谓计算机网络，就是把分布在不同地理区域的计算机与专门的外部设备用通信线路互联成一个规模大、功能强的网络系统，从而使众多的计算机可以方便地互相传递信息，共享硬件、软件、数据信息等资源。通俗来说，网络就是通过电缆、电话线或无线通信等互联的计算机的集合。

2. 网络的组成

1) 硬件

计算机(主机)，如个人计算机、大型计算机、客户机(Client)或工作站(Workstation)、服务器(Server)等，称为端系统。

通信设备(中间系统)，如交换机和路由器等，为主机转发数据。

接口设备，如网卡、Modem 等，是网络和计算机的接口。

传输介质，如双绞线、同轴电缆、光纤、无线电和卫星链路等。

2) 软件

通协议，即传输规则，如 TCP/IP 等。

应用软件，如 WWW、E-mail、FTP 等。

3. 网络的功能

通过网络，您可以和其他连到网络上的用户一起共享网络资源，如磁盘上的文件及打印机、调制解调器等，也可以和他们互相交换数据信息，如图 7-3 所示。

图 7-3 网络资源共享与数据交换示意图

4. 网络的分类

从网络的作用范围进行分类，可以分为局域网(Local Area Network，LAN)、城域网

(Metropolitan Area Network，MAN)、广域网(Wide Area Network，WAN)。

从网络的交换功能分类，可以分为电路交换、分组交换。

从网络的使用者进行分类，可以分为公用网、专用网。

一般按计算机联网的区域大小，可以把网络分为局域网和广域网。局域网是指在一个较小地理范围内的各种计算机网络设备互联在一起的通信网络，可以包含一个或多个子网，通常局限在几千米的范围之内。如在一个房间、一座大楼，或是在一个校园内的网络就称为局域网。广域网连接地理范围较大，常常是一个国家或是一个洲。其目的是为了让分布较远的各局域网互联。我们平常讲的 Internet 就是最大、最典型的广域网，如图 7-4 所示。

图 7-4　局域网与广域网

二、网络中的地址和协议

Internet 的本质是计算机与计算机之间互相通信并交换信息，只不过大多是小计算机从大计算机获取各类信息。这种通信跟人与人之间信息交流一样必须具备一些条件，比如：您给一位美国朋友写信，首先必须使用一种对方也能看懂的语言，然后还得知道对方的通信地址，才能把信发出去。同样，计算机与计算机之间通信，首先也得使用一种双方都能接受的"语言"——通信协议，然后还得知道计算机彼此的地址，通过协议和地址，计算机与计算机之间就能交流信息，这就形成了网络。

1. TCP/IP 协议

TCP/IP(Transfer Control Protocol/Internet Protocol)协议叫做传输控制/网际协议，又叫做网络通信协议，这个协议是 Internet 国际互联网的基础。

TCP/IP 是网络中使用的基本的通信协议。虽然从名字上看 TCP/IP 包括两个协议：传输控制协议(TCP)和网际协议(IP)，但 TCP/IP 实际上是一组协议，它包括上百个各种功能的协议，如远程登录、文件传输和电子邮件等，而 TCP 协议和 IP 协议是保证数据完整传输的两个基本的协议。通常说 TCP/IP 是 Internet 协议族，而不单单是 TCP 和 IP。

TCP/IP 是用于计算机通信的一组协议，我们通常称它为 TCP/IP 协议族。它是 70 年代中期美国国防部为其 ARPANET 广域网开发的网络体系结构和协议标准，以它为基础组建的 Internet 是目前国际上规模最大的计算机网络，正因为 Internet 的广泛使用，使得 TCP/IP 成了事实上的标准。

之所以说 TCP/IP 是一个协议族，是因为 TCP/IP 协议包括 TCP、IP、UDP、ICMP、RIP、Telnet、FTP、SMTP、ARP、TFTP 等许多协议，这些协议一起称为 TCP/IP 协议。Internet 就是由许多小的网络构成的国际性大网络，在各个小网络内部使用不同的协议，正如不同的国家使用不同的语言，那如何使它们之间能进行信息交流呢？这就要靠网络上的世界语——TCP/IP 协议。

2. IP 地址

语言(协议)我们是有了，那地址怎么办呢？没关系，用网际协议地址(即 IP 地址)就可解决这个问题。它是为标识 Internet 上主机位置而设置的。Internet 上的每一台计算机都被赋予一个世界上唯一的 32 位 Internet 地址(Internet Protocol Address，IP)。

这一地址可用于与该计算机机有关的全部通信。为了方便起见，在应用上我们以 8b 为一单位，组成四组十进制数字来表示每一台主机的位置。

一般的 IP 地址由 4 组数字组成，每组数字介于 0～255 之间。如某一台计算机的 IP 地址可为：202.206.65.115，但不能为 202.206.259.3。

3. 域名地址

尽管 IP 地址能够唯一地标识网络上的计算机，但 IP 地址是数字型的，用户记忆这类数字十分不方便，于是人们又发明了另一套字符型的地址方案，即所谓的域名地址。IP 地址和域名是一一对应的，我们来看一个 IP 地址对应域名地址的例子，譬如：兰州大学的 IP 地址是 202.201.0.131，对应域名地址为 www.lzu.edu.cn。这份域名地址的信息存放在一个叫域名服务器(Domain Name Server，DNS)的主机内，使用者只需了解易记的域名地址，其对应转换工作就留给了域名服务器 DNS。DNS 就是提供 IP 地址和域名之间的转换服务的服务器。

4. 域名地址的意义

域名地址是从右至左来表述其意义的，最右边的部分为顶层域，最左边的则是这台主机的机器名称。一般域名地址可表示为：主机机器名.单位名.网络名.顶层域名。如：dns.lzu.edu.cn，这里的 dns 是兰州大学的一个主机的机器名，lzu 代表兰州大学，edu 代表中国教育科研网，cn 代表中国。顶层域一般是网络机构或所在国家地区的名称缩写。

域名由两种基本类型组成：以机构性质命名的域和以国家地区代码命名的域。常见的以机构性质命名的域，一般由三个字符组成，如表示商业机构的"com"，表示教育机构的"edu"等。以机构性质或类别命名的域如表 7-1 所示。

以国家或地区代码命名的域，一般用两个字符表示，是为世界上每个国家和一些特殊的地区设置的，如中国为"cn"，香港为"hk"，日本为"jp"，美国为"us"等。但是，美国国内很少用"us"作为顶级域名，而一般都使用以机构性质或类别命名的域名。

表 7-1　以机构性质或类别命名的域

域　名	含　义
Com	商业机构
Edu	教育机构
Gov	政府部门
Mil	军事机构
Net	网络组织
Int	国际机构(主要指北约)
Org	其他非营利组织

5. 统一资源定位器

统一资源定位器，又称 URL(Uniform Resource Locator)，是专为标识 Internet 网上资源位置而设的一种编址方式。我们平时所说的网页地址指的即是 URL，它一般由三部分组成：传输协议://主机 IP 地址或域名地址/资源所在路径和文件名。如今日上海联线的 URL 为：http://china-window.com/shanghai/news/wnw.html，这里 http 指超文本传输协议，china-window.com 是其 Web 服务器域名地址，shanghai/news 是网页所在路径，wnw.html 才是相应的网页文件。

标识 Internet 网上资源位置的三种方式如下。

➢　IP 地址：202.206.64.33。

➢　域名地址：dns.hebust.edu.cn。

➢　URL：http://china-window.com/shanghai/news/wnw.html。

下面是常见的 URL 中定位和标识的服务或文件。

➢　http：文件在 Web 服务器上。

➢　file：文件在您自己的局部系统或匿名服务器上。

➢　ftp：文件在 FTP 服务器上。

➢　gopher：文件在 Gopher 服务器上。

➢　wais：文件在 Wais 服务器上。

➢　news：文件在 Usenet 服务器上。

➢　telnet：连接到一个支持 Telnet 远程登录的服务器上。

第二节　局　域　网

由于局域网覆盖有限的地理范围，它适用于公司、机关、校园、工厂等有限范围内的计算机、终端与各类信息处理设备联网的需求；提供高数据传输速率(10Mbps～10Gbps)、低误码率的高质量数据传输环境；一般属于一个单位所有，易于建立、维护与扩展等自身的优势，使得它在教育中应用很广。

一、构成局域网的基本构件

要构成 LAN，必须有其基本部件。LAN 既然是一种计算机网络，自然少不了计算机，特别是个人计算机(PC)。几乎没有一种网络只由大型机或小型机构成。因此，对于 LAN 而言，个人计算机是一种必不可少的构件。计算机互连在一起，当然也不可能没有传输媒体，这种媒体可以是同轴电缆、双绞线、光缆或辐射性媒体。第三个构件是任何一台独立计算机通常都不配备的网卡，也称为网络适配器，但在构成 LAN 时，则是不可少的部件。第四个构件是将计算机与传输媒体相连的各种连接设备，如 RJ-45 插头座等。具备了上述四种网络构件，便可将 LAN 工作组的各种设备用媒体互联在一起搭成一个基本的 LAN 硬件平台，如图 7-5 所示。

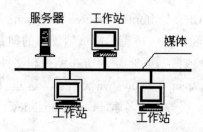

图 7-5　基本的 LAN 硬件平台

有了 LAN 硬件环境，还需要控制和管理 LAN 正常运行的软件，即谓 NOS 是在每个 PC 原有操作系统上增加网络所需的功能。例如，当需要在 LAN 上使用字处理程序时，用户的感觉犹如没有组成 LAN 一样，这正是 LAN 操作发挥了对字处理程序访问的管理功能。在 LAN 情况下，字处理程序的一个拷贝通常保存在文件服务器中，并由 LAN 上的任何一个用户共享。由上面的介绍可知，组成 LAN 需要下述 5 种基本结构：计算机(特别是 PC)、传输媒体、网络适配器、网络连接设备、网络操作系统。

二、局域网的传输媒体

LAN 常用的媒体有同轴电缆、双绞线和光缆，以及在无线 LAN 情况下使用的辐射媒体。LAN 技术在发展过程中，首先使用的是粗同轴电缆，其直径近似 13mm(1/2 英寸)，特性阻抗为 50 欧姆。由于这种电缆很重，缺乏挠性以及价格高等问题，随后出现了细缆，其直径为 6.4mm(1/4 英寸)，特性阻抗也是 50Ω。使用粗缆构成的 Ethernet 称为粗缆 Ethernet，使用细缆的 Ethernet 称为细缆 Ethernet。在 80 年代后期广泛采用了双绞线作为传输媒体的技术，既 10Base-T 以及其他 LAN 实现技术。为将 LAN 的范围进一步扩大，随后又出现了 10Base-F，这种技术是使用光纤构成链路段，使用距离可延长到 2km，但速率仍为 10Mbps。FDDI 则是与 IEEE 802.3、IEEE 802.4 和 IEEE 802.5 完全不同的新技术，构成 FDDI 的媒体，不仅是光纤，而且访问媒体的机制有了新的提高，传输速率可达 100Mbps。这里就这些实现技术所用的媒体逐一进行介绍。

1. 同轴电缆

同轴电缆可分为两类：粗缆和细缆。这种电缆在实际应用中很广泛，比如有线电视网，就是使用同轴电缆。不论是粗缆还是细缆，其中央都是一根铜线，外面包有绝缘层。同轴电缆由内部导体环绕绝缘层以及绝缘层外的金属屏蔽网和最外层的护套组成，如图 7-6 所示。这种结构的金属屏蔽网可防止中心导体向外辐射电磁场，也可用来防止外界电磁场干扰中心导体的信号。

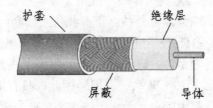

图 7-6　同轴电缆结构示意图

2. 双绞线

双绞线(Twisted Pairwire，TP)是布线工程中最常用的一种传输介质。双绞线是由相互按一定扭矩绞合在一起的类似于电话线的传输线缆，每根线加绝缘层并有色标来标记，如图 7-7 所示(左图为示意图，右图为实物图)。成对线的扭绞旨在使电磁辐射和外部电磁干扰减到最小。目前，双绞线可分为非屏蔽双绞线(Unshilded Twisted Pair，UTP)和屏蔽双绞线(Shielded Twisted Pair，STP)。我们平时接触比较多的是 UTP 线。

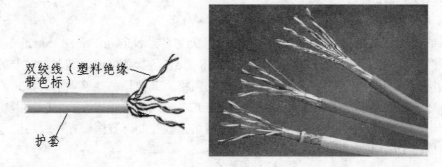

图 7-7　双绞线结构示意图

3. 光缆

光缆不仅是目前可用的媒体，而且是今后若干年后将会继续使用的媒体，其主要原因是这种媒体具有很大的带宽。光缆是由许多细如发丝的塑胶或玻璃纤维外加绝缘护套组成，光束在玻璃纤维内传输，防磁防电，传输稳定，质量高，适于高速网络和骨干网，如图 7-8 所示。光纤与电导体构成的传输媒体最基本的差别是，其传输信息是光束，而非电气信号。因此，光纤传输的信号不受电磁的干扰。

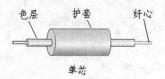

色层　护套　纤心

单芯

图 7-8　光缆结构示意图

4．无线媒体

上述三种传输媒体有一个共同的缺点，那便是都需要一根线缆连接计算机，这在很多场合下是不方便的。无线媒体不使用电子或光学导体。大多数情况下，地球的大气便是数据的物理性通路。从理论上讲，无线媒体最好应用于难以布线的场合或远程通信。无线媒体有三种主要类型：无线电、微波及红外线。下面我们主要介绍无线电传输介质。

无线电的频率范围在 10～16kHz 之间。在电磁频谱里，属于"对频"。使用无线电的时候，需要考虑的一个重要问题是，电磁波频率的范围(频谱)是相当有限的。其中大部分都已被电视、广播以及重要的政府和军队系统占用。因此，只有很少一部分留给网络计算机使用，而且这些频率也大部分都由国内"无线电管理委员会(无委会)"统一管制。要使用一个受管制的频率必须向无委会申请许可证，这在一定程度上会相当不便。如果设备使用的是未经管制的频率，则功率必须在 1W 以下，这种管制目的是限制设备的作用范围，从而限制对其他信号的干扰。用网络术语来说，这相当于限制了未管制无线电的通信带宽。下面这些频率是未受管制的：902～925MHz；2.4GHz(全球通用)；5.72～5.85GHz。

无线电波可以穿透墙壁，也可以到达普通网络线缆无法到达的地方。针对无线电链路连接的网络，现在已有相当坚实的工业基础，在业界也得到迅速发展。

三、网络适配器

网络适配器又称网卡或网络接口卡(NIC)，其英文名为 Network Interface Card。它是使计算机联网的设备。平常所说的网卡就是将 PC 和 LAN 连接的网络适配器。网卡插在计算机主板插槽中，负责将用户要传递的数据转换为网络上其他设备能够识别的格式，通过网络介质传输。它的主要技术参数为带宽、总线方式、电气接口方式等。它的基本功能为：从并行到串行的数据转换，包的装配和拆装，网络存取控制，数据缓存和网络信号。目前主要是 8 位和 16 位网卡。

1．网卡必须具备两大技术

网卡必须具备的两大技术是网卡驱动程序和 I/O 技术。驱动程序使网卡和网络操作系统兼容，实现 PC 与网络的通信。I/O 技术可以通过数据总线实现 PC 和网卡之间的通信。网卡是计算机网络中最基本的元素。在计算机局域网络中，如果有一台计算机没有网卡，那么这台计算机将不能和其他计算机通信，也就是说，这台计算机和网络是孤立的。

2．网卡的不同分类

根据网络技术的不同，网卡的分类也有所不同，如大家所熟知的 ATM 网卡、令牌环网卡和以太网网卡等。据统计，目前约有 80％的局域网采用以太网技术。这种网卡是根据工作对象的不同务器的工作特点而专门设计的，价格较贵，但性能很好。就兼容网卡而言，目前，网卡一般分为普通工作站网卡和服务器专用网卡。服务器专用网卡种类较多，性能也有差异，可按以下标准进行分类：按网卡所支持带宽的不同可分为 10Mb 网卡、100Mb 网卡、10/100Mb 自适应网卡、1000Mb 网卡等几种；根据网卡总线类型的不同，主要分为 ISA 网卡、EISA 网卡和 PCI 网卡三大类，其中 ISA 网卡和 PCI 网卡较常使用。ISA 总线网卡的带宽一般为 10Mb，PCI 总线网卡的带宽从 10Mb 到 1000Mb 都有。同样是 10Mb 网卡，因为 ISA 总线为 16 位，而 PCI 总线为 32 位，所以 PCI 网卡要比 ISA 网卡快。

3. 网卡的接口类型

根据传输介质的不同，网卡出现了 AUI 接口(粗缆接口)、BNC 接口(细缆接口)和 RJ-45 接口(双绞线接口)三种接口类型。所以在选用网卡时，应注意网卡所支持的接口类型，否则可能不适用于你的网络。市面上常见的 10Mb 网卡主要有单口网卡(RJ-45 接口或 BNC 接口)和双口网卡(RJ-45 和 BNC 两种接口)，带有 AUI 粗缆接口的网卡较少。而 100Mb 和 1000Mb 网卡一般为单口卡(RJ-45 接口)。除网卡的接口外，我们在选用网卡时还要注意网卡是否支持无盘启动。必要时还要考虑网卡是否支持光纤连接。图 7-9 所示为网卡实物。

图 7-9   网卡类型实物展示

四、局域网连接设备

1. 集线器

集线器(Hub)是对网络进行集中管理的最小单元，像树的主干一样，它是各分支的汇集点。Hub 是一个共享设备，其实质是一个中继器，而中继器的主要功能是对接收到的信号进行再生放大，以扩大网络的传输距离。正是因为 Hub 只是一个信号放大和中转的设备，所以它不具备自动寻址能力，即不具备交换作用。所有传到 Hub 的数据均被广播到与之相连的各个端口，容易形成数据堵塞，因此有人称集线器为"傻 Hub"。

1) Hub 在网络中所处的位置

Hub 主要用于共享网络的组建，是解决从服务器直接到桌面的最佳，最经济的方案。

在交换式网络中，Hub 直接与交换机相连，将交换机端口的数据送到桌面。使用 Hub 组网灵活，它处于网络的一个星型节点，对节点相连的工作站进行集中管理，不让出问题的工作站影响整个网络的正常运行，并且用户的加入和退出也很自由。

2）Hub 的分类

依据总线带宽的不同，Hub 分为 10Mb、100Mb 和 10/100Mb 自适应三种；按配置形式的不同可分为独立型 Hub、模块化 Hub 和堆叠式 Hub 三种；根据管理方式可分为智能型 Hub 和非智能型 Hub 两种。目前所使用的 Hub 基本是以上三种分类的组合，例如我们经常所讲的 10/100Mb 自适应智能型可堆叠式 Hub 等。Hub 根据端口数目的不同主要有 8 口、16 口和 24 口等。

3）Hub 在组网中的应用

由于 10Mb 非智能型 Hub 的价格已经接近于网卡的价格，并且 10Mb 的网络对传输介质及布线的要求也不高，所以许多喜欢 DIY 的网友完全可以自己动手，组建自己的家庭局域网或办公局域网。在前些年组建的网络中，10Mb 网络几乎成为网络的标准配置，有相当数量的 10Mb Hub 作为分散式布线中为用户提供长距离信息传输的中继，或作为小型办公室的网络核心。但这种应用在今天已不再是主流，尤其是随着 100Mb 网络的日益普及，10Mb 网络及其设备将会越来越少。图 7-10 为集线器的实物图。

图 7-10 不同类型集线器展示

2. 交换机

1993 年，局域网交换设备出现，1994 年，国内掀起了交换网络技术的热潮。其实，交换技术是一个具有简化、低价、高性能和高端口密集特点的交换产品，体现了桥接技术的复杂交换技术在 OSI 参考模型的第二层操作。与桥接器一样，交换机按每一个包中的 MAC 地址相对简单地决策信息转发。而这种转发决策一般不考虑包中隐藏的更深的其他信息。与桥接器不同的是交换机转发延迟很小，操作接近单个局域网性能，远远超过了普通桥接互联网络之间的转发性能。

交换技术允许共享型和专用型的局域网段进行带宽调整，以减轻局域网之间信息流通出现的瓶颈问题。现在已有以太网、快速以太网、FDDI 和 ATM 技术的交换产品。

类似传统的桥接器，交换机提供了许多网络互联功能。交换机能经济地将网络分成小的冲突网域，为每个工作站提供更高的带宽。协议的透明性使得交换机在软件配置简单的情况下直接安装在多协议网络中；交换机使用现有的电缆、中继器、集线器和工作站的网卡，不必作高层的硬件升级；交换机对工作站是透明的，这样管理开销低廉，简化了网络节点的增加、移动和网络变化的操作。

利用专门设计的集成电路可使交换机以线路速率在所有的端口并行转发信息，提供了比传统桥接器高得多的操作性能。如理论上单个以太网端口对含有 64 个八进制数的数据包，可提供 14880bps 的传输速率。这意味着一台具有 12 个端口、支持 6 道并行数据流的"线路速率"以太网交换器必须提供 89280bps 的总体吞吐率(6 道信息流×14880bps/道信息流)。专用集成电路技术使得交换器在更多端口的情况下以上述性能运行，其端口造价低于传统型桥接器。

3. 路由器

在互联网日益发展的今天，是什么把网络相互连接起来？是路由器。路由器在互联网中扮演着十分重要的角色，那么什么是路由器呢？通俗地讲，路由器是互联网的枢纽、"交通警察"。路由器的定义是：用来实现路由选择功能的一种媒介系统设备。所谓路由就是指通过相互连接的网络把信息从源地点移动到目标地点的活动。一般来说，在路由过程中，信息至少会经过一个或多个中间节点。通常，人们会把路由和交换进行对比，这主要是因为在普通用户看来两者所实现的功能是完全一样的。其实，路由和交换之间的主要区别就是交换发生在 OSI 参考模型的第二层(数据链路层)，而路由发生在第三层，即网络层。这一区别决定了路由和交换在移动信息的过程中需要使用不同的控制信息，所以两者实现各自功能的方式是不同的。

路由器是互联网的主要节点设备。路由器通过路由决定数据的转发。转发策略称为路由选择(Routing)，这也是路由器名称的由来(Router，转发者)。作为不同网络之间互相连接的枢纽，路由器系统构成了基于 TCP/IP 的国际互联网 Internet 的主体脉络，也可以说，路由器构成了 Internet 的骨架。它的处理速度是网络通信的主要瓶颈之一，它的可靠性则直接影响着网络互联的质量。因此，在园区网、地区网乃至整个 Internet 研究领域中，路由器技术始终处于核心地位，其发展历程和方向，成为整个 Internet 研究的一个缩影。图 7-11 所示为一款 3COM 路由器。

图 7-11　3COM 路由器

五、常见局域网的类型

我们知道，局域网(Local Area Network，LAN)是将小区域内的各种通信设备互联在一起所形成的网络，覆盖范围一般局限在房间、大楼或园区内。局域网的特点是：距离短、延迟小、数据速率高、传输可靠。

目前常见的局域网类型包括：以太网(Ethernet)、光纤分布式数据接口(FDDI)、异步传输模式(ATM)、令牌环网(Token Ring)、交换网 Switching 等，它们在拓扑结构、传输介质、传输速率、数据格式等多方面都有许多不同。其中应用最广泛的当属以太网——一种总线结构的 LAN，是目前发展最迅速也最经济的局域网。我们这里简单对以太网、光纤分布式数据接口、异步传输模式进行介绍。

1. 以太网

Ethernet 是 Xerox、Digital Equipment 和 Intel 三家公司开发的局域网组网规范，并于 80 年代初首次出版，称为 DIX 1.0。1982 年修改后的版本为 DIX 2.0。这三家公司将此规范提交给 IEEE(电子电气工程师协会)802 委员会，经过 IEEE 成员的修改并通过，变成了 IEEE 的正式标准，并编号为 IEEE 802.3。Ethernet 和 IEEE 802.3 虽然有很多规定不同，但 Ethernet 通常认为与 802.3 是兼容的。IEEE 将 802.3 标准提交国际标准化组织(ISO)第一联合技术委员会(JTC1)，再次经过修订变成了国际标准 ISO 8802.3。

早期局域网技术的关键是如何解决连接在同一总线上的多个网络节点有秩序地共享一个信道的问题，而以太网络正是利用载波监听多路访问/碰撞检测(CSMA/CD)技术成功地提高了局域网络共享信道的传输利用率，从而得以发展和流行的。交换式快速以太网及千兆以太网是近几年发展起来的先进的网络技术，使以太网络成为当今局域网应用较为广泛的主流技术之一。随着电子邮件数量的不断增加，以及网络数据库管理系统和多媒体应用的不断普及，迫切需要高速高带宽的网络技术，交换式快速以太网技术便应运而生。快速以太网及千兆以太网从根本上讲还是以太网，只是速度较快。它基于现有的标准和技术(IEEE 802.3 标准，CSMA/CD 介质存取协议，总线型或星型拓扑结构，支持细缆、UTP、光纤介质，支持全双工传输)，可以使用现有的电缆和软件，因此它是一种简单、经济、安全的选择。然而，以太网络在发展早期所提出的共享带宽、信道争用机制极大地限制了网络后来的发展，即使是近几年发展起来的链路层交换技术(即交换式以太网技术)和提高收发时钟频率(即快速以太网技术)也不能从根本上解决这一问题，具体表现在以下几方面。

(1) 以太网提供的是一种所谓"无连接"的网络服务，网络本身对所传输的信息包无法进行诸如交付时间、包间延迟、占用带宽等关于服务质量的控制，因此没有服务质量保证(Quality of Service)。

(2) 对信道的共享及争用机制导致信道的实际利用带宽远低于物理提供的带宽，因此带宽利用率低。

除以上两点以外，以太网传输机制所固有的对网络半径、冗余拓扑和负载平衡能力的限制以及网络的附加服务能力薄弱等，也都是以太网络的不足之处。但以太网具有成熟的技术、广泛的用户基础和较高的性价比，仍是传统数据传输网络应用中较为优秀的解决方案。

下面介绍以太网的几个术语。

以太网根据不同的媒体可分为：10Base-2、10Base-5、10Base-T 及 10Base-FL。10Base-2 以太网是采用细同轴电缆组网，最大的网段长度是 200m，每网段节点数是 30，它是相对最便宜的系统；10Base-5 以太网是采用粗同轴电缆，最大网段长度为 500m，每网段节点数是 100，它适合用于主干网；10Base-T 以太网是采用双绞线，最大网段长度为 100m，每网段节点数是 1024，它的特点是易于维护；10Base-FL 以太网采用光纤连接，最大网段长度是 2000m，每网段节点数为 1024，此类网络最适于在楼间使用。

交换以太网：其支持的协议仍然是 IEEE 802.3/以太网，但提供多个单独的 10Mbps 端口。它与原来的 IEEE 802.3/以太网完全兼容，并且克服了共享 10Mbps 带来的网络效率下降问题。

100Base-T 快速以太网与 10Base-T 的区别在于将网络的速率提高了 10 倍，即 100Mb。采用了 FDDI 的 PMD 协议，但价格比 FDDI 便宜。100Base-T 的标准由 IEEE 802.3 制定。与 10Base-T 采用相同的媒体访问技术、类似的布线规则和相同的引出线，易于与 10Base-T 集成。每个网段只允许两个中继器，最大网络跨度为 210m。

2. FDDI 网络

光纤分布数据接口(FDDI)是目前成熟的 LAN 技术中传输速率最高的一种。这种传输速率高达 100Mb/s 的网络技术所依据的标准是 ANSIX3T9.5。该网络具有定时令牌协议的特性，支持多种拓扑结构，传输媒体为光纤。使用光纤作为传输媒体具有多种优点。

(1) 较长的传输距离。相邻站间的最大长度可达 2km，最大站间距离为 200km。

(2) 具有较大的带宽。FDDI 的设计带宽为 100Mb/s。

(3) 具有对电磁和射频干扰的抑制能力，在传输过程中不受电磁和射频噪声的影响，也不影响其设备。

(4) 光纤可防止传输过程中被分接偷听，也杜绝了辐射波的窃听，因而是最安全的传输媒体。

FDDI 是一种使用光纤作为传输介质的、高速的、通用的环型网络。它能以 100Mbps 的速率跨越长达 100km 的距离，连接多达 500 个设备，既可用于城域网络，也可用于小范围局域网。FDDI 采用令牌传递的方式解决共享信道冲突问题，与共享式以太网的 CSMA/CD 的效率相比在理论上要稍高一些(但仍远比不上交换式以太网)，采用双环结构的 FDDI 还具有链路连接的冗余能力，因而非常适于做多个局域网络的主干。然而 FDDI 与以太网一样，其本质仍是介质共享、无连接的网络，这就意味着它仍然不能提供服务质量保证和更高的带宽利用率。在少量站点通信的网络环境中，它可达到比共享以太网稍高的通信效率，但随着站点的增多，效率会急剧下降，这时候无论从性能和价格都无法与交换式以太网、ATM 网相比。交换式 FDDI 可提高介质共享效率，但同交换式以太网一样，这一提高也是有限的，不能解决本质问题。另外，FDDI 有两个突出的问题极大地影响了这一技术的进一步推广：一个是其居高不下的建设成本，特别是交换式 FDDI 的价格甚至会高于某些 ATM 交换机；另一个是其停滞不前的组网技术，由于网络半径和令牌长度的制约，现有条件下 FDDI 将不可能出现高出 100Mb 的带宽。面对不断降低成本同时在技术上不断发展创新的 ATM 和快速交换以太网技术的激烈竞争，FDDI 的市场占有率逐年缩减。据相关部门统计，现在各大型院校、教学院所、政府职能机关建立局域或城域网络的设计倾向较为集中的在 ATM 和快速以太网这两种技术上，原先建立较早的 FDDI 网络，也在向星型、交换式的其他网络技术过渡。

3. ATM 网络

随着人们对集话音、图像和数据为一体的多媒体通信需求的日益增加，特别是为了适应今后信息高速公路建设的需要，人们又提出了宽带综合业务数字网(B-ISDN)这种全新的通信网络，而 B-ISDN 的实现需要一种全新的传输模式，此即异步传输模式(ATM)。1990年，国际电报电话咨询委员会(CCITT)正式建议将 ATM 作为实现 B-ISDN 的一项技术基础，这样，以 ATM 为机制的信息传输和交换模式也就成为电信和计算机网络操作的基础和 21世纪通信的主体之一。尽管目前世界各国都在积极开展 ATM 技术研究和 B-ISDN 的建设，但以 ATM 为基础的 B-ISDN 的完善和普及却还要等到下一世纪，所以称 ATM 为一项跨世纪的新兴通信技术。不过，ATM 技术仍然是当前国际网络界所注意的焦点，其相关产品的开发也是各厂商想要抢占的网络市场的一个制高点。

ATM 是目前网络发展的最新技术，它采用基于信元的异步传输模式和虚电路结构，根本上解决了多媒体的实时性及带宽问题。它实现了面向虚链路的点到点传输，通常提供155Mbps 的带宽。它既汲取了话务通信中电路交换的"有连接"服务和服务质量保证，又保持了以太网、FDDI 等传统网络中带宽可变、适于突发性传输的灵活性，从而成为迄今为止适用范围最广、技术最先进、传输效果最理想的网络互联手段。ATM 技术具有如下特点。

(1) 实现网络传输有连接服务，实现服务质量保证(QoS)。

(2) 交换吞吐量大、带宽利用率高。

(3) 具有灵活的组网拓扑结构和负载平衡能力，伸缩性、可靠性极高。

(4) ATM 是现今唯一可同时应用于局域网、广域网两种网络应用领域的网络技术，它将局域网与广域网技术进行了统一。

4. 其他局域网

令牌环是 IBM 公司于 80 年代初开发成功的一种网络技术。之所以称为环，是因为这种网络的物理结构具有环的形状。环上有多个站逐个与环相连，相邻站之间是一种点对点的链路，因此令牌环与广播方式的 Ethernet 不同，它是一种顺序向下一站广播的 LAN。与Ethernet 不同的另一个诱人的特点是，即使负载很重，仍具有确定的响应时间。令牌环所遵循的标准是 IEEE 802.5，它规定了三种操作速率：1Mb/s、4Mb/s 和 16Mb/s。开始时，UTP电缆只能在 1Mb/s 的速率下操作，STP 电缆可操作在 4Mb/s 和 16Mb/s 下，现已有多家厂商的产品突破了这种限制。

交换网是随着多媒体通信以及客户/服务器(Client/Server)体系结构的发展而产生的，由于网络传输变得越来越拥挤，传统的共享 LAN 难以满足用户需要。曾经采用的网络区段化，由于区段越多，路由器等连接设备投资越大，同时众多区段的网络也难以管理。

当网络用户数目增加时，如何保持网络在拓展后的性能及其可管理性呢？网络交换技术就是一个新的解决方案。

传统的共享媒体局域网依赖桥接/路由选择，交换技术却为终端用户提供专用点对点连接，它可以把一个提供"一次一用户服务"的网络，转变成一个平行系统，同时支持多对通信设备的连接，即每个与网络连接的设备均可独立与交换机连接。

第三节 网 络 互 联

一、网络拓扑结构

网络拓扑结构是指用传输媒体互联各种设备的物理布局。将参与 LAN 工作的各种设备用媒体互联在一起有多种方法，实际上只有几种方式能适合 LAN 的工作。

如果一个网络只连接几台设备，最简单的方法是将它们都直接相连在一起，这种连接称为点对点连接。用这种方式形成的网络称为全互联网络，如图 7-12 所示。

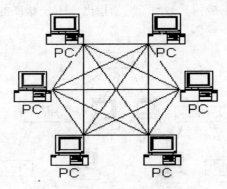

图 7-12 对点连接网络

图中有 6 个设备，在全互联情况下，需要 15 条传输线路。如果要连的设备有 n 个，所需线路将达到 $n(n-1)/2$ 条!显而易见，这种方式只有在涉及地理范围不大、设备数很少的条件下才有使用的可能。即使属于这种环境，在 LAN 技术中也不使用。我们所说的拓扑结构，是因为当需要通过互联设备(如路由器)互联多个 LAN 时，将有可能遇到这种广域网(WAN)的互联技术。目前大多数网络使用的拓扑结构有 3 种：星型拓扑结构、环型拓扑结构、总线型拓扑结构。

1. 星型拓扑结构

星型结构是最古老的一种连接方式，大家每天都使用的电话就是这种结构，如图 7-13 所示。其中，图(a)为电话网的星型结构，图(b)为目前使用最普遍的以太网星型结构，处于中心位置的网络设备称为集线器，英文名为 Hub。

以 Hub 为中心的结构便于集中控制，因为端用户之间的通信必须经过中心站。由于这一特点，也带来了易于维护和安全等优点。端用户设备因为故障而停机时也不会影响其他端用户间的通信。但这种结构非常不利的一点是，中心系统必须具有极高的可靠性，因为中心系统一旦损坏，整个系统便趋于瘫痪。对此中心系统通常采用双机热备份，以提高系统的可靠性。

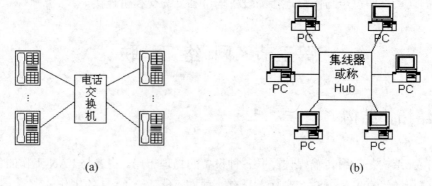

(a)   (b)

图 7-13   星型拓扑结构

这种网络拓扑结构的一种扩充便是星型树，如图 7-14 所示。每个 Hub 与端用户的连接仍为星型，Hub 的级联而形成树。然而，应当指出，Hub 级联的个数是有限制的，并随厂商的不同而有变化。

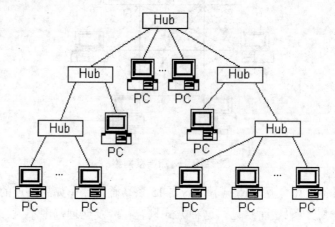

图 7-14   电话网的星型结构

还应指出，以 Hub 构成的网络结构，虽然呈星型布局，但它使用的访问媒体的机制却仍是共享媒体的总线方式。

2. 环型网络拓扑结构

环型结构在 LAN 中使用较多。这种结构中的传输媒体从一个端用户到另一个端用户，直到将所有端用户连成环形，如图 7-15 所示。这种结构显而易见消除了端用户通信时对中心系统的依赖性。

环型结构的特点是：每个端用户都与两个相邻的端用户相连，因而存在着点到点链路，但总是以单向方式操作。于是，便有上游端用户和下游端用户之称。如图，用户 N 是用户 $N+1$ 的上游端用户，$N+1$ 是 N 的下游端用户。如果 $N+1$ 端需将数据发送到 N 端，则几乎要绕环一周才能到达 N 端。

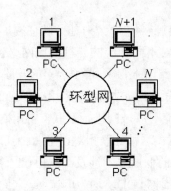

图 7-15　环型网络拓扑结构

环上传输的任何报文都必须穿过所有端点，因此，如果环的某一点断开，环上所有端点间的通信便会终止。为克服这种网络拓扑结构的脆弱，每个端点除与一个环相连外，还连接到备用环上，当主环故障时，自动转到备用环上。

3. 总线型拓扑结构

总线结构是使用同一媒体或电缆连接所有端用户的一种方式，也就是说，连接端用户的物理媒体由所有设备共享，如图 7-16 所示。使用这种结构必须解决的一个问题是确保端用户使用媒体发送数据时不能出现冲突。在点到点链路配置时，这是相当简单的。如果这条链路是半双工操作，只需使用很简单的机制便可保证两个端用户轮流工作。在一点到多点方式中，对线路的访问依靠控制端的探询来确定。然而，在 LAN 环境下，由于所有数据站都是平等的，不能采取上述机制。对此，研究了一种在总线共享型网络使用的媒体访问方法——带有碰撞检测的载波侦听多路访问，英文缩写为 CSMA/CD。

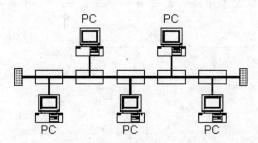

图 7-16　总线型拓扑结构

这种结构具有费用低、数据端用户入网灵活、站点或某个端用户失效不影响其他站点或端用户通信的优点。缺点是一次仅能一个端用户发送数据，其他端用户必须等待到获得发送权；媒体访问获取机制较复杂。尽管有上述一些缺点，但由于其布线要求简单，扩充容易，端用户失效、增删不影响全网工作，所以是网络技术中使用最普遍的一种。

二、网络互联的方式

由于互联网络的规模不一样，网络互联有以下几种形式。

(1) 局域网的互联。由于局域网种类较多(如令牌环网、以太网等)，使用的软件也较多，因此局域网的互联较为复杂。对不同标准的异种局域网来讲，既可实现从低层到高层的互联，也可只实现低层(在数据链路层上，例如网桥)上的互联。

(2) 局域网与广域网的互联。不同地方(可能相隔很远)的局域网要借助于广域网互联。这时每个独立工作的局域网都能与广域网进行互联，常用网络接入、网络服务和协议功能。

(3) 广域网与广域网的互联。这种互联相对以上两种互联要容易些。这是因为广域网的协议层次常处于 OSI 七层模型的低层，不涉及高层协议。著名的 X.25 标准就是实现 X.25 网络互连的协议。帧中继与 X.25 网、DDN 均为广域网。它们之间的互联属于广域网的互联，目前没有公开的统一标准。

本 章 小 结

网络应用于教育，技术基础很重要。本章主要介绍了网络技术基础，包括网络的基本概念和网络的地址、网络协议等相关内容，阐述了局域网的构成及其传输媒体、网络适配器、连接设备、连接类型等。最后介绍了网络拓扑结构的类型和网络互联的方式。

【思考与练习】

1. 构成局域网的基本构件有_____、_____、_____、_____、_____。

2. 网络常用的传输媒体有_____、_____、_____(列举 3 种)。

3. 网络适配器又称_____或_____，英文简写为_____。

4. 目前常见的局域网类型有_____、_____、_____(列举 3 种)。

【推荐阅读】

1. 陈志荣. 实用计算机网络技术教程[M]. 北京：电子工业出版社，2001.

2. 姚幼敏. 组网技术实训教程[M]. 广州：华南理工大学出版社，2005.

3. 沈立强. 计算机网络技术与应用[M]. 北京：中国铁道出版社，2007.

4. 骆耀祖. 计算机网络实用教程[M]. 北京：机械工业出版社，2005.

5. 聂真理，李秀琴，李啸. 计算机网络基础教程[M]. 北京：北京工业大学出版社，2005.

6. 张剑平，杨传斌. Internet 与网络教育应用[M]. 北京：科学出版社，2002.

7. http://www.17xie.com/read-2736.html.

8. http://www.jswl.cn/course/A1013/wljczs/index0201.htm.

9. http://www.jswl.cn/course/A1013/wljczs/index0201.htm.

10. http://www.jswl.cn/course/A1013/wljczs/index0201.htm.

第八章　网络教育资源

本章学习目标

➤ 网络教育资源的内涵

➤ 网络教育资源的特点及类型

➤ 网络教育资源的获取方法及获取工具

➤ 网络教育资源的建设

 核心概念

网络教育资源(Web-based Education Resources)；资源获取(Resource Acquisition)；资源建设(Resource Development)

 引导案例

"国家现代远程教育资源库" 系统建设情况简介

"国家现代远程教育资源库"系统是教育部"国家现代远程教育资源库工程建设"项目的主要成果，是以中央电大中央资源库为核心，以电大系统和普通高校为主要依托建立起来的"资源优化配置，促进优秀资源利用和共享"的国家级资源库平台。

一、系统建设实施情况介绍

1. 实施过程

资源库用户需求调研：联合北京师范大学教育技术系、中央电大远研所，通过访谈与问卷调研进行了比较全面的用户调研。

同类系统比较分析：对目前国内比较成熟的同类系统如国家基础教育资源库、中国知网 CNKI 项目、清华同方 NERRP(国家级教育资源库建设研究)项目、高教社学科资源库、国之源、K12 等进行了深入的比较分析。

资源库相关标准研究：与全国信息技术标准化技术委员会教育技术分技术委员会合作，邀请教育部参与教育技术标准制定的相关专家参与指导，参考了国内外的 LOM、Dublin Core、CELTS 等标准，制定了《国家现代远程教育资源库资源建设规范》。

2. 阶段性成果

(1) 在中央电大教务处、远程教育研究所、音像社、图书馆等单位的大力配合下，已完成《国家现代远程教育资源库资源建设规范》试用稿，全文分：总则、评价分册、技术分册、元数据规范分册、规范应用指南五部分。并得到了全国信息技术委员会教育技术分技术委员会及教育技术专家的认可。

(2) 资源编目入库情况，如表 8-1 所示。

表 8-1　资源库入库资源统计表

资源来源	数　量	实物库	已入库	计划入库
中央电大	60 517	41 897	38 547	45 000
地方电大	0	150	97	1 500
普通高校及网院	2 000	750	750	1 500
行业培训资源	0	350	134	2 000
国外教育资源	3 169	2 503	2 503	3 000
公共素材	0	0	864	50 000
总计	65 686	45 650	42 895	103 000

说明：详细内容见《"国家现代远程教育资源库"资源目录索引(第一期)》。

二、资源库系统结构及主要组成部分介绍

1. 系统结构

国家远程教育资源库系统是一个分布式资源库系统，由中央资源库和遍布各地的分布式节点资源库共同组成。各分布式节点资源库，通过目录同步机制、授权共享机制、交易交换机制等结合成联系紧密的资源库群，如图 8-1 所示。

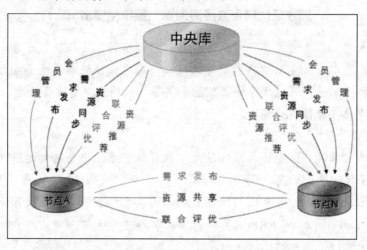

图 8-1　国家远程教育资源库系统结构图

2. 系统主要组成部分功能定位

(1) 中央资源库。它是系统的核心资源库，也是远程教育资源门户网站、资源超市、资源集散地；它整合、推广国内外优质远程教育资源，为节点资源库用户服务，为其他远程教育单位及社会学习者提供资源服务。

(2) 节点资源库。它为开展远程教学、自主学习的机构与个人提供资源支撑环境，是资源共享、供求信息发布、交易交换的平台，也是校内教学资源进行规范化管理的工具。

三、资源库系统主要功能特点

(1) 资源的分类符合国家规范，编目信息完整，使共建共享成为可能。

(2) 资源库分四层结构(专题资源库、专业资源库、课程资源库、媒体资源库)，符合资源的技术的唯一性和教学应用的多样性特点。专题资源包含专业、课程与单个的媒体资源内容；专业引用课程和媒体资源；课程由媒体资源组成。形成了以媒体资源为基本单位，以课程为基本教学单元，以专业为学习目标，专题代表着特定的应用的方向的资源结构。通过这种方式，实现了资源的基本单元与整体知识的融合，将资源内容理"顺"了、管"活"了。

(3) 信息全库同步，充分共享；目录全库自动同步。资源可由创建者(版权所有者)自主控制共享程度和范围。

(4) 分布存储，就近下载，既符合资源的特点，又方便使用。

(5) 共用的搜索模块，可以内嵌到任何其他平台，实现从其他平台检索、调用资源库资源。

(6) 强大而灵活的课程、专业、专题的资源组织形式，便于开展基于资源的按需教学、针对性教学。

(7) 提供资源的多样化选择、评价、评分、关联等功能，使基于资源的自主学习更有保障。

从国家远程教育宏观层面来看，"国家现代远程教育资源库"系统的建设对于加快中国远程教育发展，推进教育大众化和教育终身化具有重要的战略意义；对于解决远程教育教学资源供给不足，优化配置资源，缓解地区教育发展不平衡，促进现代远程教育人才培养模式和教育服务模式的改革都具有重要的现实意义和实践意义。

案例来源：http://hi.baidu.com/cnwjs/blog/item/fc5b3354feaf11c2b645ae4d.html

第一节　网络教育资源概述

网络教育的平台由四大部分组成：实现技术、网络环境、软硬件(课件资源) 和教学及管理。其中， 实现技术和网络环境主要依靠于计算机技术和通信技术的发展，而软硬件(课件资源)和教育及管理主要依赖于执行网络教育的各级人才，并且在很大程度上决定着网络教育的服务质量。说到底，网络教育就是要实现人们"教学资源共享"的要求。具体地说，网络教育可以使学校利用有限的技术和人力，以最小的开销制作出高质量的、可复用性强、使用范围广的教学资源，以培养国际化、实用化、个性化的人才，并且满足全社会对教学提出的越来越广泛的需求。所以，网络教育资源及其建设成为网络教育发展中至关重要的问题。

一、网络教育资源的内涵

网络教育资源是指为教学目的而专门设计的或者能为教育目的服务的各种资源。不同于以往以书籍、报刊、磁带、磁盘、广播、电视等为物质载体的传统的教育信息资源，网络教育信息资源是一种以网络为承载、传入媒介的新型的信息资源，这种信息资源主要是在 Internet 上获取的，所以也将基于网络的教育信息资源统称为网络教育资源。根据《教育资源建设标准》(CELTS-41)，网络教育资源包括网络教育信息资源、知识资源和人力资源。教育信息资源的开发主要是对有关教育信息的基本元素包括数字、词汇、声音和图像等进行采集、编码、数字化、存储、分类、传输、检索等，使这些基本元素或称素材彼此之间建立一种关联。由此可以看出，教育知识资源的建设，不仅仅是将原有的教育信息网络和教材进行重新数字化的问题，也是对教育信息资源进行组织、加工和提炼，还是将众多的教育信息资源的内在联系进行综合分析，从而得出系统结论的过程，更是帮助学习者不断完善、扩展、构建自己的知识体系的过程。

二、网络教育资源的特点

1. 信息分布的广泛性

网络信息存在于世界各地联网的主机中，是涉及地域最广的资源。它以超链接的方式将文字、图像、音频、视频等信息链接成文本和超媒体系统，已经成为全球最大的信息资源库。

2. 信息形成的多样性

网络信息内容以多媒体、多语种的形式表现，极大地丰富了信息内容的表现力。信息形式的多样性有助于人们知识结构的更新和重构。

3. 信息获取的快捷性

网络信息可通过网络终端随时随地获取，这就避免了其他媒体信息在查找时所必需的时间、空间等因素的限制。

4. 信息资源的共享性

网络信息除了具备一般意义上的信息资源的共享性外，还表现为一个 Internet 网页可供所有的 Internet 用户同时访问，不存在传统媒体信息由于复本数量的限制所产生的信息不能多人同时获取现象。

5. 信息传递的时效性

网络媒体的信息传播速度及影响范围使得信息的时效性大大增强。同时，网络信息增长速度快、更新频率高。

6. 信息交流的互动性

互动性是网络的主要特点之一。网络信息一般具备双向传递功能，即用户在接收到相关的网络信息后可针对该信息随时向信源提供反馈，一般表现为在网页上提供相关的 E-mail 地址。网络用户既是网络信息的使用者，也是网络信息的发布者。

三、网络教育资源的类型

网络教育资源的种类非常丰富，并不局限于某种媒体形式之中。由于教育资源的复杂性，使得人们对它会产生不同层面的认识，因而对它的分类也是多角度、多层面的。

1. 根据信息发布者的身份来划分

(1) 政府教育机构信息。这些网站的一级或二级域名一般是.gov 或行政区域名。如中国教育部主页网址是 http://www.moe.gov.cn，其中有教育部领导、机构设置、教育法规新闻大事记、中国教育等内容。美国教育部主页网址是 http://www.ed.gov，该网站提供了美国政府的教育政策、教育预算和教育规划、教育新闻和事件、教育贷款、教育技术等方面的内容。这些站点提供的教育资源较全面和系统，能及时反映教育领域内的各种综合信息，报道迅速，动态性强。

(2) 企业集团的教育类信息。网上相关企业集团的教育类信息有的是公司支持的教育开发项目，有的是公司对自己员工的培训，如 IBM 公司站点中的教育培训内容，还有的是教育类产品的信息。这些资源网站通常是以.com 为其一级或二级域名。

(3) 科研院校教育科研信息。这类网站的一级或二级域名一般是.edu 或.ac。如中科院长春分院的网址是 http://www.ccb.ac.cn；北大的网址是 http://www.pku.edu.cn。这些网站主要介绍学校及研究院所的组织机构、院系设置、教学计划、科研规划、一些课题的简要情况等，发布招生及会议信息，提供远程教育课程的内容等，反映教学开发中的热点问题，专业性强，是重要的教育资源。

(4) 信息服务机构的教育信息。这类网站的一级或二级域名一般是.net 或.com 或.gov 或行政区域名。如上海图书馆的网址是 http://www.libnet.sh.cn，北京文献服务处的网址是 http://bds.cetin.net.cn。这些网站一般提供专业的系统信息查询服务、信息资源指引库或指引工具。这些网站常以各类图书馆、信息中心提供的信息为主要支撑，是用户获取公共信息的重要来源。

2. 根据出版情况或文献类型划分

(1) 正式出版信息。包括电子图书、电子期刊、电子报纸、特种文献等。如 ERIC 教育资源信息中心的网址是 http://www.accesss.eric.org 。该数据库是由美国教育部资助的世界上最全面、最权威的教育文献数据库，其中收录了世界各国教育期刊上的论文，以及各种会议论文、科技报告等。

(2) 非正式出版信息。如 E-mail、Usenet 专题、讨论组、新闻，以及 BBS 等。

(3) 灰色信息。指那些内容复杂、信息量大、形式多样、出版迅速、通过正规渠道无法得到的文献资料。目前尚无正式的组织机构对网上信息的发布进行监管，发布的自由性造成诸多信息属灰色信息类，如政府机构、商业部门发布的信息。这些灰色信息也是国际公认的情报源。

3. 根据费用情况划分

(1) 有偿信息。指只有先建立合法账号后，才可进行检索的信息。这些信息多为有价值的教育科研信息，如 Dialog 系统(http://www.dialog.com)。它是世界上最大的在线信息服务系统，提供各领域的论文、新闻、统计等信息的在线服务，可阅读全球 100 多种报纸及数千种杂志。访问时首先要建立合法账号。

(2) 无偿信息。指那些可以自由访问、获取的信息。

4. 根据语种划分

网络教育资源的语种形式可分为两大类：中文网络教育资源和外文网络教育资源。中文网络教育资源可分为汉、蒙、维文等几十种类型，外文可分为英、法、日、俄文等上百种类型。在实际应用中，我国的大多数网络教育资源都同时提供了 Chinese Version 和 English Version 两种版本。

5. 根据信息的功能划分

根据信息的功能不同，网络教育资源可分为：学前教育、中小学教育、职业教育、成人高考、考试辅导中心、对外汉语教学、相关网站等。

6. 其他划分依据及其类型

(1) 根据媒体类型不同，网络教育资源可分为：文字、图像、音频、视频等教育信息。由于采用多媒体的信息表现形式，所表现的信息容量越来越大，数据量也大，因此网页的完全调用时间与网页中这些媒体类型的含量有关。

(2) 根据信息的流向不同，网络教育资源可分为：单向信息(一般的 Web 网页只是一种单一的信息接收)与交互式信息(如 E-Mail、BBS 等，可进行交互式信息传递)。

(3) 根据信息的时效不同，网络教育资源可分为：网上出版物、动态信息、联机馆藏书目数据库、国际联机数据库。

以上仅是一些常用的分类标准，不同属性之间又相互交叉，在对网络教育资源进行组织时，要以多属性划分，做到合理、直观。

四、网络教育资源的获取方法

要在网上获取信息，用户要找到提供信息源的服务器。所以，首先以找到各个服务器在网上的地址(URL)为目标，然后通过该地址去访问服务器提供的信息。一般检索方法可有以下几种。

1. 偶然发现

这是在因特网上发现、检索信息的原始方法。即在日常的网络阅读、漫游过程中，意外发现一些有用信息。这种方式的目的性不是很强，其不可预见性、偶然性使检索过程具有某种探索宝藏的意味，也许会充满乐趣，但也可能一无所获。

2. 顺"链"而行

这是指用户在阅读超文本文档时，利用文档中的链接从一个网页转向另一相关网页。有些类似于传统文献检索中的"追溯检索"，即根据文献后所附的参考文献(References)目录去追溯相关文献，一轮一轮地不断扩大检索范围。这种方式可以在很短的时间内获得大量相关信息，但也有可能在"顺链而行"中偏离了检索目标，或迷失于网络信息空间中；而且找到合适的检索起点也并不容易。个人用户在网络浏览的过程中常常通过创建书签(Bookmark)或热链(Hotlinker)，来将一些常用的、优秀的站点地址记录下来，组织成目录以备今后之需。但这种做法只能满足个别、一时之需，相对于整个网络信息的发展，其检索功能似乎是微不足道的。

3. 通过网络资源指南来查找信息

为了对因特网这个无序的信息世界加以组织、管理，使大量有价值的信息纳入一个有序的组织体系，专业人员做了许多努力和开发。也就是基于专业人员对网络信息资源的产生、传递与利用机制的广泛了解，和对网络信息资源分布状况的熟悉，以及对各种网络信息资源的采集、组织、评价、过滤、控制、检索等手段的全面把握而开发出的可供浏览和检索的网络资源主题指南。综合性的主题分类树体系的网络资源指南(Resource Guide)，如Yahoo!等是广为人知的，还有WWW Virtual Library、The Argus Clearinghouse等也有广泛影响，受到普遍欢迎。而专业性的网络资源指南则更多了，几乎每一个学科专业、重要课题、研究领域的网络资源指南都可在因特网上找到。这类网络资源指南类似于传统的文献检索工具——书目之书目(Bibliography of Bibliographies)，或专题书目。目前国外有学者称之为Web of Webs、Webliographies；其任务就是方便对因特网信息资源的智能性获取。它们通常由专业人员在对网络信息资源进行鉴别、选择、评价、组织的基础上编制而成，对于有目的的网络信息发现具有重要的指导、导引作用。其局限性在于：由于其管理、维护跟不上网络信息的增长速度，导致其收录范围不够全面，新颖性、及时性可能不够强；且用户还要受标引者分类思想的控制。要想集中地检索、发现此类专业性的网络资源指南可通过The Argus Clearinghouse，按照其学科分类体系逐层地浏览、查找就可发现相应专题的网络资源指南。

或在The WWW Virtual Library主页(如图8-2所示)的分类范畴表中，按学科主题找到一系列各专业的网络资源指南(××××WWW Virtual Library)，如：教育学科网络资源指南(Education WWW Virtual Library)，可持续发展领域的网络资源指南(Sustainable Development WWW Virtual Library)、知识管理网络资源指南(WWW Virtual Library on Knowledge Management)等。

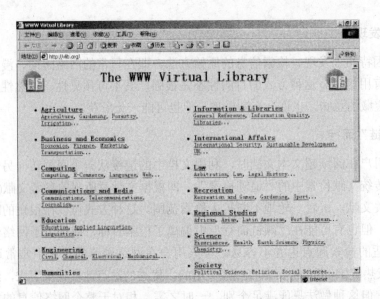

图 8-2　The WWW Virtual Library 主页的分类范畴表

4. 利用搜索引擎进行信息检索

这是较为常规、普遍的网络信息检索方式。搜索引擎是提供给用户进行关键词、词组或自然语言检索的工具。用户提出检索要求，搜索引擎代替用户在数据库中进行检索，并将检索结果提供给用户。它一般支持布尔检索、词组检索、截词检索、字段检索等功能。利用搜索引擎进行检索的优点是：省时省力，简单方便，检索速度快、范围广，能及时获取新增信息。其缺点在于：由于采用计算机软件自动进行信息的加工、处理，且检索软件的智能性不是很高，造成检索的准确性不是很理想，与人们的检索需求及对检索效率的期望有一定差距。

五、网络教育资源的获取工具

1. 文件传输协议——FTP

FTP 是 File Transfer Protocol(文件传输协议)的英文缩写，其功能是利用网络在本地机与远程计算机之间建立关联，并将文件在远程机与本地主机之间进行传送。在因特网上，几乎所有文件的传输最终都要通过 FTP 来实现，它是因特网上广泛使用的程序之一。FTP极大地扩展了数据服务范围，是实现数据共享的无价之宝。启动 FTP 的命令格式为：ftp host。其中 ftp 是启动命令，host 是远程计算机名。通常远程计算机 FTP 服务器只允许在该系统上拥有合法账号的用户对其进行文件传输操作。当 FTP 把用户与远程计算机相连接时，会要求用户输入登录名和口令来标识其身份。用户输入适合于远程系统的登录名和口令并被接受之后，就可以在远程主机上进行简单的目录相关操作，并开始传输文件了。网上同时也存在大量为普通公众提供文件服务的 FTP 服务器，其上包含众多的数据资料和免费软件，并允许用户以"anonymous"(匿名)登录，这被称为匿名 FTP 服务。

无论以何种方式访问 FTP，在使用之前用户必须知道自己需要使用的主机名(域名或 IP 地址均可)及相应的注册方法。同时要取得一个文件，必须知道文件所在的 FTP 服务器和目录，以便对所查找的文件信息进行准确的定位。

2. 邮件列表检索工具

邮件列表(Mailing List)是指一组成员的 E-mail 地址列表。邮件列表的主要功能是为有共同兴趣的一组用户建立一种关联，使用户彼此间拥有一个网上交流的空间。加入邮件列表的用户可以收到发给邮件列表的所有邮件，同时，也可通过邮件列表向所有其他组员发送信息。每个邮件列表都有管理员，负责维护邮件列表，进行日常管理。管理员分为两种：一种是人，一种是称为 Listserv 的计算机程序。这种用 Listserv 程序进行自动管理的邮件组，有时也称为 Listserv 列表。若想成为特定邮件列表成员，可用电子邮件与该邮件列表管理员取得联系并请求加入。每一个邮件列表都有自己的名称、说明和地址，管理员的地址通常由 List(邮件列表名)-request@hostname(主机名)构成(如：CSSA-request@Umich.edu 或 CSSA @Umich.edu 是申请加入密歇根大学中国学生、学者协会邮件列表的地址)。邮件送出之后的很短时间内，你便成为该列表成员，并可开始与列表中其他成员交换信息，必要时，可使用同样的方法发 E-mail 给管理员，请求退出该邮件列表。

3. 远程登录 Telnet 检索工具

Telnet 是因特网的远程登录协议，属于 TCP/IP 通信协议的终端协议部分。它使用户计算机可以经由因特网与远程计算机相连接，并在权限允许的范围内使用远程计算机中的数据和文件等资源。

Telnet 与其远程计算机连接的最快、最常用的应用方式是使用 Telnet 命令，其格式为：Telnet host。其中 Telnet 是远程登录操作命令，host 是远程计算机名。使用 Telnet 与因特网上任何主机建立连接的前提条件是你被授权可以使用该主机，同时你要拥有使用该主机的 ID 号和口令。因此，使用 Telnet 之前，你必须知道所要登录的远程计算机名(域名或主机的 IP 地址均可)，同时掌握该主机的注册方法。

4. 用户网 Usenet 检索工具

Usenet(User's Network 的缩写)又称为 Netnews，是一个建立在因特网之上的信息网，是一个包含成千上万讨论组(Newsgroups)的全球系统，是一个世界范围的多人参加、多项交流的网络大论坛，其讨论内容几乎覆盖了当今社会生活的各个方面，包括了你所能想象的任何专题。

Usenet 不受任何人的管制，你可以在很短的时间范围内与众多的人进行开诚布公的交谈、辩论、沟通思想、获取信息，分享共同的爱好、兴趣和有益的经验，并随时就某一问题获取他人的帮助和点拨。正是由于 Usenet 的这种开放性和公共性，使其具有鲜活的生命力，进而发展成为因特网上应用最广泛的工具之一。

Usenet 历史悠久、成员众多，各种新闻讨论组数目惊人。Usenet 使用层次型的分类结构来设置和组织新闻讨论组的范畴。"顶层"体系包含七种主要的范畴，又称 BigSeven：

> Comp   计算机相关学科的新闻组
> Misc   多方面论题新闻组
> News   关于 Usenet 的新闻
> Rec   娱乐专题新闻组
> Sci   科学技术与应用新闻组
> Soc   社会科学专题新闻组
> Talk   时事新闻讨论组

顶层体系之外，有大量辅助性的范畴，如最大的新闻组 Alt 以及 bit、biz 等均属此例，范畴之下设有分组，分组之下又有子组，将各级范畴名以小数点分隔开即形成新闻组名。如：Comp.graphics.animation。

一个新闻讨论组为一群特定的用户提供一个论坛，论坛中的每一则消息都被称为一篇文章。据粗略统计，Usenet 上设有 6500 个新闻组，而其中大都有相当多的文章，因此，如何在浩瀚的文档中查找符合兴趣与需求的新闻组及文章，便成为人们所关注的重要话题。

Usenet 搜索有两层含义，一是指新闻讨论组的搜索，一是指新闻讨论组中文档的搜索。Usenet 新闻讨论组及文档获取途径与方法大致有如下几种。

(1) 请教他人。找有经验的 Usenet 使用者请教，并将所获信息加以分析，找出符合自己兴趣和研究领域的讨论组，无疑是一种最快、最简洁的方法。

(2) 浏览以 news 开头的 Usenet。获取有关 Usenet 的新闻。如：news. announce. important 关于对所有 Usenet 用户有影响之主题的重要通知；news. announce. newusers 关于 Usenet 的一般信息；news. answers 关于新闻组的大量定期的信息类广告。

(3) 使用搜索引擎：因特网上有很多有关新闻讨论组的资源，我们可以用 Usenet 搜索引擎，访问基于 Web 的 Usenet 服务的站点。

第二节   网络教育资源库建设

网络教育资源的丰富性带给学习者宽广的自主学习机会，资源库为学习者提供了极为丰富的学习资源。网络教育资源库是依据一定的规范与标准将多种媒体素材的教学资源进行收集与管理，以为教学提供支持性服务的系统，它一般由多媒体素材库、课件案、案例库、试题库以及网络课程等几部分组成。它为使用者提供快捷、方便的使用方法，同时也为管理者提供高效的管理模式。因此，资源建设是一个系统工程，要综合考虑政策法规、硬件配置、人力统筹等。所以，网络教育资源建设不仅要处理信息资源库系统的各个子模块间的结构关系，而且要正确处理与教育这个大系统中其他子系统之间的关系，只有真正实现了这种协调的发展，教育信息资源才能被高效地利用起来，这是避免因重复建设而浪费资源的必要因素。因此网络教育资源的建设需要政府、学校和相关公司的配合，更需要教师、技术人员和学习者的通力合作。

第八章 网络教育资源

一、当前网络教育资源库建设过程中存在的问题

(1) 资源数据的生产不标准、不规范。

数据不标准、不规范导致了数据孤岛、数据坟墓的产生，这样一方面给数据的共享、交换与更新带来了极大的不便，同时也造成了资源的重复性建设，浪费了大量的人力、物力和财力。通常情况下，标准化和规范化是指资源库开发中要使用统一的媒体格式、通用开发语言和开发工具，源代码公开，从更深层意义上是指为了方便大型数据库的管理和检索，方便国际交流。所以开发中应注意依据一定的标准与规范来建立媒体数据，采用先进的、通用的、成熟的技术进行系统的维护与管理。

(2) 资源的审核与评价办法还十分不完善。

目前还没有一套实用的、可操作性强的评价网络教育资源的办法或程序。目前资源的审核主要依靠资源审核专家从资源的科学性、正确性、技术性及规范性几个角度对资源进行审核，以主观评价为主，这不免有很大的局限性。为了使资源的审核与评价更有效，除进行主观评价外，还应该按照现有的网络资源的评价标准对资源数据进行客观的评价。对网络资源的评价标准进行研究和探索，构建完善评价体系是解决问题的根本办法。

(3) 资源的集中存储与集中管理模式给资源库资源的共享和使用带来很大的限制。

基于这种管理模式建设的资源库只能满足局部或一定数量的用户的使用，当有大量用户并发访问时，就会出现资源访问的瓶颈。这种模式是远远不能满足教育教学资源发展的需求的，因此如何将大量可能利用的教育教学资源有机地组织管理起来，实现大范围的共享，为用户提供最方便、最高效的教育教学信息资源服务，是网络教育资源建设者期待解决的问题。

(4) 资源只讲"海量"而忽视了教育性和教学性。

从数量上说，目前大多教育教学资源均以"库"的形式出现，少则几十，多则几百。这种现象在许多商业资源库中最为常见，他们把眼光放在"收集更多资源"上，将数据容量大作为卖点，资源内容与教学实际需求还有一定差距，造成资源的可用性不强。衡量一个网络教育资源库的好坏，资源量的多少不是绝对的，而是以资源服务于实际教学的效率为标准，服务于教师的教，服务于学生的学，服务于师生的共同学习，服务于学生的发展。从这个基点出发，网络教育资源库的资源主要是以学校的实际教学需求为主，根据不同地区学校特色、设备情况、师生网络操作能力等方面的差异，建设既有学校或专业特色而又服务到位的网络教育资源库，而不一定非要建设大型的网络教育资源库。

(5) 网络教育资源的价值不能得到应有体现。

网络教育资源作为资源的一种，从商业的角度来讲，通过它必然能实现价值的增值与滚动发展。资源的免费提供必然会使资源建设者的劳动得不到应有的回报，但是过多的商业运作，又会极大地挫伤用户的积极性。如何协调好二者之间的经济关系，还是另辟蹊径让第三者国家或教育部门支付这笔费用是着实让教育部门或学校头痛的一个问题。

(6) 资源库建成以后，用户之间以及用户与建设者之间的交流性、互动性差。

这是目前在资源库建设当中普遍存在的一个问题。考虑到用户不仅是资源利用者，也是资源的生产者和提供者，我们完全可以在资源库中通过聊天室的形式建立用户社区，并在社区中建立一定的奖励制度，调动用户的积极性，与我们共同关注与参与资源库的建设。

二、网络教育资源库的发展趋势

技术将在网络教育资源库的建设当中扮演很重要的角色。世界很多的组织制定标准与规范的目的就是为了实现资源库之间的数据交换与共享等。作为一种数据标记语言，它是用来描述数据本身的。数据与样式分离，数据更加灵活和自由。利用文件，在需要交换数据的不同数据库之间进行导出和导入，即可实现数据的交换而不用考虑平台的问题，因此可以作为跨平台不同数据库交换数据的标准，即作为中间层的虚拟数据库。它将在今后的数据传输和交换中占据很重要的位置。

未来网络教育资源库建设将向着普及化、专业化、地方化、个性化与特色化的方向发展。人们基于资源库的学习方式在发生着明显的变化：从基于资源的教学到基于资源的学习。因此我们在资源库建设的同时，应将信息技术教育融入资源库使用当中，以提高用户的信息技术能力，保证教育者能利用各种各样的工具，就可以对各种有用、好用的多媒体教育资源素材进行创造性、个性化的智能化组合，进行富于创意的多媒体教学，同时能给学习者提供良好的学习环境。

以"服务"为中心对网络教育资源库进行建设，将是未来网络教育资源库的一大特征。现在教育界许多人士提出了"网络教育就是服务"的理念，且不谈这句话正确与否，这却反映了在当前的网络教育中人们对于"服务"意识的呼唤。资源库建设作为开展网络教育的基础，同样也应有这种意识。

现有的网络教育资源库建设规范与标准的推广、试用将极大地促进资源库建设的规范化、科学化、系统化。按照相同的标准开发建设的资源库系统由于遵照相同的定义和准则，所以能够方便地实现数据资源交换和共享，有效地解决资源库扩展问题。

具有智能分析和智能检索功能的智能化资源库也将会是网络资源库建设的发展趋势之一。目前人们对资源库的依赖程度还不是很高，随着人们对资源库认识的不断深化以及依赖程度的不断增强，势必对资源库的建设提出更高的要求，只有把一些智能化的技术融入资源库建设当中，才能满足用户不断增长的需求。智能化的网络教育资源库将为人们提供更加高效、更加方便、更加个性化的服务。

资源库中的资源本身的建设将不再仅仅是资源库制作个人或单位自己的事了，用户也将会参与其中。协作是网络的一大优势，同样，利用网络这一优势我们可以让众多的用户参与到资源建设和管理当中来，这对资源库的建设无疑是一件好事。

资源库的商业化建设与学校或单位的自主建设将在很长一段时间内共存。商业化的网络教育资源库由于其良好的性能而备受用户的青睐，但由于商业资源库内部结构和接口都不一样，用户无法将不同资源库进行有效的组合，兼容性较差，二次开发难度很大，很难形成适合自己特点的资源库，而且费用较高。而在利用现有的技术完全可以量体裁衣、开发适合自己的资源库的条件下，利用商业化资源库的确不是一种经济而实惠的选择。

专题化将是资源库纵深发展的主要方向。目前的大多数网络教育资源库都只能为教师和学生提供大量的素材，只能满足教学的初步需要，无法很好地满足教师或学生的个性化需要，无法很好地为师生创设一个良好的网络教学环境，不利于网络教学活动的开展。

三、网络教育资源库的建设原则

网络教育资源库的建设是一项系统工程，必须以"服务于教学"为根本出发点和最终目的，从整体出发，统筹策划，逐步推进，在具体建设过程当中应遵循以下原则。

1. 教育性原则

1) 教育性

建设资源库的最终目的就是为教学服务的，因而无论是在内容上还是功能上都要考虑教学的需求，让学生和教师能方便的、及时的获得所需的信息，以提高他们应用的积极性，从而提高资源的利用率。

2) 建构性

资源库建设时应考虑建设的资源是否利于学科教师的教学，同时也要考虑建设的资源对学生学习兴趣和形成学习动机有没有帮助，从而为学习者创造一个良好的学习情境，如"协作"、"交互"、"智能搜索"等，以利于学习者完成对知识的意义建构。

3) 规范性

资源库中的资源建设要符合教育教学的规律和特点，对学科、年级、资源种类、文件格式等进行定义时要依据统一的标准，符合我国颁布的一系列资源建设技术规范。

2. 技术性原则

1) 先进性

即系统设计要充分考虑未来技术发展的需要。这不仅包括数据库所选用的结构、数据所采用的格式和分类方法等开发内容的先进性，而且也包括开发平台、操作系统、编程模式等具体开发技术的先进性。要广泛吸取国内外在该方面的成功经验，最大限度地采用当今世界最先进、最成熟、最有发展前途的技术，这样建设的系统才能随着未来科学技术的发展而不断地平稳升级，具有强大的生命力。

2) 标准化

资源库的标准化建设是实现资源共享与交换的前提和基础，是目前国内外资源库建设研究的重点。在资源库建设时我们必须坚持标准化、规范化，严格依据相应的各类国际标准、国家标准和行业标准，进行资源库建设。如使用最流行的开发平台和软件，采用通用的文件格式、界面风格和操作规范等。这样不仅利于资源库使用和维护，更利于资源的移植和推广。

3) 共享性与开放性

网络教育资源库是以网络为支撑环境的，网络最大的特点就是开放性与共享性，所以在建设网络教育资源库时，应坚持资源库的资源开放与共享的原则。在底层技术标准上实现开放，采用模块化建设模式，同时调动多方面的积极性，拓展资源的来源。这样一方面可以最大限度提高资源的利用率和价值，另一方面可以将更多的资源纳入到资源库当中，丰富资源库的内容。

4) 安全性与高效性

由于网络教育资源库是运行在互联网上的，是远程的、开放的，所以安全性就显得尤为重要。保证用户信息以及会话信息不被泄漏，限制不同用户对不同信息的访问权限都是十分必要的。另外，要为用户提供高质量的服务，系统能够高效率的运行也是十分必要的。安全性和高效性是一对矛盾，相互制约，因此在建设资源库时要充分考虑到二者之间的关系，不能片面地强调安全性而牺牲了高效性，片面地强调高效性而降低了安全性。

5) 网络化

网络教育资源库，应充分考虑网络运行的特点，采用相关的技术对资源进行适当的转换以利于在网上进行传输。视音频信息采用流媒体技术进行采集与存储，使用网络存储器对资源进行存储以提供快速的浏览服务等。

3. 整体性原则

1) 系统性

资源库的建设是一个长期的、复杂的系统工程，需要综合考虑软硬件配置、人力资源、资源建设及未来发展等各方面的因素。

2) 统筹规划、有序推进

资源库的建设一开始不应追求大而全，应从小处着手逐步扩展。应充分考虑服务的对象的需要及实现的可能性，首先满足最迫切的需求，然后再逐步的满足其他的需求。所有的自建资源，应根据其各自不同的特点，尽可能及时地将已建成的资源提供给服务对象，边建设边服务，在服务中完善各类资源。

3) 动态性与良构性

网络教育资源库系统是一个媒体类型复杂、数据量大、动态变化的复杂系统，需要长期的建设和维护，因此整个系统必须具有一个良好的结构。

4. 服务性原则

1) 以服务为中心

网络教育资源库建设的最终目的就是为教学提供服务。资源库如果没有方便、快捷的服务，使用者就有可能因为使用麻烦或困难而放弃对它的使用，从而造成资源的闲置，形成了资源的极大浪费。所以在资源库建设时应以服务为中心，吸引更多的用户，避免资源的闲置，提高资源的价值与利用率。

2) 使用方便快捷

资源库建设中，应该首先为用户提供一个友好、简单明了的导航与操作界面，让用户通过简单的操作，在最短的时间内就能找到所需的资源，同时也要为用户提供一个搜索引擎，这个搜索应为用户提供多种查询方式并能实现对资源的精确定位。

四、网络教育资源的建设方法

网络教育资源建设的困难，一是有效资源难以挖掘；二是在于资源的离散性，即海量的离散资源造成资源结构水平低下，并为检索和利用带来不便；三是在于学习资源的异种性(Heterogeneity)，即资源编码形式存在差异；四是内容组织上，局部可能是良构的，但总体是劣构的。

在这里，离散与分布的不同之处在于离散的资源是无序的，而分布的资源可以是有序组合排列的，即资源分布存储，目录集中管理。显然，当前网络教育资源存在的状态大多是"异种—劣构—离散"型的，而完全集中的资源建设成本高、建设时间长、技术要求高，我们认为，"良构—同构—分布"是一种比较现实的低成本高效用的目标状态。而实现这个目标要解决四个问题：资源有效挖掘、离散资源聚合、异构资源同构化、劣构资源良构化。

1. 资源有效挖掘

传统的使用搜索引擎进行关键词搜索的弊端在于信息过量与相关性不高，即过度关注知识的广度而忽视知识精度：几乎对任意一个关键词的搜索都有上万条的查询结果，不可能也没有必要对所有查询结果进行阅读。根据无尺度网络(Scale Free)的思想和实践，网络节点中 5%～10%是集散节点。而根据网站评价方法，入链出链和网络影响因子是评价网站质量的关键，网站之所以能成为集散节点也是因为网站资源优秀，集散节点就代表着网站资源节点。以 Vreeland 的研究为例：他发现 10%的站点包含 80%的出链，出链数与外链数没有明显相关，外链通常指向的往往都是资源优秀的原创网站等具体特征，并且集散节点有着极明显的马太效应。

根据以上理论与实践，我们将无尺度网络应用到教育资源挖掘获取方面，可以得出以下推论及应用方法：在某个学术领域，只要抓住这 5%～10%的集散节点网站做信息推送，就可以实现互联网上超过 80%的关键信息获取。这比使用搜索引擎盲目搜索有价值得多，从而提高资源检索能力。与此同时，资源并不是越多越好，边际效用递减规律为我们证明了这一点：信息太多等于没有信息，资源泛滥等于没有资源。在资源数量增长的同时，边际效用也在不断递减。

那么，比如教育技术学，对国内学术门户网站比如中国教育技术、中国教育技术学科资源网与东行记等原创性较高的网站进行信息推送，将是获取信息效率较高的方法。对于有效资源的检索，提高查准率，关键就在抓住集散节点。因此，有时到集散节点进行站内搜索比用搜索引擎查准率高、效用高，而不要查全率高，因为资源够用是最好的，资源多了会产生边际效用递减，甚至产生负效用。

2. 离散资源聚合

聚合即资源由离散转向分布的过程。离散资源聚合可以通过信息推送技术来实现。"信息推送"(Information Push)就是通过一定的技术标准或协议,从网上的信息源获取信息通过固定的频道向用户发送信息的新型信息传播系统。它是根据用户对信息的需求,有针对性和目的性地将用户所需信息主动送达用户的技术。信息推送技术改变了互联网上信息访问的方式,将用户搜寻信息变为有目的地接收信息。信息获取方式由传统的信息拉取(Information Pull)到信息推送(Information Push),是从被动到主动的质的变化。它的应用使有选择性的智能化的方法得以出现,使离散信息能够按需聚合成为可能。

RSS 技术是信息推送中最为常用的一种工具。网络用户可以通过支持 RSS 的客户端工具或网络订阅服务订阅与自己兴趣、研究相关的资源网站,以后只要用户打开客户端浏览工具或者登录服务,都将在最新时间阅读所订阅网站的最新信息,这样一方面可以减少寻找目标信息的时间;另一方面,大大加强了所关注领域知识信息的时效性。RSS 技术应用在网络教育资源建设中有着显著的优势:省时省力、个性化、准确率高、形式上同构、易于保存与整理。

3. 异构资源同构化

互操作技术(Interoperation)是实现异构异种资源互联互用的关键技术,能解决异构资源同构问题。目前的互操作技术主要包括:系统层面的互操作技术,解决硬件、平台操作系统的不兼容;文法层面的互操作技术,解决不同语言和数据表达方式的差异;结构层面的互操作技术,解决不同数据模式的沟通;语义层面的互操作技术,实现信息交换中术语的意义差别;教学应用层面的互操作技术,包括教育建模语言/通用学习格式(EML&ULF)等,直接实现将教学资源与教学过程相绑定的应用互操作。

4. 劣构资源良构化

结构化技术(Structuralization)能够实现资源从"劣构"向"良构"转变,将离散混乱的资源数据变成有序结构化的资源。目前已有的教育资源结构化技术是"面向对象"(Object-Oriented)的计算机科学思想在教育中迁移应用所产生的"学习对象"(Learning Object)、"内容对象"(Content Object)等理念,以及"可重用内容对象参考模式"(SCORMS)、AICC 等行业标准。

五、网络教育资源建设的技术规范

网络教育资源建设技术规范的基本结构(如图 8-3 所示)共包括三大部分,分别为严格遵守的必需数据元素、作为参考的可选数据元素和针对资源特色属性的扩展数据元素。

1. 必需的数据元素(LOM 核心集)

这类数据元素与学习对象元数据规范(LOM)中的必需数据元素一致。它是任何类型的资源都必须具备的属性标注,开发者应严格遵循。

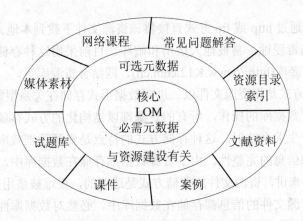

图 8-3 教育资源建设技术规范基本结构

2．扩展的数据元素(分类属性)

分类扩展集根据每类资源各自的特点，提供了资源的分类属性。

媒体素材类集合了对文本类素材、图形(图像)类素材、音频类素材、视频类素材、动画类素材各自不同的技术属性。

试题库类集合了试题的教育测量属性。

课件与网络课件类集合了课件与网络课件内容组织属性。

案例类集合了案例内容组织属性。

文献资料类集合了文献资料有效示范性方面的属性。

常见问题解答类集合了问题解答内容组织属性。

资源目录索引类集合了资源目录索引内容组织属性。

网络课程类集合了网络课程内容组织属性。

3．可选的数据元素

这类数据元素与学习对象元数据规范(LOM)中的可选的数据元素一致,在对资源进行属性标注时可根据用户需求和开发者自身的工作过程作为参考属性有选择地使用,如果本规范没有推荐的属性取值,要求与学习对象元数据规范(LOM)的取值相一致。

六、网络教育资源库的建设模式

资源库建设模式是指教育资源整体的分布和组织情况。任何单位或部门都会采取一定的资源组织策略和运营策略以保证教育资源的高效利用,同时产生经济效益和社会效率。总的来看,资源库的建设主要经历或并存着以下几种模式。

1．资源存储方式

资源存储主要包括文件目录存储方式和数据库存储方式。

(1) 文件目录方式根据教育资源分类方法,将其存储在服务器上不同的目录中,通过计算机的操作系统对资源进行管理和操作。这种存储方式的特点是资源管理直观、简单。远程访问时速度快，可通过 http 或 ftp 方式直接将该资源文件下载到本地。但随之而来的是资源安全性差，易受病毒侵蚀，易被他人盗用和破坏。目前采用这种存储方式的教育资源库比较多，如：K12 资源库(http://www.K12.com.cn)、四结合资源库等。

(2) 数据库存储方式是将资源文件以二进制数据形式存储在关系型数据库中，对教育资源的管理都是基于对数据库的操作。所有的资源都以结构化的方式存储，数据间的关联性强，并通过数据表产生关系映射。这种存储方式的特点是资源管理效率高，定位准确，容易备份，能保证资源信息的完整性。由于资源数据都存储在数据库中，安全性好，抗病毒能力强，并且对用户来讲，资源文件的存储方式是透明的，很难被盗用或直接访问。然而，由于要把所有关于资源文件的信息都存储在数据库中，必然对数据库性能要求较高，必须保证大数据量资源的读取和存储不会产生错误，同时也会延长访问时间，服务器端的应用程序必须先将资源从数据库中读取出来，再传送到客户端，这也加大了对网络带宽的要求。这种存储方式一般要采用大型数据库，如 Oracle 数据库，北京市中小学现代教育技术信息资源库就采用这种存储方式。

目前各类教育资源库对教育资源属性的管理都采取了数据库存储方式，以便于资源的检索和定位，而对于资源文件本身的存储则各有不同。由于这两种数据存储方式各有利弊，往往需要根据实际情况采取折中的办法，如将数据量小的资源存储在数据库中，以保证其安全性，而大数据量资源，如视音频和多媒体教学软件等仍可采用文件目录的管理方法，并加以一定的安全防范措施。

2. 资源库建设模式

资源库建设模式是教育资源整体的分布和组织情况。总的来看，目前主要有以下几种资源库建设模式。

1) 资源中心

资源中心并不局限于一个网站中，它可以由多个不同级别的站点组合而成，形成一个以地域范围为单位的教育资源网。就一个城市而言，可以形成包括城域教育资源中心系统，区、县教育资源系统和学校教育资源库系统的三层资源组织结构。每一级资源库向上一级提出资源和服务需求或将零散资源提交上一级整合汇总，因而上级对下级来说以资源中心的角色存在，如图 8-4 所示。

(1) 城域资源中心：安装在城域教育网络中心，它通过软件和网络把各区县的资源库有机地结合在一起，构成一个综合化的教育资源共享、交流和交易系统，为学校间、地区间开展有关教育资源的各项活动提供理想的大平台。

(2) 区、县资源库：分别安装在各区、县(市)教育网络资源中心，它通过软件和网络把该辖区内各学校的资源库有机地结合在一起，供本辖区共享和与全市交流。

(3) 学校资源库：分别安装在该地区的各个学校，学校资源库为各学校建设、开发和使用教育资源提供灵活、方便、高效的局部环境。

东莞市城域教育资源网即采用这种结构。必须强调的是，资源中心不仅包括教学和学习的素材，还包括各种工具资源，如：搜索引擎、讨论组和邮件列表。相邻级别的资源库能以多种渠道进行数据沟通,包括计算机网络和卫星宽带网、电视节目和光盘等多种方式。对于卫星宽带网,接收端只要安装特定的设备,就可定期下载成套的教学素材和课程资源,这对于因特网络不发达地区是一种有效的解决途径。

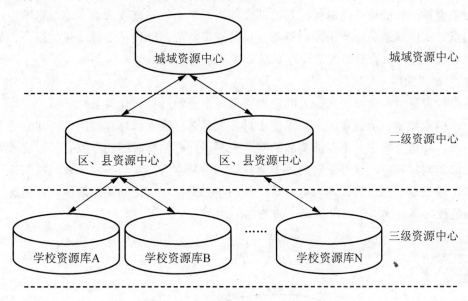

图 8-4 城域教育资源的三层组织结构

2) 分布式资源库系统

分布式资源库系统和资源中心的类似之处在于二者都是由多个资源站点所构成,但前者所包括的各个站点并没有主次之分,它们之间是对等的关系(Peer to Peer),如图 8-5 所示。

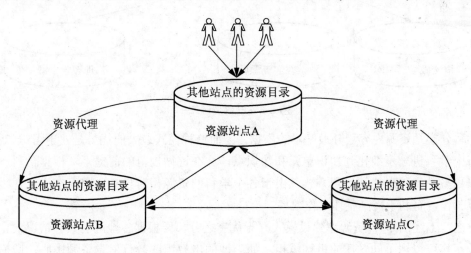

图 8-5 分布式资源库系统

每个资源站点包含其他站点的资源索引和简介,而并没有实际的物理存储,当站点 A 的用户检索到当地的资源时可直接使用,而需要 B 或 C 站点的资源时,站点 A 会提供代理将其他站点的资源传送给用户。整个资源网络的结构对用户来说是透明的,他们在每个站点都能访问网络中的所有资源目录,而无须关注资源实际的物理位置,任何涉及远端访问的操作，当地站点会自动启动资源代理为用户服务。

各站点间没有从属关系，形成了一种自由竞争的局面，以尽量争取更大范围的用户。资源的质量和数量决定了每个站点的效益，但为了谋求共同发展，这并不是独立的竞争，它们必须遵循一致的规范，以保证其他站点的资源索引能够被收录到本地数据库中。这种资源组织方式能够避免行政手段对资源建设的过多约束，能促进资源质量的提高，如校际通公司对城域网络教育资源的建设方案就采取了这种模式。

3) 学科资源库

这类教育资源库建设模式最大的特点就是每个资源站点只存储某一学科的资源，用户能够快速检索和定位所需资源。为了便于对各个资源库进行管理和使用，可建立所有资源的索引库，即这个库中并不存储实际的教学资源，而存储资源的物理位置，即资源索引，用户只需访问此站点，就可了解到各个学科资源的基本情况。当需要下载或购买某一资源文件时，通过索引站点的代理来访问其所属的学科资源库，比如佛山地区教育信息网教育资源的建设方案就采取了这种模式，如图 8-6 所示。

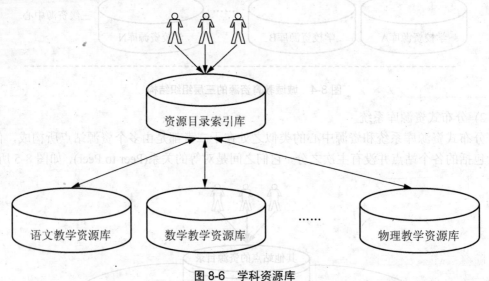

图 8-6 学科资源库

学科分类是资源内容划分最基本的依据，因而这种模式最大的优势是便于组织和管理，可将每个学科进一步细化到知识单元和知识点，并在遵循规范的前提下，根据学科自身的特色采用多种表现形式和运营方式。由于各个学科的资源相对独立，因而在进行建设时能够并行工作，有利于提高整体运作效率。

总之，上述的 3 种资源库建设模式并无优劣之分，要根据各地区的具体情况而定。资源建设工作可以由不同性质的机构承担，如当地的电教馆或教育信息资源中心，政府机构往往有可靠的资金支持，并通过行政手段保证资源建设的顺利实施。但随着教育产业化呼声的高涨，必定要有企业的介入，使教育资源建设引入产业化机制，逐步实现教育资源库的可持续发展。随着我国教育信息化的深入发展，相关的企业单位不断涌现，如校际通、科利华、K12、国之源等大都涉及了城域教育资源库的开发工作，使得当前的建设模式呈现为：由企业开发出教育资源库的通用平台，并和地方教育部门合作，让地方以最小的投入，建起本地的教育资源库并共享全国的教育资源。

4) 自扩充式的教育资源库系统

随着因特网上数据的不断膨胀，其中不乏大量有价值的教育信息。但是这类教育资源处于一种零散的分布状态，且形式、内容各异，尽管可以通过搜索引擎指向目标，但不利于用户的直接检索和使用。

自扩充式教育资源库系统也称开放式的教育资源库，如图 8-7 所示。从广义上看，它以上述的第二种模式，即分布式资源库系统为架构原型，但资源的来源不限于已有的其他资源库系统，而是扩展到以自然形态存在于因特网中的各类教育资源。开放的教育资源库不仅体现在能通过其搜索机制，将网上的资源地址收录到索引数据库中，更能通过录入接口，将零散、不规范的网络教育资源进行统一标识，纳入到更为完整的资源体系之中，这是教育资源库的一大发展趋势。为了维护版权利益，虽然资源文件本身仍处于一种自然的分布状态，但面向用户的却是一个虚拟的大型资源库，所有的资源都被进行统一标识和规范化处理，用户不必进行人为的转换，就能获取到规范的教育资源和应用指导。

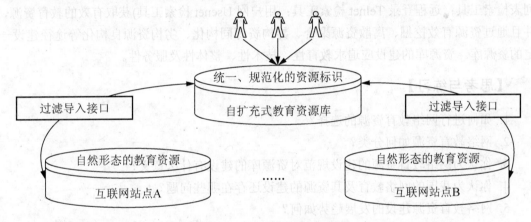

图 8-7　自扩充式教育资源库

随着 XML 技术应用的普及，未来因特网上的资源都将以 XML 语言进行标记，这为自扩充式教育资源库在浩瀚的资源海洋中进行基于内容的定向检索和元数据提取提供了可能。

5) 以用户为中心的资源服务体系

教育资源库发展的另一趋势是：要从产品层次上升到服务层次。在资源体系自身不断得到完善的同时，更应注重个性化的服务功能，使用户获得深层次的、专业的支持。每个学校、每位教师和每个学生可以根据自己的情况，提出相应的需求，资源库提供者将根据这些现实需求量身定做。从国外一些教育资源库的成功案例中也可发现，除了资源质量(教育性质量和规范化质量)这一重要因素外，完善的服务和技术支持更有效的决定了资源库的规模和效益。

基于因特网的全新的教育技术服务(ET-Service)模式正在出现，改变了传统的教育资源观。它是将教学模式革新、学习资源的利用与建设、教师与学生关系等融合到服务之中。包括：提供教育资源的咨询、定制、代理、配送等；提供资源型学习环境(全球教育信息挖掘、流通、交流、存储);提供研究型学习环境与协作学习环境;提供校园文化环境(班级、学校、地区、全球);信息化教学设计培训等。其核心是充分利用网上开放式服务系统为学习者提供学习活动的环境和个性化服务。这种服务的理念也与自扩充式的教育资源库相得益彰,相辅相成。目前,市场上已经初步具有"服务"意识的萌芽,如 K12 推出了智囊教育资源库,正在向着这一方向走下去,而这种服务理念的发展必将拥有更为广阔的前景。

本 章 小 结

网络教育要实现人们对为教学目的而专门设计的、或者能为教育目的服务的各种资源共享的要求,应依据网络教育资源的特点和不同类型的要求,按照获取网络教育资源的方法(偶然发现;顺"链"而行;通过网络资源指南(Resource Guide)来查找信息;利用搜索引擎进行信息检索),利用网络教育资源的获取工具(文件传输协议——FTP;Mailing List 邮件列表检索工具;远程登录 Telnet 检索工具;用户网 Usenet 检索工具)获取有效的教育资源,并且通过资源有效挖掘、离散资源聚合、异构资源同构化、劣构资源良构化等途径建设一定的资源库。资源库的建设应追求教育性、技术性、整体性及服务性。

【思考与练习】

1. 如何进行网络教育资源的选择?
2. 网络教育资源如何分类?
3. 你认为网络教育资源的建设规范对资源库的建设有什么意义?
4. 你认为我国的网络教育及其资源的建设还存在哪些问题?
5. 网络教育资源建设的发展趋势如何?

【推荐阅读】

1. 无尺度网络[DB/OL]. http://kxkkcw.bokee.com.
2. 杨向明. 网络时代信息推送技术及相关问题. 江西图书馆学刊,2005(3): 79-80.
3. ADL.SCORM20043rdEdition[DB/OL]. http://www.adlnet.org.
4. http://www.jswl.cn/course/a1016/zldssycx/zyhq/hqbj1.html.
5. http://www.jswl.cn/course/a1016/zldssycx/zyhq/hqgj2.html.
6. http://lsdis.cs.uga.edu/library/download/S98-changing.pdf.
7. http://www.teacher.com.cn/netcourse/tjs002a/ZLDSSYCX/ZYHQ/zyhq.html.

第九章　网络教育的平台建设

本章学习目标

➢ 网络教育平台的概念
➢ 开发与设计网络教育的平台
➢ 典型网络教育的平台
➢ 网络教育平台的发展趋势

网络教育平台(Network Education Platform)；设计(Design)；开发(Exploit)

引导案例

复旦大学现代远程教育系统应用案例

复旦大学现代远程教育系统于 2001 年 10 月启用，并正式招生。系统分为网络系统集成和远程教育支撑平台两大部分，由上海复旦光华信息科技股份有限公司负责实施，其中，网络系统集成集中在复旦大学网络教育学院的不同校区之间实现。

复旦大学现代远程教育支撑平台主要分为基于 Web 的教学管理一体化系统和基于 IP 视频会议的实时教学系统，教学管理一体化系统基于 Web 的多层 C/S 技术与流媒体点播技术来实现，学生、教师、管理员能通过 Internet/Intranet 在任何时间、地点进行学习、指导及管理；基于 IP 视频会议的实时教学系统利用多点视频会议技术、数据会议及流媒体直播、实时录制技术，实现跨地域的双向交互授课，使分布在不同地区的学生同上一堂课。

对于基于 IP 网络的远程教学系统来说，其展示度和生命期在很大程度上取决于网路课件资源，而网络课件资源主要包含课件库(存储网络课件)、问题库(相关知识点的常见问题等)、题库(试题、习题和试卷等)、素材库(可供其他库使用的多媒体素材资源)，这些课件资源的生成流程如图 9-1 所示。

课件库主要由实时授课系统中的课件生成和课件工具包生成，无论哪种方式都将经过课件发布工具直接发布到数据库中，同时形成符合标准的课件结构；问题库是教师课后答疑的重要资源库，通过智能答疑系统，问题库的资源将越来越丰富，将成为宝贵的知识库；题库的生成也是标准化的过程，在现实教学中，练习和试题的来源都将从外部购买，在这种情况下，必须采用试题编辑工具，将外购的试题按照 SCORM 标准进行标准化，再发布到数据库中；素材库是形成各种资源数据库的基础，但通常素材库往往被误解成是课件库，所以必须分清素材库与标准课件库、问题库的区别。

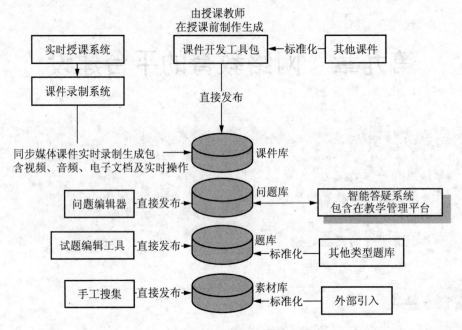

图 9-1　网络课件资源的生成流程

电教设备虽然是复旦大学远程教育系统的辅助设备，但是其重要性非常大。尤其是在多媒体教室中如何合理地安排投影仪、电子白板、音响设备、话筒等，直接影响整个现代远程教育系统的效果。另外，远程教育系统的核心是课件资源，课件资源的丰富程度直接影响到大学网络教育学院的生源及生命力，所以合理地制作、管理课件库及课件标准十分重要。

复旦大学网络教育学院的现代远程教育系统，建立在通用的 Internet/Intranet 基础上，该系统在丰富的学科资源基础上，根据教学要求、教学计划、教学特点，开发网络教学软件，借助于网络教学支持工具，开展远程教学。教学管理系统保障了教学的高效性和规范化。该系统在技术上具有先进性和可升级性，在功能上具有扩容性和可持续发展性，在性能方面具有稳定和实用的特性。该系统符合国际远程教育资源标准规范，支持 AICC/SCOROM 标准，及教育部有关远程教育的相应标准和规范。

资料来源：http://www.yesky.com/NetCom/218445472648396800/20041210/1886664.shtml

第一节　网络教育支撑平台的发展历程

一、网络教育支撑平台的概念

网络教育平台，又称网络教育支持平台，有广义和狭义之分。广义的网络教育平台既包括支持网络教学的硬件设施、设备，又包括支持网络教育的软件系统。也就是说，广义的网络教育平台有两大部分：硬件教育平台和软件教育平台。狭义的网络教育平台是指建立在 Internet 基础之上，为网络教育提供全面支持服务的软件系统。一般情况下，我们常说的网络教育平台在概念上是指狭义的网络教育平台。

二、网络教育支撑平台的发展简介

1. 网络教育支撑平台在国外的发展

从 1996 年底，1997 年初开始出现支持网络教学的软件平台。国际上应用比较好的有 IBM Lotus 公司开发的 Learning Space——IBM 电子学习策略的核心技术，作为世界领先的基于 Web 的远程教学平台，它提供了完整的可扩展的分布式解决方案，是唯一能够在单一平台上提供自学、非同步协作学习和"虚拟教室"同步交互学习所有 3 种在线学习模式的分布式教学平台；英属哥伦比亚大学计算机系开发的 Web-CT，它提供了一批支持多媒体学习环境的学员、教师和技术方面的工具；WBT 系统在 1995 年开发的 Topclass 是一个综合的课程内容和教室管理系统；另外还有 BlackBoard 公司开发的 Course Info；MadDuck 学习技术公司开发的 Web Course in a Box 以及 Asymmet rix 公司研制的支持网络培训和虚拟学习环境的集成软件 ToolBook 等。这些产品都是从支持多媒体开发或网站建设等方面发展起来的，经过多年的积累，成长为综合的网络教学支撑平台。

2. 网络教育支撑平台在国内的发展

我国的网络教育支撑平台研究起步较晚，它的发展主要经历了五个阶段。

第一阶段：基于网络课程的网络教学支持平台。

1996—1999 年，中国教育和科研计算机网工程(CERNET)的顺利实施使开展网上教学实验成为可能。从 1998 年开始，部分高等院校相继开发了一些网络课程，并尝试一些基于网络的教学实践活动，1998—1999 年是网络教育支撑平台的雏形阶段。

第二阶段：基于计算机网络的完整集成的网络教育支撑平台。

1999 年初至 2001 年是网络教育支撑平台飞速发展的阶段。这期间国内第一个完整集成的网络教学支持平台 Vclass 由北京师范大学开发完成。

第三阶段：基于"天网"、"地网"结合的网络教育支撑平台。

这一阶段将卫星网络与计算机网络结合，提供了较好的教学实时性、对学习全过程进行辅助，虽然系统成本相对较高，但可以使更多的学习者受益，因此降低了效用成本。

第四阶段：多元化的网络教育支撑平台。

随着计算机技术、网络技术的发展和虚拟现实技术、人工智能技术、智能代理技术在教育中的应用，各类新型学习支持工具、教学系统不断产生，促使网络教育支撑平台朝着多元化的方向发展。主要有虚拟教室(Virtual Classroom)、网上协同实验室(Collaboratory)、基于智能代理的网络学习系统等。

第五阶段：网络教育支撑平台的产品化与多样化发展阶段。

网络教育公司的介入，使网络教育支撑平台逐渐走上了产品化的道路。在原有集成性教育支撑平台系统的基础上，根据教育教学工作的需要形成了一系列具有针对性的产品，如校园/教育局行政管理系统、校园图书馆管理系统、资源库管理系统、分布式资源网、ITS技能考试系统等产品。

第二节　网络教育支撑平台的设计与开发

一、网络教育支撑平台的结构及功能

余胜泉、何克抗等专家说，一个完整的网络教育支撑平台应该由四个系统组成：网上教学支持系统、网上教务管理系统、网络课程开发工具和网上教学资源管理系统，如图 9-1所示。

1. 网上教学支持系统

网络教学系统是一整套提供远程教学服务的系统软件，它以网络课件为核心，在教学管理系统的支持下，合理有效地利用学科教学资源，为实施全方位的现代远程教学提供服务，它将网络课件与学校的远程教学服务进行了有机的集成。网络教学系统不仅是先进计算机科学和技术水平的体现，更重要的是要符合现代化教育的一般规律，能够为远程教育提供一个真正高效的现代化教育手段。它可以利用流媒体技术进行视频授课，并针对不同能力的学习者，提供不同形式的教学，之后再对学习效果进行测试。当学习者在学习过程中遇到困难时，将会有自动答疑系统对问题进行解答。网上教学支持系统还支持师生间同步和异步的交互，还可以设置虚拟的实验室，为学习者的情境化学习提供方便。

2. 网上教务管理系统

教学管理在远程教育中居于一个至关重要的地位，它起着调配教学资源、组织教学活动、总结教学数据等重要作用。教学管理系统使得教学能够顺利实施，也可实现整个教学管理过程的现代化和管理的规范化，另外还能及时、准确地反映教学现状，分析教学效果。教学管理可划分为三个相对独立的模块：课程管理、教务管理和系统管理，它为学生、教师、管理人员提供全面的服务。学生可以通过管理系统保存自己的个人档案，及时获取教学机构发布的最新信息，得到教师的帮助与辅导等；教师可通过管理系统设置课程与教学计划，查看学生的学习档案，提供有针对性的帮助；管理者可管理教师档案、学生档案，发布最新信息，对远程教学系统进行管理和维护等。

3. 网络课程开发工具

通用的多媒体写作工具都是为商务用途而设计的，相对于教育领域的特殊需求针对性不够，特别是缺乏资源的支持，更增加了用户开发多媒体网络课程的难度。网络课程开发工具就是要让非计算机专业人员(普通教师)能够方便地构建网络课程和相关内容(备课、考试等)，该工具可简化教师开发网络课程和备课的过程，降低课程开发对教师计算机技能的要求，使一般教师易于学习掌握。另外，该工具能够与远程教学系统进行紧密的配合，可直接将开发的网络课程发布到实施远程教学的因特网站点上。网络课程工具可以针对不同性质学科的特点，提供套用的模板，并给予相应资源库的支持，让普通教师就可以轻松地完成课件的编写工作。网络课程开发工具还具有支持网络多媒体开发，提供素材库与素材库管理软件，支持多种网络化学习模式，支持制作视频课件等多种功能。

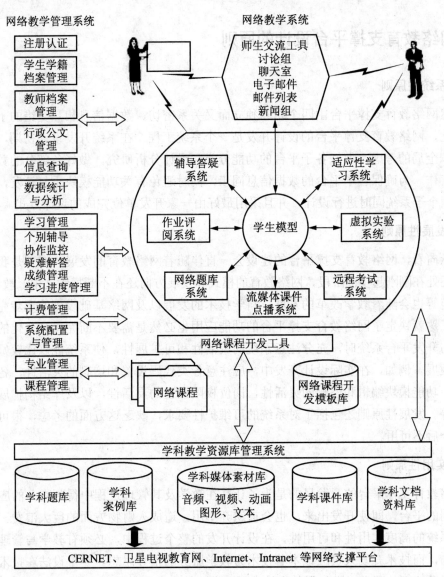

图 9-2　网络教育支撑平台的理论模型

4．教学资源管理系统

　　远程教学的基础是教学资源，为了更好地发挥网络远程教育的优势，就需要将优秀教学资源划分成各种素材，进行系统化、科学化的分类，构建成统一的教学资源库，形成数字化的电子图书馆，为学习者提供内容丰富的优秀教学资源，减轻任课教师建立大量教育资源的负担。

教学资源管理系统的主要功能是对各种教学资源进行采集、管理、检索和利用。教学资源库首先是按照学科来组织，其次按照素材类型来组织，每种类型的素材都需要标记不同的属性，便于归类存储和检索。各种资源按照其物理形态分类存储，并进行不同的属性标注，以便于用户能方便地对资源进行使用、检索和利用等。

二、网络教育支撑平台设计的原则

1. 系统性原则

既然网络教育支撑平台由四个相互独立而又关系密切、数据信息相互交错的子平台构成，因此，网络教育支撑平台的设计开发是一个系统工程。在系统开发设计初期，就应该有系统和全局的考虑，做好各子平台的功能分类和设计分析研究，做好各部分的数据接口设计等工作。为确保各子平台的数据信息同步，同时避免有关功能模块重复开发，应尽量采用对四个子系统同时进行设计，并且采用最好由一家开发单位完成的设计方式。

2. 发展性原则

从纵向看，网络教育支撑平台的建设会一直伴随着网络教育的发展，特别是我国的网络教育还处在刚刚起步的阶段，网络教育的模式和发展方向还在不断摸索之中，教学功能、管理功能等也会随着教学改革的发展、科学技术的发展以及网络基础设施的逐步完善而不断丰富；这就决定了网络教育支撑平台的功能应用也必然是需要不断完善和变化的，要求在设计与开发平台系统时，充分注意系统的灵活性和可扩展性，使系统能以比较好的形式变化和发展。例如，在实际设计开发中，应注意各类代码设置和增删的灵活性，各平台功能菜单、功能模块编辑和添删的灵活性，岗位权限设置的灵活性，以及库结构扩展字段的灵活性等。发展性原则还包括了对系统的可维护性要求，缺乏这方面的考虑，很可能导致系统的今后不可用。

3. 实用性原则

网络教育支撑平台的开发目的是为了让其在教学及其管理过程中得到充分的应用，一个不实用的平台，即使开发出来，也会被遗弃不用，造成人财物方面的巨大浪费。因此，为保证系统的高度实用性和可用性，在设计开发的整个过程中，必须有教学与管理方面的专家参与，而技术开发人员应该本着技术为教学服务的指导思想。尽量设法在技术开发上满足教学及管理的要求，避免那种为技术而开发、技术实现与教学需求脱节等情况。当然，如果在开发过程中，当技术实现有较大困难时，教学需求方也应在保证教学规律和教学质量的前提下，对有关规章制度和操作办法作适当调整，以配合技术的实现。实用性原则的另一个方面是注重操作界面及结构设计的简易方便性。

如果一个系统虽然在功能上能满足教学及管理的要求，但学生、教师和管理人员在对系统进行具体操作时感到不胜其烦，那么，实际上这一系统的设计开发是失败的。为了使系统更趋实用，设计开发中还必须注意对操作细节的设计应符合操作人员的操作习惯。

4. 稳定性原则

网络教育必须充分利用新兴技术为教学工作服务，但任何新技术从技术本身到技术人员掌握，都会有一个成熟期，因此在决定是否采用最新技术时，应当注意稳定性原则，根据情况采用。例如，刚出现的最新软件工具，往往会有很多 Bug 可能会导致系统开发和应用中出现问题；也可能由于技术开发人员对一门刚出现的全新软件技术还未熟练掌握，因此导致所开发的平台性能不良，或开发进度滞误，或遭遇其他困难等。在这种情况下，对于一个投资几十万元，又有时间要求的大型平台，可能应当考虑采用比较成熟和稳定的技术较为适宜。

5. 重前期原则

系统设计开发的前期工作是进行需求调研，做出需求分析。这一阶段的工作状况决定着今后系统的开发速度和性能状况。实际上，这一阶段不单是一个简单的提供功能需求的过程，更多的是大至教学模式、管理模式、工作思路，小至具体操作方式的分析、设计和研究，有时并会伴随工作安排的重新调整，如果在这一阶段对教学需求和管理需求细节了解和分析不充分，很可能造成功能设计、库结构设计等方面的许多问题，这些问题会给以后的开发过程带来许多的困难和麻烦，严重的甚至需要推倒重来。前期工作是"磨刀"，后期开发是"砍柴"，"磨刀不误砍柴工"，因此，开发工作切忌为了赶进度，在情况不甚了解、分析不透彻时就匆忙进入开发阶段，否则后果肯定是费工费时，且开发效果不太理想。

三、网络教育支撑平台的开发模式

网络教育支撑平台的各个子支撑平台之间关系密切，数据信息相互关联，最好按照以上所述原则统一设计、同步开发，也可以买现成的产品。例如，目前国际上已有比较好的教学平台，所以对于网络教育支撑平台采用买和开发两种形式会更好一些。下面是几种开发模式。

1. 自行开发模式

这一模式是指由网络教育学院的技术人员自行开发的模式。在技术能力和开发经验许可的情况下，这应该是一种比较好的开发模式。由于自己的技术人员对本学院的业务流程及需求非常明确，又对本学院采用的数据环境、网络环境及采用的其他平台比较熟悉，因此能开发出系统化的、比较实用的平台。

2. 参与式开发模式

这是指网络教育学院配备自己的设计和技术人员参与到系统的设计开发之中的一种开

发方式。这主要是从实用性原则来考虑，如果只有外来的技术人员单方面开发，而网络教育初期许多需求又提得模棱两可的话，势必会使开发出的系统不实用，和现实操作出入较大。因此，应尽量采用参与式开发模式，同时要求参与人员对网络教学的教学环节的组成和管理操作要求等各方面有相当的了解并且对技术也要有一定程度的理解。

3. 现场开发模式

这是指设计开发人员在教学管理的办公场所而不是异地开发的一种方式。这种开发模式能够保证开发人员和具体的操作部门方便地进行频繁的交流沟通，避免由于距离上的原因，使开发人员和业务操作人员疏于沟通，而使技术人员凭自己的想象进行设计和开发，其结果会导致开发出的系统不实用。

4. 开发与应用同步的开发模式

这是指边开发、边测试、边应用的开发模式。以管理平台的开发为例，整个管理流程一般需 3～4 年，即 3～4 年才会毕业一届学生，经历一个从招生到毕业的流程，可开发周期又不可能太长，所以将管理平台的开发，还是放在有一定教学经验的基础上为好，一般放在开展网络教育的第二年或第三年为宜，这样，如果开发期为一年，再加上一年左右的免费服务，基本上就会有一届学生毕业，就会真正实现边开发、边测试、边应用。另外，有一些环节一年中也许只有一次，如毕业设计，如果等到系统全部开发完成后，再进行测试、调整和应用，那么对某些功能而言，也许要等到下一年才会有机会进行实际应用。因此，一旦进入编程开发阶段，应尽量采用边开发、边测试、边应用的开发模式，使网络平台的建设开发与实际运用密切结合，做到成熟一块，应用一块，并在实践中检验软件的性能和可用性。

以上介绍的各种开发模式，并不是孤立的，而是几种开发模式都各有优势。对于上述的开发模式应当根据具体情况进行综合应用。例如：华东师大网络教育学院的支撑平台目前主要有自主学习平台(LearningSpace)和视频点播平台、门户网站、Mail 系统、作业系统、管理平台。根据刘名卓等的经验，学习平台和视频点播系统、作业系统这些平台，大众功能基本一致，完全可以采取购买方式；但应注意，购买时一定要买服务，以随时得到服务和软件的新版本。由签约公司开发的平台，要遵从以上介绍的原则，以及综合运用各种开发模式。另外，在设计开发过程中，学院要指派专人随时负责协调各业务部门和软件开发者之间的工作，并且在开发过程和开发完成的一段时期内，实际管理数据的采集应该采用双轨制，即既通过平台采集，又通过原有管理方式采集，以保证管理数据的绝对安全。实践证明，沟通协调工作的成功与否对于平台软件的开发的成功至关重要。

四、网络教育支撑平台的开发技术

网络教育支撑平台的开发是一个基于网络互联的应用，这种应用尤其是对远程数据库的访问采用的基本都是 C/S(Client/Server，客户端/服务器端)结构的应用模式。C/S 结构的应用模式在概念上来说非常简单，客户端的计算机通过网络向服务器端的计算机发送一个服务请求，服务器端得到这个请求后对其进行处理，然后将处理的结果反馈给客户端的计算机。要想实现这样一个网络应用，必须编写一个服务器端 Web 应用程序；选择一个发布程序的 Webserver，如 Apache、IIS 等；架设一个数据库服务器。不同的用户需求、不同的应用，就有不同的开发技术与运行环境。例如对于小型网站我们选用的主流技术是 Access 数据库、Windows 2000 Server 操作系统、ASP，大型网站我们选用的主流技术是 Oracle 数据库、Linux 操作系统、Java 语言(JSP)。对于网络教学平台来说 JSP、Linux 操作系统、Oracle 数据库是上佳的选择。

1. 服务器端 Web 应用的开发

常用的 Web 应用开发方式有静态 HTML 网页，CGI、ASP、PHP、PL/SQL、Java Apple、JSP。由于 HTML 比较简单，PL/SQL 与 Java Apple 在国内用得很少，下面介绍几种常用的方式。

1) ASP 技术

ASP(Active Server Page，动态服务页)是由 Microsoft 推出的。ASP 在服务器端进行请求的服务不是编译好的应用程序，而是一个脚本解释执行环境。ASP 的工作方式如图 9-3 所示。

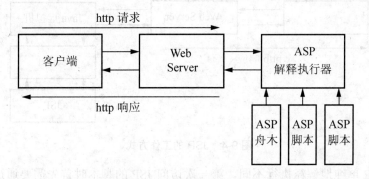

图 9-3　ASP 的工作方式

客户端给 Web Server 发送 http 请求，要访问一个后缀为.asp 的脚本文件，这个脚本是用脚本语言编写，能够对请求进行处理的程序源码。Web Server 把用户的 http 请求和要求的脚本文件发送给 ASP 脚本解释器中，由脚本解释器根据脚本程序的内容和 http 请求中的参数解释这段脚本程序，对用户的请求进行处理。完成对请求的处理后，解释器把执行的结果封装在 http 响应中，发送给 Web Server 最终反馈给客户端，完成一次连接服务。由于 ASP 采用的不是编译执行方式而是脚本解释的执行方式，因此程序员可以直接编写和修改 ASP 脚本而不需要进行编译与连接，从而提高了编程的速度和效率。

此外，将用户的请求交给 ActiveX 的对象来处理是 ASP 的另外一个优势，这种方式极大地扩展了 ASP 请求服务的能力。通过 ActiveX 对象的调用，ASP 可以将一个请求分配给几个分布式的对象同时执行，进行分布式的计算，大大提高了执行效率。

2) PHP 技术

PHP 也是脚本解释执行的服务方式，因此 PHP 的结构及工作方式和 ASP 是一样的。所不同的是 PHP 的脚本程序是由类 C 语言编写的，而 ASP 脚本是用 Vbscript 或 JavaScript 语言编写的。PHP 和 ASP 一样具有解释执行、线性服务的优势。PHP 和 ASP 相比，最大的优势在于 PHP 可以跨平台，无论是 Windows 系列的操作系统，还是 UNIX、Linux 都可以使用 PHP。不同平台下开发的 PHP 脚本程序是完全兼容的，可以轻松地将一个平台下开发的 PHP 脚本程序拿到另一个平台下使用。PHP 与 ASP 相比最大的缺点是 PHP 不支持分布式对象的调用，因此也就无法实现分布式的计算。在遇到非常大的请求与并发的请求非常多的情况，处理起来也会出现困难。另外 PHP 是自由软件，没有像 ASP 一样提供开发和调试的工具。程序员只能通过运行 PHP 脚本时解释器报告的调试信息和开发经验来排除错误，难度要比 ASP 大。

3) JSP 技术

JSP(Java server page java 服务页)是用 Java 语言编写的，并且是基于 Java 虚拟机运行的。Java 从根本上解决了互联网上跨平台、代码交换以及网络程序安全等诸多问题。JSP 和 ASP 一样也是脚本解释执行的。JSP 是通过解释执行 Java 语言编写的脚本来执行一个 Java Servlet 的程序，其工作方式如图 9-4 所示。

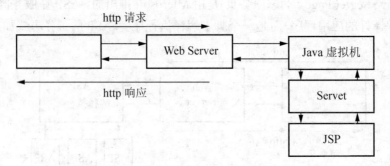

图 9-4　JSP 的工作方式

JSP 与 ASP 单纯地解释执行不同，第一次访问 JSP 的脚本时首先需要通过 Java 编译器将 JSP 的脚本编译成 Servlet，然后由 Java 虚拟机运行编译好的 Servlet。

和 ASP 支持用 VC 和 VB 开发的 ActiveX 对象类似，JSP 中可以使用 Java 语言编译写的 Java 类、JavaBeans 或者 Enterprise javaBeans 来进行更为复杂的处理。这样 JSP 也可以实现 JSP 脚本功能的扩展，并通过调用多个分布式对象实现分布式处理。JSP 是一种全新的解决方案，它集合了 PHP 的跨平台、ASP 的分布式对象支持的优点，并将 Applet 的运行从客户端移到服务器端，降低了对客户端的要求，因此 JSP 是一个非常完善的解决方案，也是当今最为流行的 Web 应用开发方式。

以上三项技术是用来开发网络教育平台服务端程序的，除此之外我们还要选择操作系统与架设数据库服务器。

2. 选择发布 Web 应用的操作系统

Linux 的 Web Server 是 Apache。之所以选择 Linux 主要是基于网络教学平台的安全性与稳定性来考虑的。我们知道在网络教学平台中允许教师与学生上传学习资源与教学信息，在教师与学生上传资料的过程中难免会带上恶意与无意的计算机病毒。如果是 Windows NT 操作系统，这种病毒对系统的安全危害非常大，从而也很难保证系统的稳定性。而 Linux 可以把这种危害减少到最小。同时 Linux 是个免费的、源代码公开的操作系统，这点也是 Windows 无法比拟的。Linux 现在已成为网络操作系统中一个不可缺少的组成部分。

3. 架设数据库服务器

目前 Oracle 占了世界数据库市场的 60%以上，是世界上市场占有率最高的数据库。Oracle 数据库提供零数据库丢失的环境，针对已毁损的数据库，提供快速且精确的恢复技术，可以尽量减少数据库离线处理的需求。Oracle 在数据库保护方面功能非常强大，其主数据库内的所有数据库将完整地保留在备援数据库，所有数据交换不致停止，数据库的一致性与完整性也不会受到影响。Oracle 数据库还提供了一套图形接口的数据库管理工具，方便管理人员对数据库进行日常维护。

而且，Oracle 数据库是免费无限期使用的，只要到 Oracle 官方技术网站 http://otn.oracle.com 上注册成为会员，就可以免费使用 Oracle 数据库及其开发与管理工具了。

第三节　典型网络教学支撑平台介绍

要完整地实施基于 Web 的教学，必须要有一套便于使用、高效的网上教学支撑平台的支持。目前在国际市场上主要有以下教学支撑平台。

一、Web CT

Web CT(Web Course Tools)是由加拿大 British Columbia 计算机科学系开发的异步课程传递及管理系统，主要用于课程开发与联机教学内容发布。Web CT 提供了一系列可以自动与课程内容紧密集成的学习工具，便于非计算机专业的用户使用。

在 Web CT 中有以下四类用户。

(1) 管理员。初始化新的课程，分配课程资源，删除课程，为课程设计者设置个人账号信息。

(2) 设计师(一般是该门课程的教师)。操作课程内容，创建测试，修改成绩，检查学生的学习进度，学生项目分组，管理学生账号。

(3) 评分员。对学生的考试与作业评分，对学生成绩进行记录操作。

(4) 学生。管理个人信息，浏览教学内容，进行学习活动，并能查看自己的学习记录和成绩。

该系统的优势在于：有易于使用的工具并可免费使用这些工具。而缺点是：课程设计的界面难以使用，一些经常使用的功能，如文件上传和下载需要复杂的步骤，添加和删除文件比较困难，该系统要求使用其专用的图形系统。

二、Virtual-U

Virtual-U 联机教育系统是由加拿大的 Simon Fraser 大学开发的一套在服务器上运行的软件系统，它是一个提供实施基于 Web 的教学和培训的集成工具，它可以设计、发布基于 Web 的联机教学内容，并为教师联机教学和学生联机学习提供了集成的教学工具和学习工具。

该系统的课程设计方便简单，不需要课程开发者掌握复杂的程序设计语言，可以使得更多的有想法的课程开发者参与进来。但对于初级的教学有它的局限性，如：页面导航过多，对于信息素养不高的学习者来说，容易在学习过程中迷航；不支持实时聊天，使得教师与学生、学生与学生间的交流大大减少；不提供关键词索引工具，使得学习者在学习过程中的学习效率大大降低，过多的精力已然放在了搜索环境中，这势必会影响他们学习的兴趣。

三、WISH

WISH 的全称是 Web Instructional Services Headquarters(Web 教学服务总部)，它由美国 Pennsylvania 州立大学开发，包括多项基于 Internet 的教学服务。

(1) 课堂管理：学生通过申请注册浏览网络课程，并通过计算机在线提交作业。

(2) 电子通信：提供小组讨论或信息发布的工具。包括：课程新闻，由电子布告牌承担信息的发布，可以是发表电子文章，而其他成员可以浏览该文章并提出自己的观点进行评论；实时会议，可以是一个视频会议系统，也可以是实时的聊天系统；创作工具，创建课程网页，为使用者提供可以自动生成的课程教学方针、课程计划、课程公告信息、课程作业、课程素材和选修名单等。

(3) 教学资源服务：可以实现收集图形、音频、视频等大量各种形态的教学资源来支持教学。

该系统的优点是它提供强大的教学资源管理服务，且网络教学功能的实现是通过一些通用的工具来实现，如它会收集图形、音频、视频等大量各种形态的教学资源以支持教学。适合一般的教学活动，不要求过高、过细的教学方式和类型。通过自动生成的课程内容，可以有效扩大教学范围和对象。使知识传播速度更快，信息量更大。

四、Web Course in a Box

Web Course in a Box(WCB)是 Inistitute For Academic Technology's Partnership for Distributed 和 EDUCOM's National Learning Infrastruct Initiative 协作开发的一个项目。它是一个集成的系统，具有以下特点。

(1) 用户可以根据自己的喜好，定制课程内容的显示风格，如选择个性化的颜色等；

(2) 输入基本类信息，如课程内容、对象、政策等；

(3) 提供学生会感兴趣的资料和话题；

(4) 即时发布课程信息；

(5) 还提供后台管理功能，可添加删除基本信息、教师信息、教学信息、个人资料等。

可以使不是技术专家的教师轻松地建立网上的联机教程，并且为课程建立安全的 Web 站点的工具，具有主页创作、学生管理与跟踪功能。这样的跟踪管理是后台服务管理平台根据用户点击访问某个主页的次数和访问的停留时间，还有通过该学习网站提供的测试题库中用户的答题情况进行统计分析得出用户是否学习到了相应的教学内容，以及是否达到了教学目标。

但 WCB 是针对 UNIX 平台下的 Netsite Commercial Web Server 开发的，目前只能运行到这个平台上。

如此功能强大、理论与实践结合紧密的网络教学平台应该有完备的系统兼容性，这将是我们未来的发展目标。

五、BlackBoard CourseInfo

CourseInfo 由 BlackBoard 公司资助，Cornell 大学开发，它是一个集成的联机教学与学习的环境，其基本特色与功能如下。

(1) 个性化定制：通过个性化的 BlackBoard 屏幕将课程、分组和教学信息集成在一起。

(2) 内容管理特色：采用易于使用的课程 Web 站点，使学生可以在任何时间、任何地点访问学习内容。

(3) 通信特色：增强学生与教师的交互。

(4) 评测特色：通过建立和管理测试与作业，提交学生的学习准备情况，测量学生的学习进步。

(5) 管理特色：注册信息管理、控制与定制联机教学与学习环境，通过浏览器实施。

六、LUVIT

LUVIT 英文全名为 Lund University Virtual Interactive Tool，中文全名即龙德大学虚拟交互工具。它是目前第四代远程教育工具中较先进的一种。除了具有用户和内容的发布、交流、管理等通常功能外，特别在界面选择性、交互性、教学策略灵活程度和用户友好方面具有领先地位。

但 LUVIT 尚存在一定问题：文件夹不能自由拖放进行粘贴或复制；修改后的目录树不能自由刷新或限定时间刷新；学生名单的存储与转移不便；不支持双向媒体流技术；网上测验种类有限；不能支持虚拟实验。虽然 LUVIT 3.0 版在这些方面已经做出了一定的完善，但还未能完全解决。

该系统的优点在于设计简单，使用方便，价格适中，维护简单，且界面已经汉化，从使用情况来看，还是较稳定的。

七、Learning Space

Learning Space 是由 IBM 针对远程教学内容建立于群件系统 Domino 之上的集学习环境、课程开发和课程管理为一体的交互式网上教学系统的远程教育产品。

它具备基本的交互功能，如在线聊天、讨论组等，简单的课程开发功能。Learning Space 用于制作一些简单的文本演示课件，它们为课件制作提供生成模板，可以简化教师的制作过程。提供基本的课程管理功能，可管理学生、教师的学习注册、访问权限以及课程目录、课程的建立和登记。

它还具备 IBM 其他产品的共性，系统完整性强，从资源管理、分布式联机教学到网络教学管理，具有一个完整的整体；但其独立性强，难以与其他模块集成，且专用性强，开放性不够，只适合某些大型系统。

八、Vclass 简要介绍

Vclass 是由北京师范大学现代教育技术研究所开发的网络教学平台，是建立在通用 Internet/Intranet 基础之上的，专门为基于双向多媒体通信网络的远程教学提供全面服务的软件系统。

Vclass 网络教学平台由四个系统组成：网上教学支持系统、网上教务管理系统、网上课程开发工具和网上教学资源管理系统。

与国外的网络教育支撑平台相比，国内开发的网络教育支撑平台相对较少，而且许多教学平台的开发是在引进国外成功的网络教学平台的基础上，它旨在提供一种全面的支持服务系统，缺乏针对性，适合较大的网络教学支撑平台的建设。而国外的网络教学平台做得更加细致，针对性强，能够广泛地开展应用。不过在这一方面，由于网络教育公司的介入(如北京校际通公司)，我国的网络教育支撑平台已经向产品化的方向发展，逐渐形成了一系列针对性较强的产品，如：校园图书馆管理系统、校园/教育局行政管理系统等。

第四节　网络教育支撑平台的应用

本节主要介绍我国网络教育支撑平台的应用。

一、"清华教育在线"网络教育支撑平台

清华大学教育软件研究中心近年来研究出一个网络教育支撑平台——"清华教育在

线"。"清华教育在线"网络教育支撑平台是应用教育技术学理论和计算机网络技术构建的一个集教学、教学资源库管理、教学管理与评价于一体的综合性网络教育支撑平台，目前已在国内许多家高校投入实际应用，并获得教育部组织的 2001 年全国多媒体教育软件评奖网络教育平台类一等奖。该平台的设计特点及关键技术如下。

1. 主要设计特点

(1) 教师自主设计教案。教师可以根据授课的实际需要，利用教学资源库的素材和自己的教学资源，在线编写自己的 HTML 化的教案发布给学生。教案支持文字、图形图像、动画、视频、音频等多种媒体形式，使教师可以充分利用多媒体技术改善教学效果。

(2) 教师个人教学资源与公共教学资源的结合。构建基于 XML 技术的标准化教学资源库，该资源库包括课件、课程素材、案例、试题、资料、公共素材、网址资源、共享资源、共享软件等，以弥补网络资源匮乏的不足。教师可以根据教学需要从公共资源库提取需要的资源，实现网络教学资源利用率的最大化。同时教师也可以将自己的教学素材共享到公共资源库，进一步丰富网络教学资源。

(3) 构建学术活动平台。学术活动是大学本科和研究生进行研究型教学的重要环节，是提高学生学习兴趣、激发学生创新能力的有效方式。构建学术活动平台能够为学生进行学术交流和学术研究提供网络支持环境。

(4) 以知识点为核心组织网络教学。以知识点为核心组织网络教学突破了传统教学以章节为主线的教学方式，有利于教师准确评估自己的教学效果，有利于学生对知识的准确把握，有利于网络教材的编写制作，同时为建立智能化的学习跟踪、智能答疑提供了基础。

(5) 自适应的学习机制。根据学生浏览课件的情况，比如哪种知识点看得多，哪些知识点看得少，哪些页面浏览时间长，哪些页面浏览时间短，就可以判断出学生的背景知识水平，知识点的掌握情况，个人的学习能力强弱。根据这些判断的结果动态调整教学资源链接，提供最适合个人的学习资源，达到最佳的教学效果。同时为学生提供方便的个人资源管理工具，使学生能够根据自己的需要组织自己的学习资源，与教师提供的资源形成互补，激发学生自主学习的兴趣，发挥网络教学的优势。

(6) 智能答疑系统。系统可以方便快捷地解答学生的问题，同时结合知识点的结构分析学生问题的分布情况，指导教师采取进一步的辅导措施。教师可以根据自身教学的情况调整知识点的结构。

(7) 对象的行为跟踪。教师通过查看学生的在线学习记录，能够了解到学生的学习情况，比如学生的自测情况，学生实验的完成情况，作业、测试成绩等，使教师可以方便准确地评估自己的教学效果。教师还可以根据学习跟踪掌握学生在线行为，引导学生正确合理地利用网络教学资源。教务人员也可以通过该系统了解教师的教学情况，评估教学质量。

(8) 学生自我测评。学生可以随时向系统发出申请，系统根据学生申请的难度要求和学生学习的范围生成相应的试卷。学生完成试卷后系统自动批阅试卷并将批阅结果返回给学生，使学生能够看到哪些知识点存在不足，以便在后续的学习过程中作相应的调整。

(9) 远程考试系统。教师可以选择人工或智能组卷方式，生成试卷对学生进行在线考试或测验。学生的考卷经系统自动评分后存入成绩库，教师可按需要获得各类统计分析信息。

(10) 试题生成工具。教师可以在线编辑各种类型试题，包括单选、多选、判断、问答、论述等题型。教师编辑的试题可以自己使用，也可以共享给指定范围的人员或全部人员使用。

(11) 先进的网络教学管理系统。以教学服务管理为核心功能，同时提供教学分析和电子结算功能。模块化设计便于不同部门构建适于自己的管理系统，通用标准数据交互为校际管理提供透明交互操作，教学行为分析与数据挖掘为网络教学调整管理提供反馈数据。

2. 关键技术

(1) 应用 XML 技术进行网络教育的标准化研究和规范建设，以便和其他系统的信息共享。

(2) 基于 J2EE 标准构建的网络平台，采用客户端、逻辑处理、数据库的三层结构，实现跨平台使用，适应不同类型软硬件环境。

(3) 基于企业级服务器，采用 Solaris+Java+Oracle 软件环境，保证超高流量下的访问质量和效率。

(4) 采用面向对象的设计思路，引入 UML 技术进行全程建模，使升级、维护更为方便。

(5) 采用积件式、模块化设计，能够针对不同的要求整合具有个性化特点的网络教学系统。

(6) 采用先进的 B/S(Browser /Server)结构，客户端只需通用的 Internet 浏览器即可。

(7) 采用防火墙、用户身份认证、SSL、用户信息库安全保障和备份等多种网络安全措施，确保系统安全。

(8) 采用流媒体技术，实现视频、音频与 HTML 多媒体内容的同步。

(9) 采用网络公式技术，方便的网络公式编辑工具可以使用户在教学过程中方便地书写公式，并可以将公式存储为个人资源，以便重复使用。

(10) 采用协同学习的支持技术，可以根据不同的教学模式、不同的教学对象，在各个教学环境中为网络教育提供灵活的、可缩放的、适用于多种层面的协作学习支持环境。

(11) 采用数据挖掘技术，在大量的教学信息的基础上，利用数据分析和挖掘工具，开发教育行为分析工具，指导学生学习和教师教学，提高远程教育的质量。

二、北京师范大学网络教育支撑平台

北京师大网络教育实验室研发了一套专门支持有效开展研究性学习的系统 WebIL(Web-based Inquiry Learning System)，一套专门支持有效开展协作学习的系统 WebCL(Web-based Collaborative Learing System)，并在多个学校开展了研究性学习和协作学习方面的教改试验。两个系统既可以独立应用于教学，也可以整合到更全面的教学支撑系统中。

WebIL 提供了一个比较完整的"平台＋资源"网络环境下的研究性学习解决方案，如：

教与学的研究活动支持，管理和评价的功能，同时建立了适合开展研究性学习的动态资源库和资源导航系统，还包括互联网、图书、电子出版物、期刊等信息资源的索引。资源导航系统使学生可以避免在浩瀚的网络信息海洋中"迷航"。

WebCL 提供了学习者学习风格测量，根据不同学习特征进行分组学习；提供了在线寻呼和文件上传、下载，支持管理员、教师、学生之间的同步异步交流；还提供了学习效果评估和协作绩效评估等功能。该系统以建构主义学习理论和系统论为指导，充分发挥学习者的主观能动性和为学习者创设良好的学习环境，便于学习者建构自己的知识体系。

三、北大在线网络教育支撑平台

北大在线网络教育支撑平台由北京大学和北大青鸟集团共同投资创建。作为北京大学远程教育的一个窗口，北大在线以北京大学为依托，以市场为导向，有效整合、传播北大丰富的教育资源，提供基于网络的、个性化的、多层次的教育服务。

北大在线在率先倡导课堂与社区互动的网络教育新理念的基础上，自行开发设计了具有国际水平的、符合中国人学习习惯的网络教育平台和课件，并努力把传统的教学、管理经验与现代教育方法、手段结合起来，为学生提供最优质的在线教学管理与服务。

四、安博网络远程教育平台

安博网络远程教育平台是一个基于课程、支持国际和国家教育行业标准的网络教育软件平台，支持同步教学、异步教学、教师引导学习和学生自主学习等多种教学模式。同时，平台还拥有功能强大、灵活、方便的网络教育教务管理功能。

安博网络远程教育平台包含课程(教/学/管理)、教务管理和系统管理三个主模块，设有多种级别的用户权限，包括学生、老师、课程管理员、教务管理员和系统管理员等。

该平台采用目前最先进的 Java 和 J2EE 的技术体系构建，支持结构模块化，有较强的灵活性和可扩展性。支持多种数据库、操作系统和应用服务器，具有管理方便(Browser/Server技术，一次维护全面升级)、可扩展性强、二次开发容易、稳定性好等优点。

五、网梯远程教育平台

网梯远程教育平台是由网梯公司开发的，整个平台包括：课件制作系统，课件发布点播系统，网上交互系统，教务管理 MIS 系统。网梯公司承担了多所院校的远程教育平台开发，通过开发多个高等院校的远程教育平台，吸收各个学校的教学教务管理经验。该平台既结合了先进的技术手段，又结合了实际学校的运作，能够简单、有效地完成高校网络教育工作。同时，网梯公司针对没有开展远程教育的学校开发了作为校内传统教育补充的校内网络教育平台，并在北大等校园得到了很好的应用。

第五节　网络教育支撑平台的发展趋势

随着教育需求的增长，教学理论与现代信息技术、传播技术的不断发展和完善，网络教学平台的研究不断地出现一些新的热点和趋势。

一、技术主导论之下网络教育支撑平台的发展蓝图——SCORM

为了更好地理解这一点，首先应对 SCORM 有一些了解。

1. SCORM 的背景

SCORM(The Sharable Content Object Reference Model)即可共享对象参照模型，起源于 1997 年，由美国白宫科技办公室与国防部所共同推动的 ADL 先导计划(Advanced Distributed Learning Initiative)中提出，希望透过教材重复使用与共享机制的建立，来缩短开发时间，减少开发成本，促成其能在各学习平台间流通自如，同时在 SCORM 教材共享机制下，也能达成大幅降低训练费用的目标。为推动厂商开发具备上述特质的教材，研订出一套相互关联的技术指引，简称为 SCORM。

2. SCORM 2004 的基本内容

SCORM 集成了其他一些现今流行的组织如 AICC(Aviation Industry CBT Committee)、ARIADNE(Alliance of Remote Instructional Authoring & Distribution Networks for Europe)、IMS(IMS Global Lea.rning Consortium，Inc.)及 IEEE LTSC(the Institute of Electrical and Electronics Engineers，Learning Technology Standards Committee)标准，各取所长。主要引用了 IMS 的 XML(EXtensible Markup Language，支持可扩展标记语言)语言来形容学习资源和内容包装指针，以及 AICC 中内容软件与学习平台之间的沟通协议等标准。SCORM 研究规范和标准来提供实现网络化学习对象的互操作、可访问和重用性等综合的数字化学习功能。

3. SCORM 的三项重要规格

SCORM 提出三项重要规格，就是课程结构格式(Course Structure Format，CSF)，课程执行时的环境(Run Time Enviroment，RTE)以及元资料(Meta Data)的定义，分别叙述如下。

(1) 课程结构格式是以 XML 格式为基础，并定义出课程内所有的学习组件、课程架构以及外在学习资源指引。课程结构格式的性质很像"蓝图"，让我们能够把课程从一个学习管理平台，移转到其他的学习管理平台，并依照蓝图来组合课程。

(2) 课程执行时的环境是为了让不同厂商所制作的学习内容，都能被不同的学习管理平台使用而订定的，因此它包含了学习管理平台如何激活学习内容的方法、课程内容和学习管理平台间所采取的沟通协议，以及当课程内容执行时，它和学习管理平台间所交换的数据项之定义等。

(3) 元资料一般是指描述资料的资料，也就是(Data About Data)，此处则指描述学习组件的资料。为了发挥学习资源再利用的最高效果，最好能让计算机系统自动拣选学习组件，此时计算机就必须靠元资料来做判读与分析，以发现、过滤、筛选出合适的学习组件来组合成课程，所以元资料与学习组件两者间是共存共荣的关系。

学习者只需要坐到计算机前，完成计算机给出的一系列测试后，一套适合学习者的在线课程自动呈现在计算机前，让每个学习者只学习自己需要学习的内容，这就是技术主导下的网络教育支撑平台发展的终极目标，而 SCORM 2004 为这一目标提供了一套可行性框架。经过多年努力，ADL 组织终于将这个理想化的理论落实到实际中。今年，ADL 对外开始受理 SCORM 2004 认证，目前，世界范围内已经有七家公司的平台通过了 SCORM 2004 认证。SCORM 提供了可行性自动化学习路径设计(Sequence)方案，从而真正满足了网络学习个性化学习的目标，因此，SCORM 将成为技术思想主导下的网络教育支撑平台的发展趋势。

我们认为，尽管 SCORM 标准提供了三项重要的规格，但是它是偏向技术的，诚然技术先进是很好的，对于网络学习的主体它考虑的不是那么详细，那么全面。如果在技术和人之间找到一个平衡点，那么效果会更好。对于这个平衡点，有待于技术的进步和科技人员的进一步努力，开发出技术和人文并重的一种新标准。

二、技术辅助论之下网络教育支撑平台的发展蓝图——LAMS

学习路径设计(Sequence)同样是技术辅助主导下的网络教育支撑平台需要解决的核心问题，不同的是，这里的学习路径设计是以教师为教学服务为出发点的，因此更多考虑教师可以利用平台和工具，方便地为每类(个)学习者设计不同的学习路径(Sequence)。刚刚兴起的 LAMS(Learning Active Management System，学习活动管理系统)恰好为技术辅助思想下的网络教育支撑平台在个性化教学发展上提供了方向。LAMS 设计理念来源于 IMS 组织的 Learning Design EML，并且以之为发展基础。事实上，很多应用于高等教育的教学辅助平台，如 Blackborad、WebCT、Claroline 等都已经具备了部分 LAMS 的特性，只是在个性化学习路径设计上还有待完善。澳大利亚麦加里大学的 LAMS 研究小组(Lamsfoundation.org)今年已经推出了一个成熟的 LAMS 产品原型。LAMS 为教师提供了可行性在线学习活动路径设计(Sequence)框架，从而真正满足了教师通过 e-Learning 实现个性化教学的目标，因此，LAMS 将成为技术辅导思想下网络学习支撑平台的发展趋势。

三、"融合"成为大趋势

从学习的本质上说，一个有效的在线学习行为，并不取决于是"技术主导"还是"技术辅助"的网络学习模式，首要的因素是由学习内容和学习者来决定的。从学习内容上看，知识点明确的认知型、技能型课程更适合"技术主导"下的网络学习平台来传递；而一些理论性或软技能的课程则适合"技术辅助"下的网络学习支撑平台来传递。从学习者角度来看，有些学习者习惯于独立自主学习，而有些学习者更习惯在人文环境中学习。无论在企业或学校的应用，学习者同样需要两种模式的网络教育支撑平台，因此，能够同时很好支撑"技术主导"和"技术辅助"的网络教育支撑平台，才是真正符合未来发展趋势的网络教育支撑平台。

综上所述，网络教育支撑平台会向以下方向发展。

(1) 综合化。由于多种技术的发展，网络教育支撑平台会综合多种技术，因此综合化会是必然趋势。

(2) 智能化。随着智能代理、数据挖掘和虚拟现实技术在网络教育中的深入应用，网络教育支撑平台将实现个性化和智能化。

(3) 多极化。由于网络学习越来越流行，开发网络教育支撑平台的机构会越来越多，而技术实力、人力参差不齐会使开发出的网络教育支撑平台呈现出多极化的趋势。

(4) 注重新的技术开发和应用，例如将移动技术、网格技术、点对点技术等应用到平台的开发中来，同时 Blog、Wiki 与实时通信等社会软件对网络教育平台的建设也产生了重要的影响。

网络教育是信息技术应用与教育领域的必然产物，是信息社会人们对教育提出的新要求，是人们终身学习的重要途径，而网络教育支撑平台是网络教育发展的基础，因此对网络教育支撑平台的研究有着重要的意义。随着网络教育的发展，网络教育对网络教育支撑平台也不断提出新的要求，如简易性、实用性、个性化、智能化等，使其在教育中发挥更大的作用。

本 章 小 结

本章认为一个完整的网络教育支撑平台应该由四个系统组成：网上教学支持系统、网上教务管理系统、网上课程开发工具和网上教学资源管理系统。网络教育支撑平台的开发模式主要有自行开发、参与式开发、现场开发、开发与应用同步的开发等模式；按照一定模式设计网络教育支撑平台时应遵循系统性原则、发展性原则、实用性原则、稳定性原则及重前期原则。

网络教育支撑平台的开发是一个基于网络互联的应用，其开发技术有：

(1) 服务器端 Web 应用的开发。

常用的 Web 应用开发方式有静态 HTML 网页，CGI、ASP、PHP、PL/SQL、Java Apple、JSP。由于 HTML 比较简单，PL/SQL 与 Java Apple 在国内用得很少。而常用的主要是 ASP 技术、PHP 技术及 JSP 技术。以上三项技术是用来开发网络教育平台服务端程序的，除此之外，还要选择操作系统与架设数据库服务器。

(2) 选择发布 Web 应用的操作系统。

(3) 架设数据库服务器。

【思考与练习】

1. 简述网络教育支撑平台的构成及功能。

2. 比较几种典型的网络教学平台。

3. 谈谈你对网络教学平台技术的展望。

【推荐阅读】

1. 吴兰岸，王达光等. 网络教学平台的开发技术与应用[J]. 高教论坛，2004(8): 125-128.

2. 余胜泉. 典型教学支撑平台的介绍[J]. 中国远程教育，2001(2): 57-61.

3. 曹煜，赵晨芳等. 网络教育支撑平台综述. http://www.qiexing.com/post/487.html.

4. 王涛，白进等. 网络教育支撑平台综述. http://www.qiexing.com/post/487.html.

5. 张业明. 网络教育支撑平台的发展分析[J]. 湖北师范学院学报(自然科学版)，2003(3): 90-93.

6. 陶彦玲. 网络教学支撑平台研究[J]. 西北师范大学学报(自然科学版)，2004(4): 55-59.

7. 曲宏毅，韩锡斌，张明，武祥村. 网络教学平台的研究进展[J]. 数字校园，2006(5): 103-106.

8. http://zhidao.baidu.com/question/1988925.html.

9. http://www.hlje.net/class_jyxxh/view.cfm?acid=807C2FA13D210319043DB7C80D7CFB00&time=20040720.

10. http://www.lyinfo.net.cn/webclass/webjy/webpage9.html.

第十章 网络教育应用

本章学习目标

➤ 校园网和局域网的作用
➤ 校园网的构建模式，城域教育网的功能
➤ 城域教育网的构建方法
➤ 利用校园网或局域网开展网络教育

核心概念

校园网(Campus Network)；城域教育网(Metro Education Network)

中国矿业大学网络远程教育系统实施案例

中国矿业大学针对"一校、两地、三校园(徐州校本部、北京校区西校园、北京校区东校园)"的办学格局，想要实现远程多点实时交互教学、学术交流、技术培训、电视会议、课件视频点播、与校园网平滑相接并和有线电视网资源共享等功能，必须建立一个技术先进、性能可靠、完整成熟、灵活扩展、标准开放的远程教育网络系统。

中国矿业大学远程教育系统网络的组成如下。

1. 远程教育系统主干网

利用国家公用网的 ISDN 线路进行远程网络互联。路由器选择 Cisco 2610，并配置 BRI 接口卡，每组绑定 4 个 BRI 的 ISDN 线路与远端路由器连接，配置 RSVP 协议，从而实现远程实时多媒体数据的传输。

2. 校园教育系统子网

徐州校本部采用 Cisco 2924 交换机，建立远程教学和会议应用的局域网并与校园网连接，保证系统的兼容性和稳定性，并易于管理。北京西校园已有的校园网以 3Com 的 ATM 交换设备为主干网，采用 3Com 3000 系列的交换机配置 ATM 模块，与校园网连接并同时划分了虚网，方便了远程教育系统的网络管理、扩展和多媒体应用。北京东校园在远程教育系统中，利用共享型集线器建立本地局域网，并通过路由器与北京西校园的虚网进行连接。三个校园的路由器与本地的局域网连接，形成了基于 TCP/IP 协议的网络。通过公用 ISDN 网，建立了 H.323 会议系统所必备的网间网。

3. MCU 的级联

徐州校本部安装了一台 MCU，用于控制和管理徐州的多点会议。北京西校园安装了一台 MCU，用于控制和管理北京东、西两个校园的多点会议系统。二台 MCU 可以级联构成大型的教学系统和会议系统。系统可以召开从 128Kbps～1.5Mbps 的视频会议，通过主席控制锁定视频流，邀请用户或终止用户加入教学和会议活动。内置的网闸功能和基于 SNMP 协议的管理器，可以通过以太网端口进行远程配置和软件升级。用户可以利用多点通信服务功能，实现基于 H.323 标准的多点交互视频会议，开展远程教学、学术交流、技术培训、工作会议、协同工作等方面的应用。

4. 教学终端和会议终端

选用 VCON 公司的 MC8003 设备，具有单显示器、双显示器和三显示器模式。用户通过 MeetingPoint 软件，实现各种教学与会议的实时应用。利用 T.120 协议及子协议进行远程白板交互、文件传送和应用程序共享等功能。在点对点的远程教育系统中，支持远端摄像机控制。视频速率支持带宽从 64Kbps～1.5Mbps 自适应调节(ABA)控制功能。并具有全屏显示、画中画和图像抓取等功能，使得由 VCON 公司 MC8003 系统组成的教学与会议终端在应用上更加灵活方便。

5. 智能化电子白板的应用

为了实现远程交互式教学及学术交流，实现远程虚拟教学环境，采用智能化电子白板，配合投影机，多媒体 PC，利用 T.120 协议及其子协议进行远端交互式板书。配合远程教学系统，实现图像、语音、电子课件、传统课件的实时交互。

6. Multicast 技术的应用

将远程教育网与校园网连接，利用现有的网络资源，应用网间网的 Multicast 协议，将教学内容、会议内容、有线电视网的内容，通过 IP/TV 广播服务器，将视频、音频信号压缩编码，向校园网进行 Multicast 广播。通过 TTL 的配置，可以避免造成网络阻塞。

校园网内所有安装了 IP/TVViewer 软件的计算机，均可观看到当前远程交互式教学、会议、有线电视网的内容，实现一人发言、多人接收的基于网间网的教学广播系统。在广播的同时可以录制基于 RTP、RTCP 协议的数字多媒体课件，用于资料存储，便于今后 VOD 多媒体课件及其他教学活动。如果广域网带宽允许，还可以进行远程的 Multicast 广播。

7. CATV 的应用

为了实现远程教学与会议内容在有线电视网上广播的功能，将视频、音频源分别连接到 CATV 调制器上，经调制后进入有线电视前端并发送给用户。CATV 网上的节目源则通过解调器解调后分别送入远程教育系统，在校园网上广播或传输到远端。

8. 辅助设备

考虑到教学与会议内容的综合应用和需要，远程教育系统还将录像机、VCD、录音机、视频展示台、投影机等设备进行了汇接与集成，并进行集中控制与管理，使得教学与会议使用的终端设备多样化，技术手段更加丰富灵活。

案例分析

中国矿业大学率先在国内高校中建立了基于 H.323 协议标准的远程教育系统。该系统采用 TCP/IP 协议实现的远程教育和视频会议功能，不仅符合远程教育系统设计的总体要求和总体目标，而且能够和中国矿业大学的实际网络需要紧密结合，从而实现了现代远程教育网、校园网和有线电视网的三网合一，并形成了教学、科研与服务三位一体的、以教学为主的现代化远程教育实体。

资料来源：http://www.chinaet.org/tg/sjszhxy/2399.htm

第一节 校 园 网

校园网是实施学校教育现代化的重要基础设施，作为学校内部的信息高速公路，一方面连接学校内部子网与分散在校园各处的计算机，另一方面作为沟通学校校园外部网络的桥梁，为学校提供教学、管理、办公、信息交流和通信等方面的综合应用，在新时代发挥着重要作用。

一、校园网概述

概括地讲，校园网是为学校师生提供教学、科研和综合信息服务的宽带多媒体网络。

首先，校园网应为学校教学、科研提供先进的信息化教学环境。这就要求校园网是一个宽带、具有交互功能和专业性很强的局域网络。多媒体教学软件开发平台、多媒体演示教室、教师备课系统、电子阅览室以及教学、考试资料库等，都可以通过该网络运行工作。如果一所学校包括多个专业学科(或多个系)，也可以形成多个局域网络，并通过有线或无线方式连接起来。

其次，校园网应具有教务、行政和总务管理功能。

最后，校园网还应满足校内外通信要求。包括因特网服务、远程教育服务(CERNET 和教育卫星)、电子公告和视频会议、IC 卡服务及校外服务 PSTN 等。

综上所述，校园网应具有教学(科研)、管理和通信三大功能。

二、主要建设模式

在校园网建设和发展过程中，目前逐步演化出三种主要建设模式：自行开发模式、供应商提供模式、学校与供应商合作模式。

1. 自行开发模式

这种模式通常由学校内部人员做需求调研，然后根据调研结果建设计算机网络基础设施，编制管理软件，开发信息系统服务平台，建设信息资源库。

早期校园网建设大多采用的是自行开发模式。采用这种模式易于实施，可以充分利用学校理论研究的优势，有利于锻炼和培养学校信息化队伍。自行开发模式比较适合技术力量较强的院校，对中小学来说，采用这种建设模式的成功率不是很高。特别是随着学校管理需求的提高，以及新的管理软件和网络技术的出现，这种开发模式的缺点逐渐地显现出来。

(1) 开发周期长。校园网建设包括许多网络基础设施、网络服务设施，以及许多网络支撑平台和信息服务系统，一般不会一步到位，而应采取总体规划、分步实施的策略。此外，在各个层次系统的建设中，资源的数字化是贯穿始终的。在数字校园建设中，已有的资源需要数字化，不断产生的新的资源也需要数字化，因此，资源数字化是一项长期的任务。

(2) 重网络建设，轻网络服务。一些学校虽然很早就建立了校园网，而且不断实行网络升级，但是在网络服务上，除了域名服务和主页信息发布外，其他服务很少，电子身份和认证服务以及网络管理、网络安全等服务一般都不到位。

(3) 缺乏有效的管理机构。信息化建设不单纯是一个技术问题，教育信息化会触及管理机构的重组、人员的优化等问题，一个技术部门是难以胜任的。要解决这些问题，必须制定出一个校园网的总体规划，并以此规划指导以后的信息化建设。在实施过程中，需要建立一个能够协调各个部门，全面负责校园信息化建设、信息管理以及具备技术研发支持服务能力的机构。

2. 供应商提供模式

这种模式是首先选择一家具有丰富行业经验的校园网解决方案提供商，由该提供商提供实施队伍，他们负责校园网的所有建设，包括基础硬件和软件平台、数字化的学校教育资源、数字化的学校教育活动等。

供应商提供模式具有两大特点。①技术先进且有保障。校园网解决方案是在最新的硬件和软件技术的基础上，由计算机专业人员研发的，可以在比较短的时间建设好基础硬件和软件平台，建设信息资源库，而且支持学校的教学和管理机构提出的调整要求，为学校的不断发展留有较大的空间。②建设质量可靠，升级有保证。大型集成系统通常是由知名的专业公司来研发的，这些公司具有完善的质量保证体系，一般比较重视售后服务，在问题响应等方面比较规范。此外，这些公司在升级维护方面的支持比较及时，有利于学校信息系统的更新。

能为学校提供培训方案。中小学校园网建设的关键是组建一个适合学校应用的计算机网络环境，并使网络能充分应用于教学、科研和管理的各个方面。目前，由于中小学知识密集程度和计算机水平不如高校，在一定程度上限制了校园网络的高效使用。专业公司可以结合高校在教学、科研及校园网建设理论方面的优势，推出符合学校实际情况的完整培训体系，如：校园网建设之前对学校决策层的培训；校园网建设过程中对校方网络管理员和技术人员的现场培训；校园网建成后针对网络管理员、教师和学校管理层人员的培训，使各层次人员对校园网都会用，而且习惯使用。

这种模式在现阶段推广得比较多，但它不可能成为所有学校的数字校园建设模式，它的主要弊病有以下三个方面。

(1) 提供商的数量和质量不能满足需求。国内的校园网建设目前尚处于起步阶段，存在着诸多问题。具有雄厚实力的系统集成商还只是少数，大部分的系统集成商勉强只能胜任设备集成的工作，仅仅注重有形的网络硬件而忽略了无形的软件、服务和管理，不能针对学校的具体运作模式提供高质量的增值服务，这势必导致建设上的浪费。

(2) 存在认识误区。有的学校与提供商之间存在认识误区，认为建设校园网是提供商的事，使用校园网是学校的事。建网的规模和要求由学校提出，方案的提供和实施由厂商完成，网络的应用和管理由校方实现，各模块互不相关，使得校园网建设与应用脱节。

(3) 数字资源不够。校园网建设中的一个重要问题是资源建设，很多已建设了校园网的学校存在建好了网络但是缺乏资源这一矛盾。针对于中小学使用的数字化资源的开发是一项综合性的课题，对开发人员的素质要求也是综合性的。优秀的开发人员应该是身处教学一线，充分了解教学要求、教学重点，同时又熟练掌握计算机操作及应用知识，具备多媒体制作的全面技术和经验的人员。这样的开发人员目前在学校比较少，在企业则更加匮乏。

3. 合作开发模式

这种模式是选择一家具有丰富行业经验的系统集成校园网解决方案提供商，由其对学校的教学和管理进行全面、深入的分析研究，提出校园网的总体规划、设计方案，编制详细的需求任务书，帮助学校完成校园网的分析和设计。由学校信息化技术人员按照系统设计的要求建设一系列计算机网络基础设施等。或者提供商和学校根据学校的实际情况和各自的专长共同建立校园网，如提供商可以建立网络基础设施，为学校选择合适的管理软件，提供商和学校技术人员共同开发信息系统服务平台，学校技术人员以及教师共同建立信息资源库。

这种模式的优点有以下两方面。

(1) 结合学校和提供商两者的优势。这种模式最成功的一点是双方取长补短，可以充分利用提供商积累的一些建设经验与学校在教学、科研及校园网建设方面的理论，进行数字校园建设；可根据学校具体的教学管理特点，随时开发出相应的系统和模块，较为灵活；可完全根据学校具体的教学、科研、管理、服务机构的管理模式进行全方位的开发，能满足学校总体规划的相关要求。

(2) 有利于提高学校信息技术人员水平。在这种模式下，学校可以参与到诸如基础设施建设、系统开发、系统调试、系统运行等具体的技术工作中，因此，通过项目的实施可以提高学校的技术水平。

总的来说，采用该模式可以保留前两种模式的优点，但也有一些弊病：由于这种模式基本是沿用自行开发模式方法，所以自行开发模式本身所具有的一些缺点，它也不可避免；有可能会增加投资。因为这种模式既涉及学校自己开发的投入，又涉及对提供商提供的服务的投入，投资可能会比前两种模式都多。此外，这种模式不仅与学校的管理和技术水平有关，与提供商的技术水准及能力也有非常大的关联，不确定因素比较多。

三、校园网建设

1. 大型校园网建设

此类学校定位的学校网络规模比较大，用户的信息点数为 400 点以上。大型校园网网络系统如图 10-1 所示：从设计上分为核心层、汇聚层和接入层；从功能上基本可分为校园网络中心、教学子网、办公子网、宿舍区子网等。分层思想使网络有一个结构化的设计，针对每个层次进行模块化的分析，对统一管理网络和维护非常有帮助。目前，分层式的设计已经成为一个潮流。下面对三个层次进行分析。

(1) 核心层。核心层的功能主要是实现骨干网络之间的优化传输，骨干层设计任务的重点通常是冗余能力、可靠性和高速的传输。网络的控制功能最好尽量少在骨干层上实施。核心层一直被认为是所有流量的最终承受者和汇聚者，所以对核心层的设计以及网络设备的要求十分严格。核心层设备将占投资的主要部分。

(2) 汇聚层。汇聚层的功能主要是连接接入层节点和核心层中心。汇聚层设计为连接本地的逻辑中心，仍需要较高的性能和比较丰富的功能。

(3) 接入层。我们在核心层和汇聚层的设计中主要考虑的是网络性能和功能性要高，那么在接入层设计上主张使用性价比高的设备。接入层是最终用户(教师、学生)与网络的接口，它应该提供即插即用的特性，同时应该非常易于使用和维护。当然我们也应该考虑端口密度的问题。

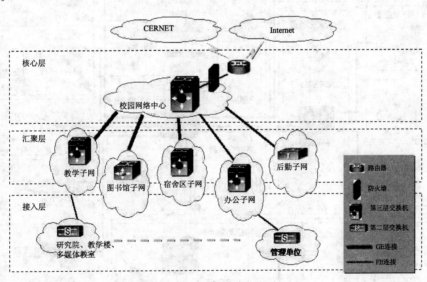

图 10-1 大型校园网网络系统

一般情况下，网络中心被认为是核心层交换机的最佳所在地。而供全校使用的服务器也将连接到核心层交换机上，充分利用核心层交换机的路由、控制和安全的功能，达到服务器资源的有效利用。而公网的出口一般会连接到核心层交换机，在公网和内网之间一定要有防火墙(软件的或硬件的)，以确保安全和防止反动的、色情的内容入侵校园网络。

　　汇聚层的交换机原则上既可选用 3 层交换机也可以选择 2 层交换机，这要视投资和核心层交换能力而定，同时最终用户发出的流量也将影响汇聚层交换机的选择。如果选择 3 层交换机，则在全网络的设计上体现了分布式路由思想，可以大大减轻核心层交换机的路由压力，有效地进行路由流量的均衡。如果选择分布式路由方式，可考虑降低核心交换机的路由能力投资费用。另一种情况，如果汇聚层设备仅选择 2 层设备，则核心层交换机的路由压力会增加，需要在核心层交换机上加大投资，选择稳定、可靠、性能高的设备。在投资上，我们建议在汇聚层选择性价比高的设备，同时功能和性能不应太低。作为本地网络的逻辑核心，如果本地的应用复杂、流量大，可考虑选用高性能的交换机。

　　接入层交换机没有太多的限制，但是接入层的交换机或集线器对环境的适应力一定要强。全中国的学校几乎都有一个困难——投资。在每个建筑里都设置一个通风良好、防外界电磁干扰条件优良的设备间是不现实的，大多数楼层交换机被放置在楼道里，所以接入层的设备首先应该对恶劣环境有良好的"抵抗力"。接入层设备不用追求太多的功能，只要稳定就好。

　　整体的设计应该对传输多媒体信息特别是语音和视频的支持有利，应该提供端到端 Multicast 支持，这主要取决于校园的应用需求。图 10-2 为大型学校结构及网络设备连接图。

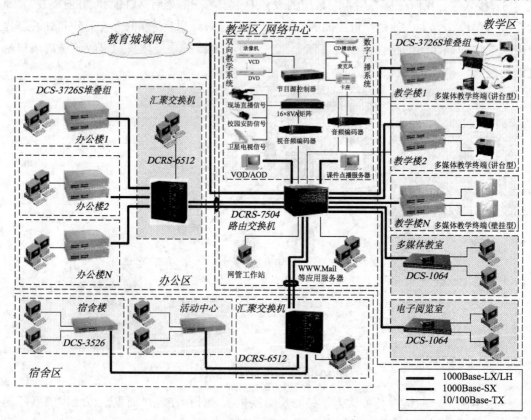

图 10-2　大型学校结构及网络设备连接图

大型校园网方案核心交换机采用 DCRS-7504,具备 4 个插槽,最多支持 32 个千兆端口,可以提供极高的性能和可靠性,通常适合于 400 点以上规模较大的校园网。可根据接入层交换机及服务器的数量选择相应的模块。通过直接采用千兆单模裸光纤连接教委信息中心,作为核心层节点。

对大型校园网络来说,核心层的设计非常重要,我们要考虑其功能性、控制性、可靠性、稳定性和具体的性能。如果核心层选择的是独立设备,我们应该尽可能做到性能的冗余,比如采用热备的管理模块、冗余的电源以及冗余的链路设计。双机热备将是最好的方案,汇聚层的设备与核心的设备最好有冗余的连接。而公用服务器与每一台设备都应该具备连接。

关于网络的冗余设计可以分成 3 个层次。

1) 网络设备的冗余设计

采用冗余配置的单机或多台设备互为热备。当然最好的方式是多台设备互为热备,但是这种方案一般情况下花费较大。

2) 网络链路的冗余设计

往往链路的冗余设计是最易被实现和被用户接受的冗余方式。主要原因是这种冗余设计构思简单而且便宜。链路的冗余实现可以通过多种技术,目前最流行的是链路聚合技术(802.3ad)和生成树技术(802.1D)。这两个技术可用于不同的环境和需求,也各有优劣。当然链路聚合技术可与生成树技术配合使用。链路聚合技术针对点对点的应用,常用在核心多机热备和二级交换机与核心的单机连接。生成树技术常用于二级交换机与核心交换机连接的链路上。链路聚合技术提供了扩展带宽、链路热备、均衡负载和快速切换(一般小于 4s)的特性。生成树技术是一个纯备份的技术,在应用的时候有一条或多条链路处在阻塞(Blocking)状态,只有在主链路断掉之后,备份链路才会启动。这个过程大概需要 45s(收敛时间)。链路聚合技术相对投资较大(端口、线路),但是可靠性极好;生成树协议早就成为工业标准,兼容性非常好,而且较便宜,但是浪费链路带宽。很多厂商也开发了替代生成树协议的厂商标准,主要是减少收敛时间。目前 IEEE 标准 802.1W 被称为第二代生成树技术,可以替代传统的 802.1D。802.1W 将收敛时间缩短为 4s 之内。

对于这些情况,建议在核心使用链路聚合技术,而汇聚层与核心层的连接使用生成树技术。

3) 服务器的冗余设计

服务器的冗余设计包括了很多的方面:链路、硬件和软件等。链路的冗余可以采用双网卡方式或在单片多口网卡上使用链路聚合技术;硬件的冗余可以采用双服务器热备的方法;软件的冗余可以采用双服务器软件镜像的方法。冗余设计是网络设计的重要部分,是保证网络整体可靠性能的重要手段,但是投资也将增加。当然,3 个层次的设计可以贯穿整个网络,每个冗余设计都有针对性。我们也可以选择其中一部分或几部分应用到网络中以针对重要的应用。

汇聚层在这里考虑了两种情况。

其一,对于突发流量大、控制要求高、需要对 QoS 有良好支持的应用(多媒体流——语音、视频和数据的融合应用，比如多媒体教室和教学)，选择高性能但是性价比高的DCRS-6512 多层交换机。

其二，对于没有特殊需求(多媒体传输、安全、控制等)的子网，比如后勤子网，一般情况下，这类子网最常用的应用是数据。所以对负责这类子网的汇聚层设备要求并不高。可以考虑使用性能中等的二层交换机设备。

接入层针对不同的接入密度可采用 DCS-3726S 24 口可堆叠交换机或 DCS-3750 48 口交换机。通常多媒体教室人数多在 50 人左右，采用神州数码为教育城域网"客制化"的DCS-1064，DCS-1064 可以提供 64 个 10/100Mb 以太网接口，完全适应校园网多媒体教室的需求。如果接入点数量在 24 口以下，如学生宿舍楼等，也可选择 24 口独立交换机DCS-3526。这三款交换机均可支持百兆光纤或千兆上联，DCS-3726S 还可实现堆叠组内跨交换机的千兆端口聚合，能够有效提高上联链路的带宽和可靠性，消除网络瓶颈，达到真正的无阻塞的千兆骨干和百兆交换到桌面。

教室端配置多媒体教学终端，完成 VOD/AOD、课件点播、智能教学广播、数字监控、网络中控等多媒体教学功能。在主控室配置相应的硬件和软件完成全网的应用功能及管理。采用神州数码 LinkManager 全中文网管系统对网络进行统一监控、配置和管理。

2. 中型校园网建设

对于中型校园网络来说，用户的信息点数为 150～400 点。这类学校网络功能需求并不一定比大型校园网络少，但是有一点似乎可以肯定：网络的流量相对较小。那么，流量对网络的设计有哪些影响呢？网络的流量主要来自信息源，如 PC、Server 等。网络上的流量分布是非均衡的，不同的业务会产生不同大小的流量。比如说大型图纸的存取在研究机构非常普遍，传输一张图纸大约会消耗数百兆的资源，如果多人同时在一个网络里对同一台服务器进行存取，可以想象发生的流量有多大。但是如果仅是管理部门使用 OA 系统，流量就会很小。当然流量具备突发性，在一个工作日的某一时段是发生巨大流量的时期，这个时候几乎所有人都在传输数据，网络利用率(带宽占用率)可能会达到70%以上。这个时段以外网络利用率可能还达不到 5%。面对如此大的差距，怎样设计网络呢？我们认为，网络流量的评估是网络设计前非常重要的工作。可以依据子网络信息点的数量、业务的类型和突发流量的时间段等来评估网络流量的分布结构，对于流量大的网络选择性能高的设备，而对流量小的网络选择一般的设备。对于带宽的选择，可以用规模经济化方法来计算，比如 20 个信息点，最大的流量为 8Mbps/s，最小的流量是 1Mbps/s，那么我们可以取平均值的评估值来决定上联带宽。对此例平均值为 80Mbps/s，设同时有 40%的人使用网络(来源于业务量及集中操作时间的调查)，评估值为 32Mbps，我们需要 32Mbps 的上联带宽。

作为核心层，一定具备可靠性、稳定性、冗余性、高性能和控制性。我们要合理分配有限的投资。核心层设备、重要应用部门和链路的结构将是投资的重点。

中型校园网络汇聚层的设计原则和大型校园网络汇聚层的设计原则是相同的，既要兼顾本地的需求又要兼顾对整个网络的配合。对于中小型校园网络，可能汇聚层和接入层并为一层，也就是出现了 2 层的结构。2 层结构也好 3 层结构也好都是逻辑的，网络设计层次只要对需求有利就可以了。

综上所述，中型校园网的建设，如图 10-3 所示，核心交换机选用性价比更好的 DCRS-6512 机箱式路由交换机或 DCRS-5526 路由交换机。

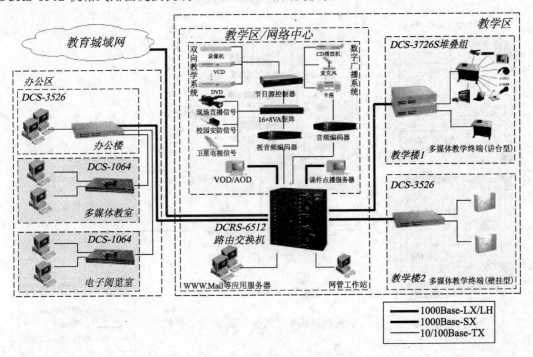

图 10-3 中型校园网建设结构图

DCRS-6512 具备两个管理引擎插槽和 12 个接口模块插槽，可以提供 24 个千兆端口或 96 个百兆端口，还可提供 88 个 VDSL 端口用以连接 100m 距离以上或不易布网线的场所；支持冗余电源、管理引擎，提供较高的可靠性。通过直接采用千兆单模裸光纤连接教委信息中心。

DCRS-5526 智能型以太网交换机是一款新型的企业级多层(L2/L3)交换机。它具有 24 个 10/100Mbps 自适应 RJ-45 端口和两个模块扩展插槽(可选插百兆光纤模块或千兆模块)。DCRS-5526 交换机内部嵌有基于 SNMP 的管理代理模块，支持通过带内或带外管理交换机。

接入层根据需要灵活地采用 DCS-3726S、DCS-3750、DCS-3526 或 DCS-1064。

教室端配置多媒体教学终端，完成 VOD/AOD、课件点播、智能教学广播、数字监控、网络中控等多媒体教学功能。在主控室配置相应的硬件和软件完成全网的应用功能及管理。

采用神州数码 LinkManager 全中文网管系统对网络进行统一监控、配置和管理。

3. 小型校园网建设

对于用户数量 20～150 点的中型校园网，则可采用蓝箱路由器配合二层或三层交换机的方式实现。对于存在多个建筑的校园，如图 10-4 所示，每个建筑采用一台或几台 DCS-3000 系列交换机、DCS-1064 交换机通过千兆、百兆光纤或铜缆上连，如果需要可以在中心采用一台 DCRS-5526，以减轻中心路由器蓝箱的压力。网络中心选用一台"客制化"产品"蓝箱"，并通过百兆宽带城域网连接教育城域网。

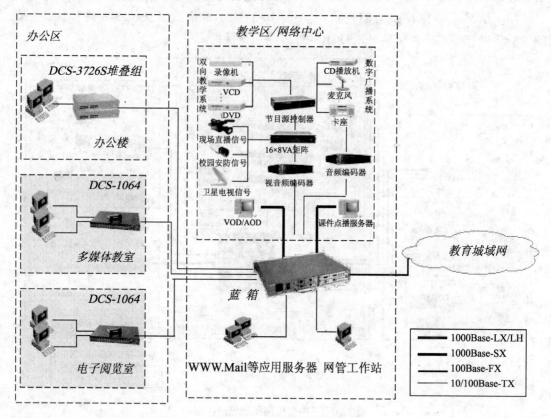

图 10-4　小型校园网结构图

神州数码 DCR-2708E/2716E/2708/2716 系列交换路由器是神州数码网络有限公司推出的高性能、模块化多协议交换路由器系列产品，提供了 1 个 10/100Mb 自适应以太网端口、8 个(2708E/2708)或者 16 个(2716E/2716)10/100Mb 自适应交换以太网端口、1 个通用高速 PCI 网络接口卡扩展插槽和 1 个专用低速网络/语音接口卡扩展插槽，可选择配置类型丰富的多种局域网、广域网以及语音接口卡，具有配置灵活的特点。

教室端配多媒体教学终端，完成 VOD/AOD、课件点播、智能教学广播、数字监控、网络中控等多媒体教学功能。在主控室配置相应的硬件和软件完成全网的功能及管理。

4. 简易速建型校园网建设

对于信息点很少的简易小学校园网，如图 10-5 所示，用户信息点数一般在 20 点以下，则可采用一台蓝箱路由器(DCR-2708E/2716E/2708/2716)组建校园网，并通过百兆宽带城域网连接教育城域网。这种方案的特点是投入非常小，而且易于维护，非常适合小型的校园网或幼儿园。

在每个幼儿园配置几台多媒体教学终端，完成多媒体教学，并通过宽带城域网接入教育城域网，共享城域网上的教学资源。

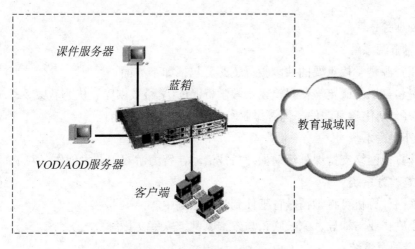

图 10-5 简易速建型校园网络

四、校园网的基本应用

1. 校园网的教育功能模型

校园网首先是一个多功能信息系统，其功能可以抽象为 7 大部分(或者说校园网的教育功能由 7 个部分组成)：教学系统、管理系统、信息资源系统、课外教育系统、家庭教育系统、社会教育系统、通信系统。

1) 教学系统

校园计算机网络对教学过程的支持，首先着重考虑在班级教学中如何发挥计算机网络的作用，目前考虑以下 8 个方面。

(1) 教师工作绩效支持(用以提高教师的工作效率与效果，如用计算机进行教材分析、教案编写、制作讲稿、收发作业等)；

(2) 多媒体课堂教学(调用电子讲稿、教学呈现、实验模拟、创设学习情景、支持学生为主体的知识建构)；

(3) 个别化 CAI(个别辅导、练习、补习，提供扩展和加深学习的材料)；

(4) 计算机化测试(计算机出题、组卷、判卷、评分与分析)；

(5) 计算机管理教学(诊断性测试、分配学习任务、学习剖析与分析)；

(6) 多媒体课件开发(教师利用课件写作工具制作各科多媒体教材)；

(7) 学生作业工具(学生借助计算机的各种工具软件完成作业)；

(8) 计算机教育(计算机课程的学习和作为学习工具的使用)。

2) 管理系统

利用计算机网络支持学校行政和事务管理，包括如下方面。

指挥工作(校长在网上发布工作指令，教职员工在线报告工作进程)；教育质量管理和决策支持(教育指标的动态测评和提供决策)；教务管理(学籍管理、课程管理、课表管理、成绩管理)；人事管理(人事档案管理、教职员工业绩测评等)；总务管理(财物预决算、校产管理、伙食管理等)。

3) 信息资源系统

网络化资源是学校重要的共享教育资源，包括如下方面。

图书资料；电子阅览与情报检索；教学资源库(学科数据库、优秀教案、教学实录等)；学习资源库(个别化学习课件、优秀作业库、课程辅助资料等)。

4) 课外教育系统

利用计算机网络支持课外活动如：科技活动、智力游戏、艺术创作、网上写作等。

5) 家庭教育系统

利用联网计算机可将学校教育延伸到学生家庭中。

如：家庭作业与辅导、家长联系与咨询、网上家庭文化等。

6) 社会教育系统

利用网络可将校内空间与校外空间连为一体，使校内教育与校外教育紧密结合。如：连接校外资源、远程合作学习、网上校园文化、远程教学交流、聘请联网专家等。

7) 通信系统

作为其他子系统的支持结构，同时支持各项日常通信活动。如：无纸化办公、师生联系、对外联络等。

2. 校园网的应用

校园网主要有教学、科研、管理等网络应用。核心的应用是教学尤其是课堂教学。

网络中应用最多的是视频点播(VOD)、音频点播(AOD)、课件点播(COD)、视频会议、远程监控、远程教育等多媒体教学。这些网络应用的一个明显的特征就是数据容量大和要求交互性，并且一般基于组播传输服务。

1) 视频点播服务(VOD)

在教室端，该系统应支持多种格式的 VOD 视频点播功能，包括 MPEG-1/2/4 和 AVI、RM 等格式。学生可以通过视频点播的方式随时观看以前压缩编码存储的教师授课影像或点播一些压缩编码的 VCD/DVD 素材，不同终端可以同时使用 VOD 服务器内的城域网中相同或不同素材。并且系统通过实时数字化压缩编码技术、多媒体控制技术的应用，全面支持有线电视、卫星电视、录像机、VCD、DVD 等传统节目源及相关设备的数字化传输与网络化控制的接入，可任意点播调用授权范围内的卫星电视、有线电视、公共广播、录像机、VCD、DVD 等任意节目源，并可对录像机、VCD、DVD 等传统节目源设备进行实时播放控制，如切换、快进、快退、播放、暂停等，从而实现交互式网络电视教学和视频会议。

2) 音频点播(AOD)

在教室端，系统应支持 MP3 格式的音频点播功能，其优点是，可以根据准确的时间起始点、暂停点(时间打点)确定播放长度，进行变速播放、复读等，提高和丰富了外语课堂教学的手段，代替录音机进教室，为外语教学提供有力的工具。用户可以控制暂停、继续、快进、快退、停止等播放进程。音频素材占用带宽远远小于视频素材，同样的环境下，百兆接入城域网的环境下，学校并发点播音频的终端数目可以轻松达到 100 点以上。

3) 任意格式的多媒体课件点播

系统支持任意格式的课件点播，能够实现对任意格式的课件进行点播，包括常见的 Author Ware、Flash、Word、PowerPoint、Html、*.exe 等格式，而不仅仅限于某些特定格式，也不需要对课件格式进行转换。用户在教室使用"多媒体教学终端"时，感觉就像在使用课件服务器的主机一样，不但可以操作一般的文档、图片、幻灯片、网页，而且可以很流畅地播放视频、音频、动画等内容，可以执行任何 EXE 文件。

4) 视频直播

系统可根据教学需要将现场直播信号(如教育局领导讲话、重要集会、文体表演、名师授课等电视摄像信号)通过 IP 网络实时发送到各个多媒体教学终端，实现网络教学的功能。这些影像还可同时存储下来，以便日后学生通过视频点播方式再次观看。

通过区教育中心的集中网管单元软件的控制，可以把视频/电视、音频信号，经过编码器数字化以后，直播到任何教室的终端。由于是全体直播，因此要对所有教室的终端按照群体进行接收编组，规定不同组的终端分别接收不同的直播内容，或者部分接收直播，另外的部分不接收，并实现定向、定时自动播放，从而灵活实现直播功能。

5) 远程教学/远程监控

利用该系统强大的多媒体流数字化编解码能力和 Internet/城域网发布功能，可以轻松实现 Internet 和城域网上的远程教学与远程监控。

其中远程教学包括两个方向的含义：一是指从 Internet/城域网上实时接收教育信息和教学场景，并在校园网内播放进行教学；其二是指把本校教师的教学过程和电子教案等实时发布到 Internet/城域网上，向异地学生远程授课。

基于同样的原理，各个校园内的数字监控信息送到校园网上以后，再经过城域网，就可以发布到互联网上，并且被互联网上任意的安装了接收软件的计算机接收到并显示，实现校长、家长远程监控/远程教学评估。

为了适应城域网发布，要求各个终端局有城域网全局有效的地址，可以采用 Web 发布的方式，并且可以对校园内的数字监控信息作再压缩处理，变成更适合在整个城域网低速传输的形式。同时具有 Internet 有效地址的节点可以进行 Internet 发布，实现 Internet 上的远程教学/远程监控。

6) 视频会议

教育局与学校、学校与学校、学校内部的班级与班级之间可以通过数字视频系统实现实时的交流与教学观摩等功能。并可通过教委的集中网管单元实现教师在不走出办公室的情况下进行全区的可视会议。

前面说过，通过在教室安装摄像头(包括云台)和拾音器，并在教室的多媒体终端中安装数字编码模块，就可以把模拟的监控信号经过数字化后，从教室端送到校园网上。在校园网中的任意一台计算机，只要安装相应的接收服务软件，就可以接收监控信息并实时地显示出来，其他的教室终端，同样可以通过网络接收此数字监控信息，并经过解码后在本教室的电视机或其他显示设备上播放。班级之间可以互相发送和接收监控信息，并允许对接收的内容进行任意控制。

实现上述的网络应用，首先要搭建一个满足校园网应用的宽带的校园网络系统，没有相应的网络基础设施，数字不能流动，就不可能形成数字的空间。

第二节　地区/城域教育网

城域教育网是教育网络发展的方向，教育部"鼓励有条件的城镇地区，把辖区内若干中小学校作为一个整体，建设三网(计算机网、闭路电视网、广播网)合一的'城域网'"。

以网络设施为依托，以信息技术为支撑，以教育资源为内容，以实现现代化教育和管理为目的的城域教育网，可以给特定的区域教育提供全方位应用服务的信息化环境。

一、地区/城域教育网简介

城域教育网是以计算机网络技术为基础，以网络教育资源与教育软件为核心，以实现信息化教育和集中式管理为目的，以提高教学与管理效益为根本，为当地学校教育信息化提供全方位服务、指导的大型教育网络。

城域教育网将本地区的教育机构全部连接到网络中，最终形成一个区域性的互联、信息交换、资源共享和远程教育的基础构架，使各学校的校园网络不再孤立存在，而是完全融入城域信息网络体系中，成为城域信息网络体系的重要组成部分。

二、地区/城域教育网的硬件结构

从硬件体系结构上看，地区/城域教育网由五个部分有机组成，其主体与核心是教育信息网络中心，它是城域教育网的网络管理中心、管理信息中心、教育资源中心和远程教育中心。城域教育网的基本节点是校园网络，各校园网通过公众通信网接入到教育信息网络中心，并通过它接入到 CERNET/Internet。其具体结构如图 10-6 所示。

三、地区/城域教育网的软件构成

一个完整的网络系统不仅仅只由硬件设备和网络连线组成，硬件设备仅仅搭建了网络系统的基础，它们是网络系统能够正常工作的前提，但绝不是网络系统的全部。要发挥出网络系统内的交流沟通、资源共享、教学教研、远程教育和全面管理的作用，还需要有提供相应功能的网络系统和应用软件以及教育应用数据库，有了它们的加入，各种信息数据才会在网络中流动起来，各种功能才会发挥出来，整个城域教育网才会发挥出应有的生命力。城域教育网的软件由两个层次的软件组成：首先是教委(信息中心)中心网内的教育应用资源库、应用和管理软件、信息和远程教育平台；其次是学校内的校园网的各种系统和应用软件。

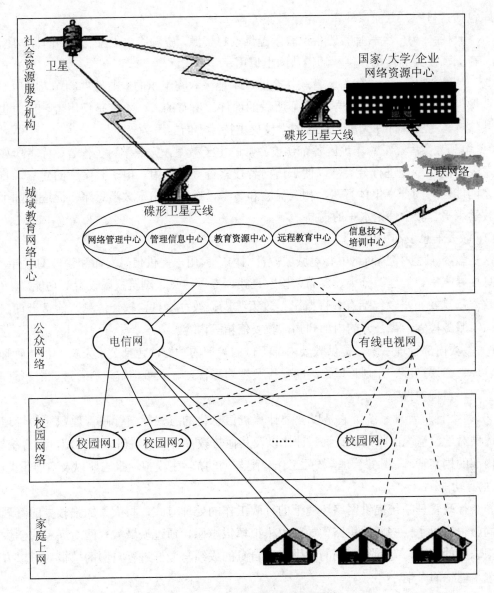

图 10-6　地区/城域教育网的结构

1. 教委(信息中心)中心网内的软件

1) 资源管理系统

管理资源库的资源管理系统，提供保存、分类、归档、检索查询、导出导入、备份、存储、权限分配等功能。

(1) 多媒体教育应用资源库。

为广大教师教研备课教学提供素材资源的多媒体教育应用资源库，提供了文字、图片、照片、动画、音频、视频等素材，供教师们从网上调用，可以丰富备课素材，提高备课效率，为全市各所学校的广大师生服务。这样的资源库并不单纯是由软件供应商提供，所有使用的教师，都可以共同构建它，为它提供自己制作的素材，对其进行进一步充实和补充。

资源库包括素材库、专业课件库、电子教案库。

① 素材库。为广大教师教研备课教学提供素材资源，资源库提供了文字、图片、照片、动画、音频、视频等素材，供教师们从网上调用。

② 专业课件库。提供优秀教育软件企业、本地区教委组织的专业课件制作人员所制作的专业课件，汇总本地区各个学校教师所做的课件。所有的人，不仅是使用者，同时也是参与共建者。专业课件库为整个地区的学校提供持续不断的服务。

③ 电子教案库。汇总本地区各个学校教师的电子教案，按照学科、作者、作者所属学校、发表时间、专题进行分类，以便于访问者搜索查询和使用。电子教案库的建立，将使教师之间能够共同分享集体智慧，相互借鉴和参考，有助于拓宽教学思路，促进教师个体课堂教学水平、教学理论水平的提高。

(2) 教委信息发布平台。

这是教委(信息中心)网络中心对城域教育网内广大用户提供信息发布和管理的软件，用于信息搜寻收集、处理、分类、发布、检索查找、专题热点、浏览权限设置等功能。

教委信息发布平台包括有教育概况、政策法规、教育信息、教委信息、信息查询、服务电话，服务检索，可公开的内部刊物，教委信箱等内容。

① 教委内部管理系统。提供教委内部工作的管理的功能，包括公文发文、借阅管理、党务管理、会议管理、计划管理、活动安排及规划等管理、人事档案资料管理、财产管理、图书管理、日程安排等。

② 教委行政管理系统。它是以教委计算机信息化的方式行使行政管理职能的管理软件，提供对学校情况的收集和查询、评比以及其他与教育有关的科研方案实施，教育统计，教委内部的档案管理，财务管理，教师工作分配与调动，学生模拟填报志愿以及政府采购(软件代理)等功能。

教委行政管理系统提供网络环境下的行政工作的处理方式，将大大加强教委的管理职能，同时也提出了一些新的思路。如学生模拟填报志愿，通过城域教育网对高考的学生进行填报志愿的调查，有利于不同的学生根据自身的成绩与爱好进行自愿的填报，可以方便学生进入理想的大学。

2) 操作系统

城域网服务器的计算机操作系统可从 Windows NT、UNIX、Linux 等进行选择，Windows 是微软为个人计算机设计的操作系统，采用图形用户界面，操作使用较为简便，功能丰富，价格不贵，但是其稳定性、安全性以及用户请求响应等性能还有不少不尽如人意的表现；UNIX 是较为普及的大型多用户操作系统，稳定性、安全性以及用户请求响应等性能比较好，目前 X Windows 的出现也为用户提供了图形用户界面，使用上与 Windows 相似，功能强大，但是对用户的管理要求比较高，价格也比较昂贵；Linux 是一个开放的计算机网络操作系统，随着开发力量的不断增加，功能不断增强，安全性以及用户请求响应等性能比较好，目前已经有相当的应用在使用它，价格比较低廉，信息产业部和教育部曾经下文规定 Linux 为教育办公的指定平台。

城域教育网要为城域的广大教育工作者和师生提供服务，访问的用户数量较大，安全性和响应要求比较高，所以，对教委主体网的数据服务器，我们推荐使用 Linux 作为计算机操作系统。主体网内 PC 的操作系统我们推荐 Windows 2000/98/95。

3）基础网

城域网中的基础网——校园网面对的是学校日常教学学习管理等全方面的需求，需求面广，而且需求有一定的层次结构；站点分布在整个校园中，较为分散；通过网络传输的信息量大，而且有一定的方向性；网内的教学资源需要管理。这样的需求，仅仅用有限管理功能的应用软件是难以提供的，这就需要借助于一个能够管理网络中所有信息和资源、业务流程、提供公共接口的网络系统管理软件来实现，这样的网络系统软件，我们将其定义为校园网操作系统。

校园网建设还要解决学校的网络基础设施的建设问题，建立起一条沟通校园内部各个方面的信息高速公路，即要建立起网络部分；要能够解决学校各个业务需求问题，还需要应用支撑软件。

四、地区/城域教育网的特点

1. 技术先进性

教育也必须与社会的功能和形象相适应。能够预见到未来社会对信息化的需求将会是十分巨大的，城域教育网的建设必须适应教育快速发展的形势，在总体规划并实施投入使用后，能够在相当时间内保持其先进性。总体上考虑采用高速光纤宽带网络、高速数据服务、海量数据存储、数据安全等技术，实施城域教育网的建设。

2. 经济性

由于是高速宽带光纤网，如果所有的 400 所学校都直接和中心网相连，那么将会造成光纤铺设工程巨大，投资巨大，而且中心网本身的连接负担也较为沉重，为了减轻经济负担，采用中心网、分区中心网和各个学校校园网组成的三层城域网结构。同时，考虑到新区内的重点学校对教育资源的需求量大，交流信息多，所以对于新区内重点中学，采用和新区教委直接相连，以二级身份进入城域教育网。

3. 安全性

网络承担着繁重的数据存储、访问服务等任务，需要建立起完备的安全机制，保护重要数据，杜绝非授权用户对系统的侵入，保证整个网络系统的可靠运行。

4. 可扩展性

充分考虑到以后组成的发展需求，和投资的经济性相结合，提供充分的可扩展性，不仅满足目前的应用需求，随着网络规模的发展，用户的增多，可以很方便地从现有的系统以经济可行的投资进行升级，避免重新投资和浪费。

5. 有效管理性

网络管理的有效性，最大限度地降低网络的运行成本和维护任务。

6. 开放性与专有性相结合

保证城域教育网同上级主管部门、其他地区城域教育网以及互联网的连通性，同时也保证城域网内部专有的高速流畅性。

7. 全面性

城域教育网不仅包括覆盖城域的各级教委和 400 多所学校的光纤宽带网络、学校校园网、网络服务器、计算机外部及其他辅助设备等硬件部分，而且包括教委教育资源库、电子教案库、课件库，行使管理、信息、网上教育等功能的网络应用软件，以及学校校园网系统和应用软件。城域教育网解决方案由网络解决方案和软件解决方案、实施方案和培训及售后服务整体构成。城域教委网，是主干校园网，是基础网。

五、城域教育网的具体功能

建成后的城域教育网充分利用现有的信息网络技术，进行信息资源整合，实现教育资源共享，让宝贵的知识财富发挥更大的作用。城域教育网的建成将改革传统的管理方式，充分利用先进的科学技术，使学校管理上一个新台阶。城域教育网具备无纸化办公、数据电子化传输、电子化归档、远程管理、视频会议、教育信息资源共享等应用和管理功能。各校通过高速网络连接到信息网络中心，各级各类学校的域名统一规定，通过网络中心 DNS 服务器进行域名解析。各级各类学校的网站主页挂接于中心的 Web 服务器，作为教育的整体形象的窗口向外展示。整个区域将统一信息管理平台，文件、请示、各类数据报表等通过网络传输，由中心数据服务器实施管理；具备数据查询功能、网页发布功能、网络通信功能。以上各种形式，除了可提供学校基础教育以外，只要增加相应培训功能，同样适用于在校教师的再教育以及面向社会各界的再教育，实现远程教育。由此可见，城域教育网的具体功能主要包括以下三个方面。

第一，教育信息发布和行政管理系统。利用统一的管理平台，采用门户网站的设计，分级权限管理，推进教育信息网络的建设和发展。

第二，教育教学资源建设和管理系统。利用城域网内资源管理系统、课件制作系统、授课观摩系统、教学交流系统等相对统一的平台，从基层学校和其他地方收集和整理各种信息资源，并将现有大量的教育教学资源，利用数据库技术有机组织起来，使教师、学生方便快速地检索到所需的信息资源，实现区域内教育资源的有效共享。

第三，视频应用和远程教学系统。召开教育系统内的视频会议；教育系统内同时开设点对点视频交流；教师实时进行网上课堂教学辅导，实现视频点播。远程教学系统将面向广大学生，采用智能教学系统、视频点播系统、自助考试系统等软件管理方式。系统功能结构如图 10-7 所示。

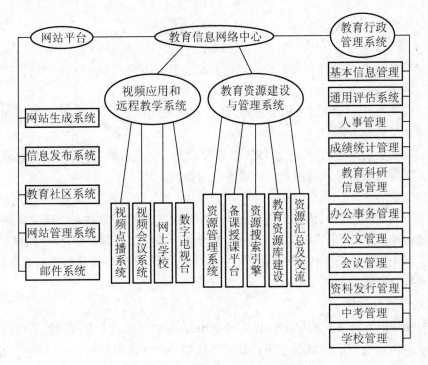

图 10-7 远程教学系统功能结构图

六、构建教育城域网的方法

教育城域网建设的总体目标是利用各种先进、成熟的网络技术和通信技术，采用统一的网络协议(TCP/IP)，建设一个可实现各种综合网络应用的高速计算机网络系统，将各学校及教育部门通过网络连接起来，并与 CERNET、Internet 相连。在城域网上，为各学校提供可靠的、高速的和可管理的网络环境，为用户提供广泛的数据资源共享、丰富便捷的网络应用(如：实时多媒体视频/音频、网络远程教学、网络会议等)，提供各种网络服务(电子邮件、文件共享、WWW 信息查询等)，为各用户提供多种形式的访问，实现网络的扩展，扩大联网的范围和规模，实现校校通工程。

1．教育城域网的设计原则

教育城域网络应该是一个灵活的、可以管理的、高带宽、高可靠性、先进的网络系统。设计方案应遵循以下原则。

1) 高带宽

为了支持数据、话音、视频等多媒体的传输能力，应大幅提高网络带宽，应实现从桌面至主干交换机各级网络设备全方位地消除网络瓶颈，尽量避免拥塞，显著改善响应时间，还应提供对服务质量的保障机制。

2) 高可靠性

数据网络系统应采用可靠性高的产品和容错的网络结构，以使网络具有高度的可靠性。应采取多层次的冗余备份手段和技术，保证设备在发生故障时能在最短时间内恢复，以最大限度地保证网络的正常运转。

3) 高安全性

应根据城域网管理制度和网络策略制定一套完善的安全政策，采用合适的技术手段，充分地保证网络的安全性。

第二层的安全性，可以通过基于 MAC 地址进行接入控制，甚至可以利用每端口 VLAN 来实现网络连接的安全性。

第三层的安全性，通过静态的 ARP 表，及第三层交换机访问列表(ACL)，通过协议、网络地址、应用的端口号进行组合，形成安全的控制策略。

4) 先进性

在技术上要达到当前的国际先进水平，要采用最先进的网络技术以适应大量数据和多媒体信息的传输，既要满足目前的业务需求，又要充分考虑未来的发展。保证网络建成后 3~5 年不落后。应选用符合国际标准的系统和产品，以保证系统具有较强的生命力和扩展能力，满足将来系统升级的要求。

5) 灵活性及开放性

网络系统应能支持多种协议(IP、IPX、NetBios 等)，形成一个开放型的网络，支持各种协议的互联。应能够根据网络的应用类型灵活地划分和管理虚拟网，支持动态地跨区组建虚拟网，从而有效地隔绝各部分应用，减少不必要的网络流量。

6) 易管理、易维护

由于教育城域网系统规模庞大，需要网络系统具有良好的可管理性，网络系统应具有监测、故障诊断、故障隔离、过滤设置等功能，同时应尽可能选取集成度高、模块化、可通用的产品，以便于管理和维护。

7) 可扩展性

网络系统应具有良好可扩展性，随着业务的增长和应用水平的提高，网络应可平滑地扩展和升级，而不需要对网络和设备进行大的改动。

2. 教育城域网的总体设计

城域网建设目标是建立全市(区)范围内的实时多媒体数据传输网，提供可靠的、高速的和可管理的网络环境，为各种网络应用提供强有力的保证，其设计应能满足城域宽带网现在和将来的应用需求，提供较高的网络可靠性和灵活的可扩展性；载体介质将基于 TCP/IP，并实现端到端的 IP QoS。城域宽带网建设应当满足学生、教师、学校对通信及信息服务的各种需求；网络建设包括物理通信线路建设、服务平台建设、信息资源库建设和应用服务建设等五个方面，还应包括系统管理和系统安全两部分重要工作。

1) 物理通信线路

通信线路是城域网的基础，采用不同的物理线路将影响网络通信平台技术的选择和整体工程的造价，必须慎重考虑。根据当前社会信息技术发展的方向及当地的现有条件，综合考虑运营商所提供的主要接入方式来连接教育局和广大中小学。

2) 服务平台

完善的服务平台是保证教育城域网取得良好社会效益和达到预期目的的基础。随着技术的发展，提供应用服务的基础就是在 Internet/Intranet 基础上形成的几乎事实标准化的服务平台，该平台提供一致、简单的 Web/Browser 的应用访问方式。通过服务平台，学生、教师、学校和社会人员可以不必自行拥有大量的信息设备、信息系统、信息机构，获得统一提供的服务。

3）信息资源建设

信息资源建设是教育区域宽带网建设的重要内容，是教育区域宽带的灵魂。要使信息资源充分得到建设，保证信息资源的丰富、科学、新颖和完整，同时通过多种渠道和方式，充分发挥广大师生的智力资源，共同开发网络资源。以体现先进的网络环境下的教学为核心，日积月累，逐步提升教育宽带网的使用价值，使它成为有自身特色的教育平台。

4）应用服务

教育城域网除实现网络上的一般功能，如 E-mail、FTP、网络论坛、网络图书馆、搜索引擎、网上聊天，以及管理数据的传输、处理与查询外，还应包括视频点播(VOD)、实时远程教学、网络学校、电视会议、网络电话(IP 电话)等功能，是一个高速多媒体互联网，以实现整个教育系统的资源共享，做到网内设备全区的学校都能共享。

5）网络功能

(1) Web 服务：学生可以通过 Web 浏览的方式在线学习。

(2) FTP 服务：教师可通过 FTP 服务器下载或上载课件资料。

(3) 电子邮件服务：教师以及学生之间可通过 E-mail 方式交流信息。

(4) 视频点播服务(VOD)：学生可以通过视频点播的方式随时观看以前教师授课影像或点播一些压缩编码的 VCD/DVD 素材。

(5) 视频直播：教师授课的现场影像可以通过 IP 网络实时发送到各个多媒体教学终端，实现网络教学的功能。这些影像还可同时存储下来，以便日后学生通过视频点播方式再次观看。

(6) 远程办公：可以实现远程对教育网内的关键资料和关键应用的安全访问。

(7) 远程教学/远程监控：其中远程教学包括两个方向的含义，一是指从城域网上实时接收教育信息和教学场景，并在校园网内播放进行教学；其二是指把本校教师的教学过程和电子教案等实时发布到城域网上，向异地学生远程授课。利用系统的多媒体流数字化编解码能力和 Internet/城域网发布功能，可以轻松实现 Internet 和城域网上的远程教学与远程监控。

(8) 视频会议：教育局与学校、学校与学校、学校内部的班级与班级之间可以通过网络视频系统实现实时的交流与教学观摩等功能，从而通过教委的中心集中网管单元实现教师在不走出办公室的情况下进行全区的可视会议。

(9) 网络电话：为了充分利用线路/端口资源，在网内部实现 IP 电话是一个经济有效的方法。只要通过添加 IP 语音网管就可实现网内以及对外的话音通信。

6）系统管理

教育网建设中的各部分是相互关联的，并且当平台和应用一旦开通，就必须保证性能良好，运转安全可靠。系统管理功能就是探测故障、监视性能、协调冲突、用户分级管理、费用统计、控制成本等。也就是说系统管理需要在传统的网络管理的基础上，完成针对服务的管理。

7) 系统安全

网络的系统安全需要有统一的安全策略，在多个层次上提供多种安全措施，保证网络有效地正常工作，提供服务。同时还应重点考虑互联网上信息内容的安全性问题。

3. 教育城域网的网络结构

本方案根据教育行业管理业务的结构、流量的分布等特殊性，将整个城域网划分为三个层次：核心骨干层(一级骨干)、汇聚骨干层(二级骨干)、校园接入层，如图 10-8 所示。

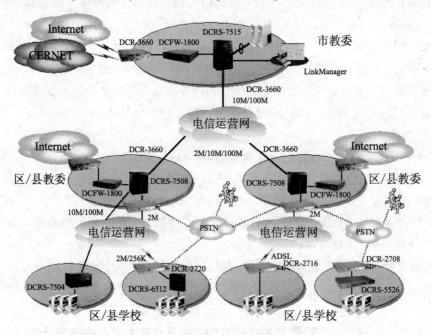

图 10-8　教育城域网的网络结构

核心骨干层位于市教委网络中心，它承担全部经过汇聚后的流量、部分市内学校的流量，并且是全网通向 CERNET 的唯一出口及 Internet 的重要出口，同时这里也是城域网络的管理中心。交换设备推荐使用电信级可靠性的核心路由交换机 DCRS-7515，因为市教委网络中心同区县教委距离一般比较远，所以他们之间的连接通常依靠运营商提供的 100/1000Mb 宽带网或 2M(n×2M)广域网链路实现。

汇聚骨干层位于区/县教委的网络中心，它承担本区/县学校向市核心层、CERNET 的流量、部分 Internet 流量的转发任务，以及区/县内部流量的本地转发。这里是本区县路由、流量、链路的汇聚点。交换设备依然推荐使用电信级可靠性的核心路由交换机 DCRS-7508。

校园接入层对网络设备可靠性的要求虽不及上两层高，但园区网内部情况不同，与上层网络互联的方式多种多样，导致这里是城域网设计中最复杂的部分。对于基础建设比较成熟、学生数量多的学校，骨干设备可以采用 DCRS-7500 系列路由交换机，其他的学校根据自身情况可以采用 DCRS-6512 或 DCRS-5526 等。而对于比较受经济条件制约，而且对网络信息需求比较少的学校可以考虑采用集路由器、交换机于一体的"蓝箱"(DCR-2708/16)，省去专用交换设备。同汇聚骨干层相连时，要充分考虑当地教学的需要和运营商所能够提供的业务服务，在直接光纤连接、10/100Mb 宽带网、DDN 专线、ADSL 及适用于偏远学校的拨号网络等几种主流方式中进行选择，通过 VLAN 技术、VPN 技术、点对点方式、拨号远程访问方式等将各级教委、所有辖区学校连接成一个私有的专用教育网络。同时在城域网的中心放置 DCFW-1800 防火墙，在汇聚骨干层和部分与 Internet 外界网络相连的学校放置 DCFW-1800 防火墙，为整个教育城域网提供一个全方位的防护体系。

1) IP 地址设计

IP 地址空间的分配，要与网络拓扑层次结构相适应，既要有效地利用地址空间，又要体现出网络的可扩展性、灵活性和层次性，同时能满足路由协议的要求，以便于网络中的路由聚类，减少路由器中路由表的长度，减少对路由器 CPU、内存的消耗，提高路由算法的效率，加快路由变化的收敛速度，同时还有考虑到网络地址的可管理性。

教育城域网的 IP 地址规划应遵循以下原则。

(1) 按照市教委统一制定的划分规则和地址段进行二次(或三次)分配。

(2) 尽量连续分配地址。连续地址在层次结构网络中易于进行路径叠合，缩减路由表，提高路由计算的效率；便于路由聚合，缩短路由表长度。

(3) 网络地址的可管理性。地址分配应简单且易于管理，以降低网络扩展的复杂性，简化路由表。

(4) 充分利用无类别域间路由(CIDR)技术和变长子网掩码(VLSM)技术，合理高效地使用 IP 地址。

(5) 可扩展性。地址分配在每一层次上都要留有一定余量，以便在网络扩展时能保证地址叠合所需的连续性。

(6) 灵活性。地址分配应具有灵活性，以满足多种路由策略的优化，充分利用地址空间。

(7) 层次性。IP 地址的划分采用层次化的方法，和层次化的网络设计相适应，在地址划分上采用层次化的分配思想，从地市教育局开始规划，再规划各区县教育局、广大中小学，使地址具有层次性，能够逐层向上汇聚。

➢ IP 地址分配：区县教育局的 IP 地址从市教育局获得并按照全市地址划分编码规则再次划分到各中小学。

➢ IP 地址管理办法：IP 地址的管理应采取分级管理、分工负责的原则。各区县教育局负责本区县中小学的 IP 地址分配管理。

➢ 地址编码规范：建议教育城域网的 IP 地址进行严格的编码，每位代表不同的含义。其编码规则如图 10-9 所示。

通过地址标识可以清楚地区分出 IP 地址的来源，便于路由汇聚和访问控制。从图 10-9 中也可以看出，通过规划，我们能从 IP 地址分析出 IP 地址的来源、用途等，这将为网络的维护带来方便。

具体的 IP 地址定义将结合各地的实际情况确定。

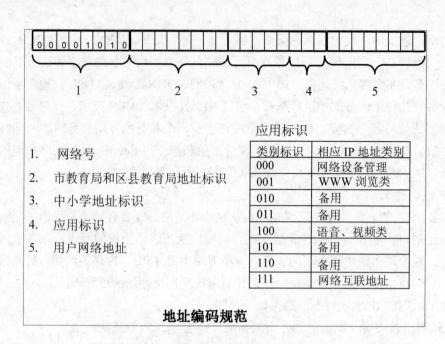

地址编码规范

图 10-9　教育城域网的 IP 地址编码规则

2) 路由设计

尽管路由的更改相对 IP 地址要小许多，但考虑到在更改路由的过程中有其不确定性的存在，一旦出现失误，将对网络的运行造成影响，所以路由的规划确定后，一般也不做大改。

(1) 教育城域网路由策略。

对于教育城域网这种包含上百台路由器及子网的大规模复杂网络，为便于路由管理和维护，一般在地市级和区县级网络采用动态路由协议进行路由管理，由于 OSPF 具有很好的扩展性和成熟性，地市级和区县级网络的路由协议建议采用 OSPF，可以灵活配置 OSPF 的 Area(区域)。

由于地市级和区县级网络都运行 OSPF，所以应对地市级和区县级网络的 OSPF 的 Area 进行统一规划：市教育局节点和各区县教育局节点构成区域 Area 0，而区县教育局节点和其下属的学校节点构成一个域：Area 1～Area n。

Area 0 区域主要包括：市教育局路由设备的所有接口和各区县教育局路由设备的上行接口，这个区是 OSPF 的骨干区。

Area n 区域包括：各区县教育局节点和其下属的学校节点被划分为一个非零 Area 域。每个非零域包括：各区县教育局节点的以太网接口、下行接口，学校节点的以太网接口、上行接口。

(2) 局域网路由策略。

对于中小型局域网，由于路由较少且很少变化，为降低接入路由器的成本，建议使用静态路由，在区县教育局边界路由设备进行路由汇总。

在每个域内，各设区县教育局 OSPF Area 的边界点，同时属于 Area 0 和被分配的 Area，

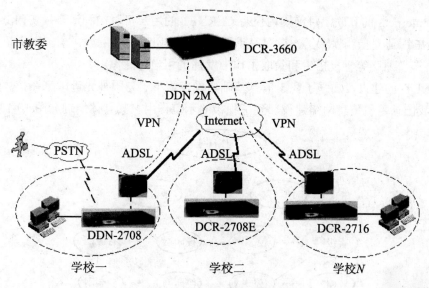

图 10-12 西安教育城域网

第三节 中国教育科研网

一、中国教育和科研计算机网简介

中国教育和科研计算机网(CERNET)是 1994 年由国家计委、原国家教委批准立项，原国家教委主持建设和管理的全国性教育和科研计算机互联网络。该项目的目标是建设一个全国性的教育科研基础设施，把全国大部分高校连接起来，实现资源共享。它是全国最大的公益性互联网络。

CERNET 已建成由全国主干网、地区网和校园网在内的三级层次结构网络。CERNET 分四级管理，分别是全国网络中心，地区网络中心和地区主节点，省教育科研网，校园网。CERNET 全国网络中心设在清华大学，负责全国主干网的运行管理。地区网络中心和地区主节点分别设在清华大学、北京大学、北京邮电大学、上海交通大学、西安交通大学、华中科技大学、华南理工大学、电子科技大学、东南大学、东北大学等 10 所高校，负责地区网的运行管理和规划建设。到 2001 年，CERNET 主干网的传输速率已达到 2.5Gbps。CERNET 已经有 28 条国际和地区性信道，与美国、加拿大、英国、德国、日本和香港特区联网，总带宽在 100Mbps 以上。CERNET 地区网的传输速率达到 155Mbps，已经通达中国内地的 160 个城市，联网的大学、中小学等教育和科研单位达 895 个(其中高等学校 800 所以上)，联网主机 100 万台，网络用户达到 749 万人。

CERNET 还是中国开展下一代互联网研究的试验网络，它以现有的网络设施和技术力量为依托，建立了全国规模的 IPv6 试验床。1998 年 CERNET 正式参加下一代 IP 协议(IPv6)试验网 6BONE，同年 11 月成为其骨干网成员。CERNET 在全国第一个实现了与国际下一代高速网 Internet2 的互联，目前国内仅有 CERNET 的用户可以顺利地直接访问 Internet2。

CERNET 还支持和保障了一批国家重要的网络应用项目。例如，全国网上招生录取系统在 2000 年普通高等学校招生和录取工作中发挥了相当好的作用。

CERNET 的建设，加强了我国信息基础建设，缩小了与国外先进国家在信息领域的差距，也对我国计算机信息网络建设起到了积极的示范作用。其具体结构如图 10-13 所示。

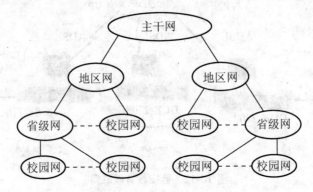

图 10-13　CERNET 结构图

二、基于 CERNET 和卫星电视教育网的现代远程教育系统

现代远程教育已成为国际教育发展的共同趋势，目前世界上已有 100 多个国家和地区开展了远程教育。我国的远程教育也在迅速发展，目的是要建立计算机网、卫星电视网、电信网组合、"天网"与"地网"协调的现代远程教育信息传输系统。

从功能上说，现代远程教育系统通常由多个功能不同的子系统构成，如教师授课系统、学生自主学习系统、辅导答疑系统、作业与考试系统以及教学教务管理系统等，它们相互配合、互相补充以实现远程教育的目的。

目前，基于电信网的实时交互式远程教育系统(如视频会议系统)、基于电视网的广播式远程教育系统和基于 CERNET/Internet 计算机网络的多媒体交互式远程教育系统是现代远程教育的三大基础技术系统。

目前，采用上述任何一种单一的技术模式都难以满足远程教学各个方面的功能需要。采用三网或二网融合的方式来构建远程教育平台可视为较好的解决方案

本 章 小 结

校园网是实施学校教育现代化的重要基础设施，作为学校内部的信息高速公路，一方面连接学校内部子网与分散在校园各处的计算机，另一方面作为沟通学校校园外部网络的桥梁，为学校提供教学、管理、办公、信息交流和通信等方面的综合应用。在新时代发挥着教学(科研)、管理和通信三大重要作用。核心的应用是教学尤其是课堂教学。网络中应用

最多的是视频点播服务(VOD)、音频点播(AOD)、课件点播(COD)、视频会议、远程监控、远程教育等多媒体教学。这些网络应用的一个明显的特征就是数据容量大和要求交互性，并且一般基于组播传输服务。

校园网建设和发展过程中，目前逐步演化出三种主要建设模式：自行开发模式、供应商提供模式、学校与供应商合作模式。

城域教育网是教育网络发展的方向，教育部"鼓励有条件的城镇地区，把辖区内若干中小学校作为一个整体，建设三网(计算机网、闭路电视网、广播网)合一的'城域网'"。

以网络设施为依托，以信息技术为支撑，以教育资源为内容，以实现现代化教育和管理为目的的城域教育网，可以给特定的区域教育提供全方位应用服务的信息化环境。

从硬件体系结构上看，地区/城域教育网由五个部分有机组成，其主体与核心是教育信息网络中心，它是城域教育网的网络管理中心、管理信息中心、教育资源中心和远程教育中心。城域教育网的基本节点是校园网络，各校园网通过公众通信网接入到教育信息网络中心，并通过它接入到 CERNET/Internet。

城域教育网的软件由两个层次的软件组成：首先是教委(信息中心)中心网内的教育应用资源库、应用和管理软件、信息和远程教育平台；其次是学校内的校园网的各种系统和应用软件。

【思考与练习】

1. 简述目前校园网的建设模式有哪些？
2. 自己设计一个次澳星校园网结构图，并说明设计的理由。
3. 城域教育网的具体功能有哪些？试用系统结构表示出。

【推荐阅读】

1. 杨平展. 现代教育技术概论[M]. 长沙：湖南大学出版社，2000.
2. 陈明新. 中小学校园网建设及应用思考[J]. 教育信息化，2005(09)：24-25.
3. 洪霞. 城域教育网:教育信息化的新天地[J]. 教育探索，2004(03)：57-59.
4. 祝智庭，王陆. 网络教育应用[M]. 北京：北京师范大学出版社，2001.
5. http://www1.gdei.edu.cn/metc/Webforschool.htm#school2.
6. http://www.edu.cn/.
7. http://www1.gdei.edu.cn/metc/Webforschool.htm#school2.

第十一章　网络教育未来展望

本章学习目标

➢ 基于 Web 的网络环境
➢ 开发网络教育应用的主流技术
➢ 开发网络教育的几种技术

核心概念

流媒体技术(Streaming Media Technology); 虚拟现实技术(Virtual Reality Technology); 智能代理技术(Intelligent Agent Technology)

中国科技大学的虚拟现实应用

中国科技大学运用虚拟现实技术在物理实验方面有着丰富的经验、较高的水准。他们已经形成了比较成熟的产品,如基于局域网的大学物理仿真实验软件、广播电视大学物理虚拟实验、大学物理虚拟实验远程教学系统等。

1. 大学物理仿真实验(基于局域网)

该教学软件开创了物理实验教学的新模式,它利用计算机将实验设备、教学内容(包括理论教学)、教师指导和学习者的思考、操作有机融合为一体。它克服了实验教学长期受课堂、课时限制的困扰。在内容上进行了扩展,包含了基本物理的测量、基本实验仪器的使用、基本实验技能的训练和基本测量方法与误差分析、综合性实验、设计性实验等,涉及力、热、电、光、近代和物理各个学科。具体如图 11-1 所示。

2. 广播电视大学物理虚拟实验

该软件根据广播电视大学教学大纲编制而成,内容和难易程度根据广播电视大学的要求制作,是适合全国广播电视大学物理教学的软件。该软件在安徽省电大应用两年来,取得了良好的教学效果,得到师生的普遍欢迎。该软件通过计算机把实验设备、教学内容、教师指导和学生的操作有机地融为一体,形成了一部活的、可操作的物理实验教科书。通过仿真物理实验,学生对实验的物理思想和方法、仪器的结构及原理的理解,可以达到实际实验难以实现的效果,实现了培养动手能力,学习实验技能,深化物理知识的目的,同时增强了学生对物理实验的兴趣,大大提高了物理实验教学水平,是物理实验教学改革的有力工具。具体如图 11-2 所示。

图 11-1 大学物理仿真实验

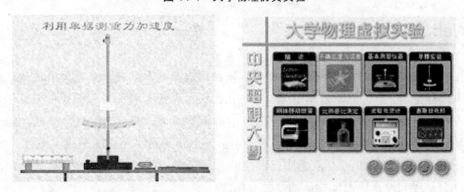

图 11-2 中央电视大学物理虚拟实验

3. 大学物理虚拟实验远程教学系统

基于目前低速 Internet 网上的远程教学版本。利用该系统，教师可以在不同地点上网组织各种实时或非实时的分布式教学。如回答学生问题、批改实验报告等。学生可根据自己的时间安排通过校园网或在家中利用电话线上网接受教师指导完成各项实验内容，并上交实验报告。

案例分析

在教育领域，虚拟现实技术具有广泛的作用和影响。亲身去经历、亲身去感受比空洞抽象的说教更具说服力。崭新的技术，会带给我们崭新的教育思维，解决了我们以前无法解决的问题，将给我们的教育带来一系列的重大变革。尤其在科技研究、虚拟仿真校园、虚拟教学、虚拟实验，教育娱乐等方面的应用更为广泛。与网络技术、多媒体技术并驾齐驱的虚拟现实技术，必将具有更加广阔的应用领域和发展前景。在教育领域亦是如此，我们需要紧密关注，大胆应用，才能为我们的网络远程教育事业增添强大的生命力。

资料来源：http://www.cmr.com.cn/celebrate/zhan/study/30.htm

第一节　新的网络环境下的网络教育

网络环境是指网络硬件、信息资源、应用软件和网络用户在网上活动的总称。由 Berners-Lee 创始的万维网(WWW) 建立了超文本的信息交叉链接关系，并使用浏览器阅读 Web 上的信息，从此开创了普及应用 Internet 的有效方法。这种基于 Web 的 B/S 模式使用 Internet 的方法同样也深深地影响着网络教育，由此至今几乎具有一定规模和有效的网络教育都采用了基于 Web 的方式。因此，基于 Web 的网络环境在发展的同时，也会为推动网络教育发展带来契机。

一、Web 2.0 观

Web 是指在 WWW 中的一组相关文档，用来构成超文本的表示，它是 Internet 上有效资源的多媒体接口。通过浏览器浏览 WWW 上的 Web 网页，是用户最熟悉的 Internet 上的服务，由此获取丰富的信息。当 Web 上的应用不断发展时，Web 2.0 的观念逐渐形成了。它虽然不是一个标准的术语或名称，但它表明了一个新的网络环境的形成。通过对比以前 Web 上的应用和现在 Web 2.0 观念中已实现的普及应用，可以看到网络环境发生了很大变化，也许只是我们没有敏锐地察觉到这种变化。

通过网络的典型应用和服务的对比，可以看到现在网络上的应用和服务更着重于人的深度交互和参与构建信息，以往的用户"浏览信息"型网络正逐步向用户"构建信息"型网络发展，即由用户被动地接受网络上已发布的信息向用户主动构建网络上的信息迈进，进而信息的构建工作由程序员等专业人员转变为由普通用户参与完成；在网络信息基本构成单元上，由"网页"形式向"发表/记录的信息"形式发展；在客户端应用程序上，由单一浏览器向各类浏览器、RSS 阅读器等工具发展；在网络运行模式上，由"Client/Server"向"Web Services"转变；应用上由初级的形式、单一的应用向全面丰富的应用发展。当然，这些网络应用的发展也是在一系列相应新技术的支持下实现的。由此，已经造就了一个新的网络环境。

二、E-Learning 2.0 观

随着网络环境的不断发展，以网络教育为核心的 E-Learning 在应用及理论研究上也更为普及和深入，相应产生了 E-Learning 2.0 的观念。E-Learning 2.0 的核心思想是指随着网络在生活中的渗透，学习也和生活融合在一起。这种挑战不仅是在如何学习上，而且还在于怎样用学习去创造更多的知识和传播它们。E-Learning 2.0 观念的形成主要基于以下一些典型的网络教育的学习方式和理念。

1. 共同体

各种与学习相关的共同体在网络教育模式下，通过社会性软件的应用，形成了"学习共同体"、"实践共同体"等真正不受学校形式限制的由学习者及其助学者(包括教师、专家、辅导者等)共同构成的团体。他们具有共同的学习兴趣，彼此之间经常在学习过程中进行沟通、交流、分享和开发各种学习资源，共同完成一定的学习任务， 因而在成员之间形成了相互影响、相互促进的人际联系。

2. blog 用于学习

与传统按计划学习不同，用 blog 学习具有灵活的形式。它是由学习者按自己的兴趣和目的写成的，并且还可用 RSS/Atom 等技术聚合相关的知识，实现了"浏览型"网络向"构建型"网络的转变。因此，基于 blog 的学习方式具有学习者在学习中创造新的知识和有个性化、可选择性的特点，具有典型的交互性网络特征。在 blog 的学习模式中， 还可使用博客(Podcast)等工具实现对多媒体内容的发布等。与 blog 相类似的学习模式还有 wiki，它具有协作写作和发布的功能。从这些依据学生的需求和兴趣再创造和再整合知识的特征来看，网络教育的深化所依赖的不是一个系统而是环境。

3. 电子档案用于学习

电子档案(E-portfolio)用于学习的思想就是使学生有自己的空间来建立和展示他们的学习过程和才能。这种档案能提供表明学生能力的机会，这些能力体现在收集、组织、解释及思考文档和信息来源等各方面。这也是一种继续专业化开发的工具，鼓励学生对自己的学习成果负责。

4. E-Learning 框架的兴起

E-Learning 框架是一种面向服务的国际协作方式，用以实现学习、研究和教育管理范围内计算机系统的开发和整合。使用这种系统时，会使学习过程成为创造性的活动。

5. 移动学习的出现

在移动数字设备和移动计算设备(如笔记本计算机) 日益广泛应用时，在这些设备支持下的移动学习(Mobile Learning)开始出现。这使 E-Learning 更加渗透于生活之中，使学习能够发生于任何时间和任何地点。这也从某些方面实现了普存计算的理想。

6. 教育性游戏和模拟

学生在玩游戏的过程中不仅是在玩，而且也在设计。这就体现了学习不仅来源于已设计好的学习内容，而且来自学习内容如何被使用和再创造的思想。

7. 工作流学习的思想

工作流学习(Work Flow Learning)就是学习和 Web 服务在企业中的融合，是将学习嵌入到工作之中去。它是将企业应用程序从 Web 服务深度整合成复合性的应用程序， 目标就是商业绩效最优化。它使用智能软件来指导、规范和协助员工更好地完成工作。

从上述学习方式和理念可以看到新的网络环境给网络教育带来的影响。显然要真正实现网络教育的功能，必须在新的网络环境下应用新技术开发更完善的网络教育应用。

第二节　开发网络教育应用的主流技术

一、动态 Web 网页技术

1. 什么是动态网页

动态网页是与静态网页相对应的，也就是说，网页 URL 的后缀不是.htm、.html、.shtml、.xml 等静态网页的常见形式，而是以.asp、.jsp、.php、.perl、.cgi 等形式为后缀，并且在动态网页网址中有一个标志性的符号——"？"，如一个动态网页的地址为 http://www.pagehome.cn/ip/index.asp?id=1，这就是一个典型的动态网页 URL 形式。

这里说的动态网页，与网页上的各种动画、滚动字幕等视觉上的"动态效果"没有直接关系，动态网页也可以是纯文字内容的，也可以是包含各种动画的内容，这些只是网页具体内容的表现形式，无论网页是否具有动态效果，采用动态网站技术生成的网页都称为动态网页。

静态网页是用传统的 HTML(Hyper Text Mark Language)标记语言描述的，利用标记语言，我们可以编制稿本文件，稿本中含有特定的符号标志，告诉计算机如何呈现文字、图片、动画、声音等媒体信息，以及如何建立内容之间的链接。但是，这种页面却不能因时因地产生变化，所以，我们把这种页面称为静态(Static)网页。而动态网页的实现是利用程序设计语言的，这些语言可以编写计算机程序，程序中包含一连串可以控制计算机的命令或语句，从而驱使计算机上的应用程序执行某些工作，这样，在不同的场景下，页面就会呈现不同的效果。

从网站浏览者的角度来看，无论是动态网页还是静态网页，都可以展示基本的文字和图片信息，但从网站开发、管理、维护的角度来看就有很大的差别。网络营销教学网站将动态网页的一般特点简要归纳如下。

(1) 动态网页以数据库技术为基础，可以大大降低网站维护的工作量。

(2) 采用动态网页技术的网站可以实现更多的功能，如用户注册、用户登录、在线调查、用户管理、订单管理等。

(3) 动态网页实际上并不是独立存在于服务器上的网页文件，只有当用户请求时服务器才返回一个完整的网页。

(4) 动态网页中的"？"对搜索引擎检索存在一定的问题，搜索引擎一般不可能从一个网站的数据库中访问全部网页，或者出于技术方面的考虑，搜索蜘蛛不去抓取网址中"？"后面的内容，因此采用动态网页的网站在进行搜索引擎推广时需要做一定的技术处理才能适应搜索引擎的要求。

目前提供动态 Web 页面内容有两种方法,即客户端动态 Web 页面和服务器端动态 Web 页面。

2. 客户端动态 web 页面技术

1) JavaScript

JavaScript 语言的前身叫做 Livescript。自从 Sun 公司推出著名的 Java 语言之后,Netscape 公司引进了 Sun 公司有关 Java 的程序概念,将自己原有的 Livescript 重新进行设计,并改名为 JavaScript。JavaScript 是一种基于对象和事件驱动并具有安全性能的脚本语言,有了 JavaScript,可使网页变得生动。使用它的目的是与 HTML 超文本标识语言、Java 脚本语言一起实现在一个网页中链接多个对象,与网络客户交互作用,从而可以开发客户端的应用程序。它是通过嵌入或调入的方式在标准的 HTML 语言中实现的。

JavaScript 具有很多优点,具体如下。

(1) 简单性。JavaScript 是一种脚本编写语言,它采用小程序段的方式实现编程,像其他脚本语言一样,JavaScript 同样已是一种解释性语言,它提供了一个简易的开发过程。它的基本结构形式与 C、C++、VB、Delphi 十分类似。但它不像这些语言一样,需要先编译,而是在程序运行过程中被逐行地解释。它与 HTML 标识结合在一起,从而方便用户的使用操作。

(2) 动态性。JavaScript 是动态的,它可以直接对用户或客户输入做出响应,无须经过 Web 服务程序。它对用户的反映响应,是采用以事件驱动的方式进行的。所谓事件驱动,就是指在主页中执行了某种操作所产生的动作,就称为“事件”。比如按下鼠标、移动窗口、选择菜单等都可以视为事件。当事件发生后,可能会引起相应的事件响应。

(3) 跨平台性。JavaScript 是依赖于浏览器本身,与操作环境无关,只要是能运行浏览器的计算机,并支持 JavaScript 的浏览器就可以正确执行。

(4) 节省 CGI 的交互时间。随着 WWW 的迅速发展,有许多 WWW 服务器提供的服务要与浏览者进行交流,确认浏览者的身份、需要提供的服务等,这些工作通常由 CGI/PERL 编写相应的接口程序与用户进行交互来完成。很显然,通过网络与用户的交互过程一方面增大了网络的通信量,另一方面影响了服务器的服务性能。服务器为一个用户运行一个 CGI 时,需要一个进程为它服务,它要占用服务器的资源(如 CPU 服务、内存耗费等),如果用户填表出现错误,交互服务占用的时间就会相应增加。被访问的热点主机与用户交互越多,服务器的性能影响就越大。

JavaScript 是一种基于客户端浏览器的语言,用户在浏览中填表、验证的交互过程只是通过浏览器对调入 HTML 文档中的 JavaScript 源代码进行解释执行来完成的,即使是必须调用 CGI 的部分,浏览器只将用户输入验证后的信息提交给远程的服务器,大大减少了服务器的开销。

2) VBScript

VBScript 是 Microsoft Visual Basic Scripting Edition 的简称,你可以把它当作是 Visual Basic 的一个子集,但是这仅仅是从语法上来说的,正如 JavaScript 和 Java 的关系一样,

VBScript 和 Visual Basic 并没有什么本质上的联系。它是一种脚本语言,由 VBScript 脚本引擎(其实是一个动态连接库 VBScript.dll)解释执行。目前它主要用在 WWW 网页(只有 IE 能正确查看包含 VBScript 脚本的网页,如果 Netscape 要正确查看,则必须安装一个插件)以及微软的 WWW 服务器 IIS 支持的 ASP。

VBScript 易学易用,如果用户已了解 Visual Basic 或 Visual Basic for Applications,就会很快熟悉 VBScript。即使没有学过 Visual Basic,只要学会 VBScript,就能够使用所有的 Visual Basic 语言进行程序设计。

VBScript 使用 ActiveX Script 与宿主应用程序对话。使用 ActiveX Script,浏览器和其他宿主应用程序不再需要每个 Script 部件的特殊集成代码。ActiveX Script 使宿主可以编译 Script、获取和调用入口点及管理开发者可用的命名空间。通过 ActiveX Script,语言厂商可以建立标准 Script 运行时语言。Microsoft 将提供 VBScript 的运行时支持。Microsoft 正在与多个 Internet 组一起定义 ActiveX Script 标准以使 Script 引擎可以互换。 ActiveX Script 可用在 Microsoft® Internet Explorer 和 Microsoft® Internet Information Server 中。其他应用程序和浏览器中的 VBScript 作为开发者。用户可以在自己的产品中免费使用 VBScript 源实现程序。Microsoft 为 32 位 Windows® API、16 位 Windows API 和 Macintosh® 提供 VBscript 的二进制实现程序。VBScript 与 World Wide Web 浏览器集成在一起。VBScript 和 ActiveX Script 也可以在其他应用程序中作为普通 Script 语言使用。

3) Java 小应用程序

用 Java 语言编写的程序叫做"Applet"(小应用程序),用编译器将它编译成类文件后,将它存在 WWW 页面中,并在 HTML 文档上作好相应标记,用户端只要装上 Java 的客户软件就可以在网上直接运行 Applet。Java 非常适合于企业网络和 Internet 环境,现在已成为 Internet 中最受欢迎、最有影响的编程语言之一。Java 有许多值得称道的优点,如简单、面向对象、分布式、解释性、可靠、安全、结构中立性、可移植性、高性能、多线程、动态性等。Java 摒弃了 C++中各种弊大于利的功能和许多很少用到的功能。 Jave 可以运行于任何微处理器,用 Java 开发的程序可以在网络上传输,并运行于任何客户机上。

4) Flash

Flash 是美国的 Macromedia 公司于 1999 年 6 月推出的优秀网页动画设计软件。它是一种交互式动画设计工具,用它可以将音乐、声效、动画以及富有新意的界面融合在一起,以制作出高品质的网页动态效果。为什么用 Flash? 大家知道,HTML 语言的功能十分有限,无法达到人们的预期设计,不能实现令人耳目一新的动态效果,在这种情况下,各种脚本语言应运而生,使得网页设计更加多样化。然而,程序设计总是不能很好地普及,因为它要求一定的编程能力,而人们更需要一种既简单直观又功能强大的动画设计工具,而 Flash 的出现正好满足了这种需求。

Flash 具有以下特点。

(1) 利用矢量图作为主要的表现手段,网页内的动画能随意放大或缩小而不失真;动画变形效果过渡非常流畅,感觉就像看电视一样;也可输入点阵图,满足各类创作的需要。

(2) 一个文件里面可以同时混合声音与图像,是一个真正的多媒体文件。

(3) Macromedia 公司已经与 RealNetworks 公司取得共识，在数据流技术上与 RealAudio 及 RealVideo 合作，使 Shockwave 播放采用 Flash 技术做的网页更流畅。相对于用 DHTML 或者其他动态效果的语言做出的文件，Flash 文件要小很多，一大堆的动态效果混在一起，有时候才 20KB 左右。在 28.8KB 的 Modem 连接下能实现声音、动画的完美表现。目前 Macromedia 公司已推出了 Flash3 制作软件，功能又有较大的增强。Microsoft 和 Netscape 公司都宣布将在以后的浏览器版本中增加对 Flash 的内部支持，不用再安装功能插件。

但是，要运用好 Flash3 这一制作软件，要求制作人员在设计中有很好的创意，那样才能做出一个比较生动和有趣的效果。如果两者都不具备，即使花费很多时间和精力，做出来的效果也只会是平淡无奇的。有兴趣的读者可浏览浙江 169 中心的主页 (http://www.zj.cninfo.net)，以及 Macromedia 公司(http://www.macromedia.com)的网页，它们均运用了 Flash 技术。

3. 服务器端动态 Web 页面技术

1) CGI(Common Gateway Interface)

CGI 是一个用于确定 Web 服务器与外部程序之间通信方式的标准，使得外部程序能生成 HTML、图像或者其他内容，而服务器处理的方式与那些非外部程序生成的 HTML、图像或其他内容的处理方式是相同的。因此，CGI 程序册不仅使你能生成表态内容而且能生成动态内容。使用 CGI 的原因在于它是一个定义良好并被广泛支持的标准，没有 CGI 就不可能实现动态的 Web 页面，除非使用一些服务器中提供的特殊方法(如今，也有除 CGI 之外的其他技术逐渐在成为标准)。在物理上，CGI 是一段程序，它运行在 Server 上，提供同客户段 Html 页面的接口。这样说大概还不好理解，那么我们看一个实际例子：现在的个人主页上大部分都有一个留言本。留言本的工作是这样的：先由用户在客户段输入一些信息，如名字之类；接着用户按一下"留言"按钮(到目前为止工作都在客户端)，浏览器把这些信息传送到服务器的 CGI 目录下特定的 cgi 程序中，于是 cgi 程序在服务器上按照预定的方法进行处理。在本例中就是把用户提交的信息存入指定的文件中。然后 cgi 程序给客户端发送一个信息，表示请求的任务已经结束。此时用户在浏览器里将看到"留言结束"的字样，整个过程结束。

CGI 是一种程序，自然需要用编程语言来写。你可以用任何一种你熟悉的高级语言，如 C、C++、C shell 和 VB 等。值得特别指出的是，有一种叫 Perl 的语言。其前身是属于 Unix 专用的高级语言，具有强大的字符串处理能力，现在成为写 CGI，特别是表单类程序的首选。最近它已经有了 Window 95 和 WinNT 版本。可以在搜索程序里找到它并下载。VB 是 Ms 的杀手锏，从目前的情况看，微软公司正试图使 VB 无所不能。需要注意的是，VB 开发的程序只能在 Windows 平台上被执行，所以它有一定局限。C shell，虽是经典语言，可惜能做的事情不多，而且必须在 Unix 平台下。C、C++，真正的无所不能，可是在写 CGI 的时候显得非常难以掌握。特别是缺乏可以灵活使用的字符串处理函数，对程序员的要求也比较高，维护复杂。另外，因为 CGI 是 Server 和 Clinet 的接口，所以对于不同的 Server，CGI 程序的移植是一个很复杂的问题。一般对于不同的 Server，绝没有两个可以互相通用的

CGI。实际上这就是 CGI 程序最复杂的地方。

2) ASP

ASP 即 Active Server Page 的缩写。它是一种包含了使用 VB Script 或 JScript 脚本程序代码的网页。当浏览器浏览 ASP 网页时，Web 服务器就会根据请求生成相应的 HTML 代码然后再返回给浏览器，这样浏览器端看到的就是动态生成的网页。ASP 是微软公司开发的代替 CGI 脚本程序的一种应用，它可以与数据库和其他程序进行交互，是一种简单、方便的编程工具。在了解了 VBScript 的基本语法后，只需要清楚各个组件的用途、属性、方法，就可以轻松编写出自己的 ASP 系统。ASP 的网页文件的格式是.asp。

ASP 就是一个编程环境，在其中，可以混合使用 HTML、脚本语言以及组件来创建服务器端功能强大的 Internet 应用程序。如果你以前创建过一个站点，其中混合了 HTML、脚本语言以及组件，你就可以在其中加入 ASP 程序代码。通过在 HTML 页面中加入脚本命令，你可以创建一个 HTML 用户界面，并且，还可以通过使用组件包含一些商业逻辑规则。组件可以被脚本程序调用，也可以由其他的组件调用。

ASP 的工作原理如下。

(1) 用户调出站点内容，默认页面的扩展名是.asp；

(2) 浏览器从服务器上请求 ASP 文件；

(3) 服务器端脚本开始运行 ASP；

(4) ASP 文件按照从上到下的顺序开始处理，执行脚本命令，执行 HTML 页面内容；

(5) 页面信息发送到浏览器。

因为脚本是在服务器端运行的，所以 Web 服务器完成所有处理后，会将标准的 HTML 页面送往浏览器。这意味着，ASP 只能在可以支持的服务器上运行。让脚本驻留在服务器端的另外一个益处是：用户不可能看到原始脚本程序的代码，看到的仅仅是最终产生的 HTML 内容。

3) JSP

JSP(JavaServer Pages)是由 Sun Microsystems 公司倡导、许多公司参与一起建立的一种动态网页技术标准，其网址为 http://www.javasoft.com/products/jsp。在传统的网页 HTML 文件(*.htm、*.html)中加入 Java 程序片段(Scriptlet)和 JSP 标记(tag)，就构成了 JSP 网页(*.jsp)。Web 服务器在遇到访问 JSP 网页的请求时，首先执行其中的程序片段，然后将执行结果以 HTML 格式返回给客户。程序片段可以操作数据库、重新定向网页以及发送 E-mail 等，这就是建立动态网站所需要的功能。所有程序操作都在服务器端执行，网络上传送给客户端的仅是得到的结果，对客户浏览器的要求最低，可以实现无 Plugin、无 ActiveX、无 Java Applet，甚至无 Frame。本书将介绍利用 JSP 技术开发动态网页的方法，还将简要分析 JSP 技术和 Microsoft 公司的 ASP 技术的不同之处。

JSP 的优点如下。

(1) 对于用户界面的更新，其实就是由 Web Server 进行的，所以给人的感觉更新很快。

(2) 所有的应用都是基于服务器的，所以它们可以时刻保持最新版本。

(3) 客户端的接口不是很烦琐，对于各种应用易于部署、维护和修改。

4) PHP

PHP 是一种服务器端 HTML——嵌入式脚本描述语言。其最强大和最重要的特征是其数据库集成层,使用它完成一个含有数据库功能的网页是不可置信的简单。在 HTML 文件中,PHP 脚本程序(语法类似于 Perl 或者 C 语言)可以使用特别的 PHP 标签进行引用,这样网页制作者也不必完全依赖 HTML 生成网页了。由于 PHP 是在服务器端执行的,客户端是看不到 PHP 代码的。PHP 可以完成任何 CGI 脚本可以完成的任务,但它的功能的发挥取决于它和各种数据库的兼容性。PHP 除了可以使用 HTTP 进行通信,也可以使用 IMAP、SNMP、NNTP 或 POP3 协议。

5) ColdFusion

ColdFusion 是世界上最快的网络系统开发工具。

如果所有的信息系统都演变成需要浏览器来操作,该怎么办呢?

当技术与趋势发生转变的时候,信息人员对系统的认知与设计都应该跟着改变。我们每一个人都面临着信息系统全面 WWW 化时代的到来,这一趋势就像当年由 DOS 环境转向 Windows 操作系统一样,无论如何抗拒,都无法阻止需求的改变与科技的演进。

作为网络领域中的一分子,你的愿望是成为一个优秀的设计师,可不了解后台程序的功能与运作,将是一个很大的缺陷。而学习 ASP、JSP,又会是一个漫长而枯燥的历程,你也许问过自己,我什么时候才能独立完成一个站点设计呢? 或许学习 ColdFusion,却可以让你迅速成为一个集多种网络技术为一体的优秀人才。

ColdFusion 提供有一种独特的方式来开发应用程序,这正反映了 Allaire 最原始的信念,那就是不需要烦琐的程序设计技巧也能开发出精细的网站应用程序。不需要极专业的系统开发人员,例如,Java、C++等复杂程序语言的专家,ColdFusion 将这些程序所能提供的功能转变成类似 HTML tags 易懂的服务端 tags,有别于静态的 HTML 文件,当 ColdFusion 所架构的网站应用有请求的时候,ColdFusion 应用服务便会预先处理,再经过数据库及其他服务端技术,返回一个动态产生的 HTML 网页。CFML 与网站服务器的关系,就像 HTML 与浏览器一样简单。

Allaire 支持微软的平台技术,并确保开发的 ColdFusion 可以在 Windows NT 上和主要的 Internet 服务一起工作,如 COM+和 IIS5.0。它是 Windows NT 上第一个可用的 Web 应用服务器,并将继续强有力地支持微软的技术,包括 Windows NT、COM、Internet Explorer、IIS 和 BackOffice。同时它也是一个强大的 Web 应用服务器,它提供快速的、可升级的和开放的技术,此技术和 Windows NT 采用的技术一致,并为任何使用 Windows NT 或 Windows 2000 作为它们开发平台的 Web 组提供附加的工具和服务。ColdFusion 特别适用于基于 Web 的独特需求和 HTML 及 WML、XML 的 Web 应用。

Coldfusion Application Server 紧密整合了目前主要的数据库如 DB2、msSQL、Access、MYSQL、Oracle、Sybase 等,以及标准的网站服务平台(包括微软和网景、APACHE 等),同时还拥有 Linux,UNIX 的版本,因此用户可以完全发挥网站应用程序的效益,不需任何修改,就可以移植到其他平台上,它是无缝的。

6) ASP.NET

ASP.NET 是微软公司新推出的一种 Internet 编程技术，它采用效率较高的、面向对象的方法来创建动态 Web 应用程序。在原来的 ASP 技术中，服务器端代码和客户端 HTML 混合、交织在一起，常常导致页面的代码冗长而复杂，程序的逻辑难以理解；而 ASP.NET 就能很好地解决这个问题，而且能独立于浏览器，且可以支持 VB.NET、C#.NET、VC++.NET、JS.NET 四种编程语言。

二、流媒体技术

1. 什么是流媒体

流媒体(Streaming Media)指在数据网络上按时间先后次序传输和播放的连续音/视频数据流。以前人们在网络上观看电影或收听音乐时，必须先将整个影音文件下载并存储在本地计算机上，然后才可以观看。与传统的播放方式不同，流媒体在播放前并不下载整个文件，只将部分内容缓存，使流媒体数据流边传送边播放，这样就节省了下载等待时间和存储空间。流媒体数据流具有三个特点：连续性(Continuous)、实时性(Real-time)、时序性，即其数据流具有严格的前后时序关系。

随着互联网的普及，利用网络传输声音与视频信号的需求也越来越大。广播电视等媒体上网后，也都希望通过互联网来发布自己的音视频节目。但是，音视频在存储时文件的数据量一般都十分庞大。在网络带宽还很有限的情况下，花几十分钟甚至更长的时间等待一个音视频文件的传输，不能不说是一件让人头疼的事。流媒体技术的出现，在一定程度上使互联网传输音视频困难的局面得到了改善。

传统的网络传输音视频等多媒体信息的方式是完全下载后再播放，下载常常要花数分钟甚至数小时。而采用流媒体技术，就可实现流式传输，将声音、影像或动画由服务器向用户计算机进行连续、不间断传送，用户不必等到整个文件全部下载完毕，而只需经过几秒或十几秒的启动延时即可进行观看。当声音视频等在用户的机器上播放时，文件的剩余部分还会从服务器上继续下载。

如果将文件传输看作是一次接水的过程，过去的传输方式就像是对用户做了一个规定，必须等到一桶水接满才能使用，这个等待的时间自然要受到水流量大小和桶的大小的影响。而流式传输则是，打开水头龙，等待一小会儿，水就会源源不断地流出来，而且可以随接随用，因此，不管水流量的大小，也不管桶的大小，用户都可以随时用上水。从这个意义上看，流媒体这个词是非常形象的。

2. 流式传输技术的形式

流式传输技术又分两种：一种是顺序流式传输，另一种是实时流式传输。

顺序流式传输是顺序下载，在下载文件的同时用户可以观看，但是，用户的观看与服务器上的传输并不是同步进行的，用户是在一段延时后才能看到服务器上传出来的信息，或者说用户看到的总是服务器在若干时间以前传出来的信息。在此过程中，用户只能观看已下载的那部分，而不能要求跳到还未下载的部分。顺序流式传输比较适合高质量的短片段，因为它可以较好地保证节目播放的最终质量。它适合于在网站上发布的供用户点播的音视频节目。

在实时流式传输中，音视频信息可被实时观看到。在观看过程中用户可快进或后退以观看前面或后面的内容，但是在这种传输方式中，如果网络传输状况不理想，则收到的信号效果比较差。

3. 流媒体格式

在运用流媒体技术时，音视频文件要采用相应的格式，不同格式的文件需要用不同的播放器软件来播放，正所谓"一把钥匙开一把锁"。目前，采用流媒体技术的音视频文件主要有三大"流派"。

一是微软的 ASF(Advanced Stream Format)。这类文件的后缀是.asf 和.wmv，与它对应的播放器是微软公司的 Media Player。用户可以将图形、声音和动画数据组合成一个 ASF 格式的文件，也可以将其他格式的视频和音频转换为 ASF 格式，而且用户还可以通过声卡和视频捕获卡将诸如麦克风、录像机等外设的数据保存为 ASF 格式。

二是 RealNetworks 公司的 RealMedia，它包括 RealAudio、RealVideo 和 RealFlash 三类文件，其中 RealAudio 用来传输接近 CD 音质的音频数据，RealVideo 用来传输不间断的视频数据，RealFlash 则是 RealNetworks 公司与 Macromedia 公司联合推出的一种高压缩比的动画格式，这类文件的后缀是.rm，文件对应的播放器是 RealPlayer。

三是苹果公司的 QuickTime。这类文件扩展名通常是.mov，它所对应的播放器是QuickTime。

此外，MPEG、AVI、DVI、SWF 等都是适用于流媒体技术的文件格式。

4. 流媒体技术的教育应用

流媒体技术是一项综合的技术，它包括采集、编码、传输、储存、解码等多项技术。流媒体应用系统一般由分编码端、服务器端和用户终端三部分组成。在教育领域中可用于课件点播、交互教学、电视转播、远程监控、视频会议等。

1) 课件点播

课件点播是远程教育的主要形式。它的优势是多媒体课件具有更丰富的表现力，而且，学生可以在方便的时候学习，形式更加灵活自由。

课件点播的实现方式是先制作课件，将教师讲的课程用摄像机拍摄下来，并用采集卡采集进计算机后编码成流媒体格式，之后，将教材输入计算机，利用 Flash 制作动画演示。然后，利用 SMIL 语言将教师讲课的录像、教材文本、Flash 演示和搜集到的其他素材集成在一起，制作出表现力丰富的多媒体课件。将多媒体课件放在流媒体服务器上，然后再集成到网站里，如果需要对学生收费，还要加上身份认证、计费的功能。

2) 交互教学

为了实现交互教学，需将一台摄像机放在教师授课的教室，摄像机拍摄的教师授课过程实时地被传输到流媒体编码机，经过采集卡的采集、编码后再实时地上传给流媒体服务器，再由流媒体服务器实时发布到其他教室的终端计算机，并利用投影仪将名师的授课过程实时地播放出来，供这个教室的学生观看。其示意图如图 11-3 所示。

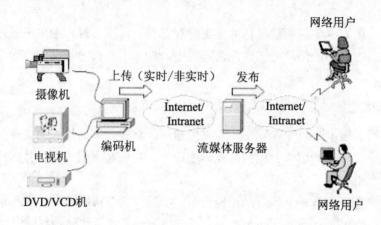

图 11-3　交互式学习模式

为了方便与授课老师不在同一个教室的学生能与老师在授课过程中实时地交流问题，可以在学生所在的教室安装摄像机和编码计算机，用来拍摄并上传提问学生的影像，并在授课老师所在的教室安装一台终端计算机和投影仪，用来播放提问学生的视频，从而达到老师和异地学生的实时交互。

由于当前网络带宽的限制，流式媒体无疑是最佳的选择，就目前来讲，能够在互联网上进行多媒体交互教学的技术多为流媒体，学生可以在家通过一台计算机、一条电话线、一只 Modem 就可以参加到远程教学当中来。对于教师来讲，也无须做过多的准备，授课方法基本与传统授课方法相同，只不过面对的是摄像头和计算机而已。

3) 宽带网视频点播

使用流媒体中的 VOD(视频点播)技术，还广泛应用于远程培训。大型企业可以利用基于流技术的远程教育系统作为对员工进行培训的手段，现在微软公司自己内部就大量使用了其自己的流技术产品作为其全球各分公司间员工培训和交流的手段。

随着网络及流媒体技术的发展，不仅远程教育网站采用流媒体作为主要的网络教学方式，很多大型的新闻娱乐媒体都在 Internet 上提供基于流技术的音视频节目，如国外的 CNN、CBS 以及我国的中央电视台、北京电视台等，有人将这种 Internet 上的播放节目称为 Webcast。

4) 互联网直播

也许大家对于现场直播、卫星转播之类的名词已经非常熟悉，现在互联网直播(或称为网络直播)的概念已经随着互联网的普及和网民数量的增多越来越受到关注，从互联网上直接收看体育赛事、重大庆典、商贸展览成为很多网民的愿望。而很多厂商希望借助网上直播的形式将自己的产品和活动传遍全世界，这种传播途径和达到的广告效应，是任何其他媒体都不可比拟的。这一切都促成了互联网直播的形成。

5) 视频会议系统

视频会议系统是支持人们远距离进行实时信息交流、开展协同工作的应用系统，使协作成员可以远距离进行直观、真实的视音频交流。目前市场上已经有很多种利用流媒体技术开发的网络视频服务系统，如 E-meeting、清华同方网络视频会议系统等。视频会议系统已经在教育中得到了应用，如作为教育部抗击 SARS 期间的一项重点项目，"全国教育应急视频会议系统"已开通。而且华南师范大学教育技术学专业 2003 级研究生复试也采用了网络视频服务系统。

6) 远程教育

从技术上讲，远程教育系统是建立在现代传媒技术基础上的多媒体应用系统，它通过现代的通信网络将教师的图像、声音和电子教案传送给学生，也可以根据需要将学生的图像、声音回送给教师，从而模拟出学校教育的授课方式。因此，除了流媒体课件可供学习者随时点播，师生、同学之间的实时交互也将因为流媒体技术而更加便捷。

7) 移动学习

移动互联技术的发展不可避免地波及到教育领域，于是一个新概念"移动学习"(Mobile Learning)应运而生。2001 年春，"欧盟 IST 计划"资助并正式开展移动学习研究。而随着手机进入流媒体时代(如诺基亚已与美国网络软件制造商 Realnetworks 签定一份长期合作协议，诺基亚将在其电话与网络中使用 Realnetworks 的数码媒体软件，从而使诺基亚新款手机可上网下载流媒体)，移动学习的前景将被更加看好。

随着宽带网络的发展，流媒体技术必将成为未来互联网上的主流技术。而将流媒体技术引入教育领域，将为人们的终身学习和建立学习型社区创造更为便利的条件。

三、虚拟现实技术

1. 什么是虚拟现实

虚拟现实(Virtual Reality，VR)是一种可以创建和体验虚拟世界的计算机系统。它充分利用计算机硬件与软件资源的集成技术，提供了一种实时的、三维的虚拟环境(Virtual Environment)，使用者完全可以进入虚拟环境中，观看计算机产生的虚拟世界，听到逼真的声音，在虚拟环境中交互操作，不但有真实感，可以讲话，并且能够嗅到气味。

虚拟现实技术的发展历史最早可以追溯到 18 世纪。1990 年在美国达拉斯召开的国际会议上明确了虚拟现实的主要技术构成，即实时三维图形生成技术、多传感交互技术及高分辨率显示技术。

虚拟现实技术系统主要包括输入输出设备，如头盔式显示器、立体耳机、头部跟踪系统以及数据手套；虚拟环境及其软件，用以描述具体的虚拟环境等动态特性、结构以及交互规则等；计算机系统以及图形、声音合成设备等外部设备三个主要部分。

2. 虚拟现实技术的特征

虚拟现实具有以下三个基本特征：沉浸(Immersion)、交互(Interaction)和构想

(Imagination)，即通常所说的"3I"。

(1) 沉浸是指用户借助各类先进的传感器进入虚拟环境之后，由于他所看到的、听到的、感受到的一切内容非常逼真，因此，他相信这一切都"真实"存在，而且相信自己正处于所感受到的环境中。

(2) 交互是指用户进入虚拟环境后，不仅可以通过各类先进的传感器获得逼真的感受，而且可以用自然的方式对虚拟环境中的物体进行操作。如搬动虚拟环境中的一个虚拟盒子，甚至还可以在搬动盒子时感受到盒子的重量。

(3) 构想是由虚拟环境的逼真性与实时交互性而使用户产生更丰富的联想，它是获取沉浸感的一个必要条件。

3. 虚拟现实技术的分类

虚拟现实是从英文 VirtualReality 一词翻译过来的，Virtual 就是虚假的意思，Reality 就是真实的意思，合并起来就是虚拟现实，也就是说本来没有的事物和环境，通过各种技术虚拟出来，让你感觉到就如真实的一样。

实际应用的虚拟现实系统可分为四类。

(1) 桌面虚拟现实系统，也称窗口中的虚拟现实。它可以通过台式计算机实现，所以成本较低，功能也最简单，主要用于 CAD(计算机辅助设计)、CAM(计算机辅助制造)、建筑设计、桌面游戏等领域。

(2) 沉浸虚拟现实系统。如各种用途的体验器，使人有身临其境的感觉，各种培训、演示以及高级游戏等用途均可用这种系统。

(3) 分布式虚拟现实系统。它在因特网环境下，充分利用分布于各地的资源，协同开发各种虚拟现实的利用。它通常是沉浸虚拟现实系统的发展，也就是把分布于不同地方的沉浸虚拟现实系统通过因特网连接起来，共同实现某种用途。美国大型军用交互仿真系统 NPSNet 以及因特网上多人游戏 MUD 便是这类系统。

(4) 增强现实又称混合现实系统。它是把真实环境和虚拟环境结合起来的一种系统，既可减少构成复杂真实环境的开销(因为部分真实环境由虚拟环境取代)，又可对实际物体进行操作(因为部分系统即系真实环境)，真正达到了亦真亦幻的境界，是今后发展的方向。

4. 虚拟现实技术的应用

虚拟现实技术的应用极为广泛，Helsel 与 Doherty 在 1993 年对全世界范围内已经进行的 805 项虚拟现实研究项目作了统计，结果表明：目前在娱乐、教育及艺术方面的应用占据主流，其次是军事与航空、医学、商业，另外在可视化计算、制造业等方面也有相当的比重。下面简要介绍其部分应用。

(1) 医学虚拟现实技术应用大致上有两类：一是虚拟人体，也就是数字化人体，通过这样的人体模型医生更容易了解人体的构造和功能；另一是虚拟手术系统，可用于指导手术的进行。

Pieper 及 Satara 等研究者在 90 年代初基于两个 SGI 工作站建立了一个虚拟外科手术训练器，用于腿部及腹部外科手术模拟。这个虚拟的环境包括虚拟的手术台与手术灯、虚拟的外科工具(如手术刀、注射器、手术钳等)、虚拟的人体模型与器官等。借助于 HMD 及感觉手套,使用者可以对虚拟的人体模型进行手术。但该系统有待进一步改进,如需提高环境的真实感,增加网络功能,使其能同时培训多个使用者,或可在外地专家的指导下工作等。

(2) 娱乐、艺术与教育丰富的感觉能力与 3D 显示环境使得虚拟现实技术成为理想的视频游戏工具。由于在娱乐方面对虚拟现实的真实感要求不是太高,故近些年来虚拟现实技术在该方面发展最为迅猛。如 Chicago(芝加哥)开放了世界上第一台大型可供多人使用的虚拟现实娱乐系统,其主题是关于 3025 年的一场未来战争;英国开发的称为 Virtuality 的虚拟现实游戏系统,配有 HMD,大大增强了真实感;1992 年的一台称为 LegealQust 的系统由于增加了人工智能功能,使计算机具备了自学习功能,大大增强了趣味性及难度,使该系统获该年度虚拟现实产品奖。

(3) 军事与航天工业模拟与训练一直是军事与航天工业中的一个重要课题,这为虚拟现实技术提供了广阔的应用前景。美国国防部高级研究计划局 DARPA 自 80 年代起一直致力于研究称为 SIMNET 的虚拟战场系统,用以提供坦克协同训练,该系统可联结 200 多台模拟器。利用虚拟现实技术模拟战争过程已成为最先进的多快好省的研究战争、培训指挥员的方法。战争实验室在检验预定方案用于实战方面也能起巨大作用。1991 年海湾战争开始前,美军便把海湾地区各种自然环境和伊拉克军队的各种数据输入计算机内,进行各种作战方案模拟后才定下初步作战方案。后来实际作战的发展和模拟实验结果相当一致。

(4) 商业虚拟现实技术常被用于推销。例如建筑工程投标时,把设计的方案用虚拟现实技术表现出来,便可把业主带入未来的建筑物里参观,如门的高度、窗户朝向、采光多少、屋内装饰等,都可以感同身受。它同样可用于旅游景点以及功能众多、用途多样的商品推销。因为用虚拟现实技术展现这类商品的魅力,比单用文字或图片宣传更加有吸引力。

(5) 科技开发虚拟现实技术可缩短开发周期,减少费用。例如克莱斯勒公司 1998 年初便利用虚拟现实技术,在设计某两种新型车上取得突破,首次使设计的新车直接从计算机屏幕投入生产线,也就是说完全省略了中间的试生产。由于利用了卓越的虚拟现实技术,使克莱斯勒避免了 1500 项设计差错,节约了 8 个月的开发时间和 8000 万美元费用。利用虚拟现实技术还可以进行汽车冲撞试验,不必使用真的汽车便可显示出不同条件下的冲撞后果。

虚拟现实技术已经和理论分析、科学实验一起,成为人类探索客观世界规律的三大手段。用它来设计新材料,可以预先了解改变成分对材料性能的影响,在材料还没有制造出来之前便知道用这种材料制造出来的零件在不同受力情况下是如何损坏的。

以上仅列出虚拟现实技术的部分应用前景,可以预见,在不久的将来,虚拟现实技术将会影响甚至改变我们的观念与习惯,并将深入到人们的日常工作与生活。

四、数据挖掘技术

1. 数据挖掘及其过程

数据挖掘(Data Mining,DM)就是通过仔细分析大量数据,从数据仓库(Data Warehouses,

DW)中提取隐含在其中的、人们事先不知道的，但又是潜在有用的信息和知识，从而揭示有意义的新的关系、模式和趋势的过程。学习者可以利用数据挖掘在大量数据中发现反馈的隐藏在背后有价值的信息，来决定应该学什么以及怎样学的问题。数据挖掘的基础是学习者原有的知识和经验，在旧的知识体系结构上用更好更新的信息来进行扩充和构建。学习者在整个学习过程中依旧处于主体地位，可以充分发挥创造力和判断力，做出正确的决策，达到理想的学习效果。数据挖掘包括了所有可用来帮助使用者分析和理解数据的工具，能在已经存在的计算机软硬件平台上完成，从而加强了已存信息资源的价值。它具有两种能力：①自动预测倾向和行为，允许使用者实现知识驱动的决策；②自动发现未知模式。

一个完整的数据挖掘系统包括规则生成子系统和应用评估子系统两个部分。规则生成子系统主要完成根据数据仓库提供的历史数据，统计并产生相关规律，并输出相关结果；应用评估子系统可以理解为系统中的挖掘代理程序，根据生成子系统产生的规则按照一定的策略对数据进行分类预测，通过系统的任务计划对数据产生评估指标。

数据挖掘过程包括对问题的理解和提出、数据收集、数据处理、数据变换、数据挖掘、模式评估、知识表示等过程，以上的过程不是一次完成的，其中某些步骤或者全过程可能要反复进行。

(1) 对问题的理解和提出：在开始数据挖掘之前，最基础的工作就是理解数据和实际的业务问题，在这个基础之上提出问题，对目标做出明确的定义。

(2) 数据收集：广泛收集用户的各种信息，建立数据库与数据表，为数据挖掘做准备。

(3) 数据处理：对收集的信息进行详细分析并处理，确保数据能够真实反映待要挖掘的对象。

(4) 数据变换：将经过处理的数据进行一定的格式转换，使其适应数据挖掘系统或挖掘软件的处理要求。

(5) 数据挖掘：可以单独利用也可以综合利用各种数据挖掘方法对数据进行分析，挖掘用户所需要的各种规则、趋势、类别、模型等。

(6) 模式评估：对发现的规则、趋势、类别、模型进行评估，从而保证发现的模式的正确性。

(7) 知识表示：将挖掘结果以可视化的形式展现在用户面前。

整个数据挖掘过程可以如图 11-4 所示。

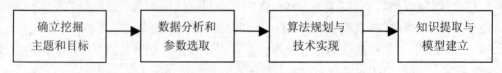

图 11-4　数据挖掘过程

2. 数据挖掘和建构主义学习的统一

(1) 数据挖掘实现了建构主义所追求的高级学习目标。

DM 是如何工作的？它又是如何告诉使用者不知道和将要发生的事情？这种技术就是"建模"(Modeling)。建模就是在一个情境中建立一个模型的行为，使用者可以把这个模型应用到另外一个不知解的情境中去。建模实际上就是实现了建构主义的知识建构目标。

通过数据挖掘可以提取各种数据特征，并最终形成模型，可以把该模型应用到相似的情境中，从而进行预测。建构主义者把学习分为初级学习和高级学习，初级学习是学习中的低级阶段，它要求学习者了解一些概念、把握一些事实；而高级学习则与此不同，它更倾向于要求学习者掌握各种概念及事实之间的一些复杂联系，要把各种信息提炼成有用的知识，并能广泛而灵活地运用到具体的情境中去，这正是建构主义学习理论强调的"意义建构"的内涵。通常，面对浩瀚的信息，我们使用"数据查询"工具进行数据检索，编者认为，通过数据查询只能完成初级学习，要想实现高级学习，即发现隐形的规律，仅用数据查询是远远不够的，我们需要一种知识发现技术——数据挖掘技术。在数据挖掘系统的帮助下，学习者可以系统地找到各种规律，并能应用到新的学习情境中去。上述初级学习和数据查询、高级学习和数据挖掘之间的关系，可以用图 11-5 来描述。

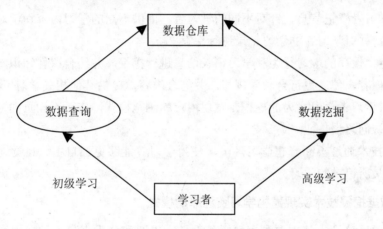

图 11-5　高级学习和数据挖掘之间的关系示意图

(2) 数据挖掘实现了建构主义学习所需要的途径。

建构主义主张为学习者创设具体的学习情境，让学习者对同一学习内容从不同角度、不同侧面、不同时间入手进行多次学习，这样可以把握问题的不同层面，可以更好地形成对问题的深层次理解和解决。数据挖掘技术恰恰可以使学习者形成一种更深刻、更直觉的数据理解。它用一种可视化的手段，将信息模式、数据之间的关联以及各种发展趋势用直观的图形呈现给学习者，使学习者能更加清晰明了地分析数据，并且通过人机合力，可以加速学习进度。有些数据挖掘技术还具有多维立体分析处理能力，对所有数据的各种关系都能进行详尽分析，这样可以更加激发学习者的积极性和创造性。

(3) 数据挖掘技术为网络中的建构式学习者重组个性化的学习环境。

数据挖掘基于网络的应用包括 Web 挖掘和个性化、智能化网上远程教育两个方面。Web 挖掘是数据挖掘的一项重要应用。Web 挖掘是从与 WWW 相关的资源和行为中抽取感兴趣的、有用的模式和隐含信息的过程。WWW 分析就是为网站运行提供深入、准确、详细的分析数据和有价值的以及易理解的分析知识。通过提供这些数据和信息，可以解决以下问题。

① 对网站的修改更加有目的、有依据，稳步地提高用户满意度。根据用户访问模式修

改网页之间的链接，把用户想要的信息以更快、更有效的方式展现给用户。

② 查看网站流量模式。发现用户的需要和兴趣，对需求强烈的网页提供优化，用服务器预先存储的方法来解决下载缓慢的问题。

③ 提供个性化网站。针对不同的用户，按照其个人的兴趣和爱好(数据挖掘算法得到的用户访问模式)，向用户动态提供浏览的建议，自动提供个性化的网站。

④ 发现系统性能瓶颈，找到安全漏洞。

⑤ 为教师、教育管理者等提供重要的、有价值的信息。如通过对每个学生所做的试题进行分析，得出题目之间的关联性及其他一些有用的信息，用来指导教学、修正试题难度系数等。

个性化、智能化网上远程教育是充分利用数据挖掘技术的功能，为远程教育提供服务。其表现在以下几个方面。

① 利用学习者登记信息，针对不同的学习者，提供不同的学习内容和学习模式，真正做到因材施教，并对学习者的学习记录进行保存。

② 对站点上保存的学习行为和学习记录信息进行挖掘，并结合课件知识库的信息，自动重组课程的内容，使之更符合教学规律，并结合内容，提供其他相关学习资源。

③ 通过对学习者学习行为的挖掘，发现用户的浏览模式，自动重构页面之间的链接，以符合用户的访问习惯。

数据挖掘技术通过不断修正学习环境，使得学习者能够更加自主、自觉地进行学习，这正是建构主义所追求的学习方式。

3. 应用数据挖掘技术实现建构学习资源库的模式

在信息资源库建设中，主要利用数据挖掘技术提取和分析来自各种数据源中的信息和数据，发现有用信息，揭示各知识点之间的联系和隐藏于背后的学习规律，为学习者高效、准确的做出决策提供帮助。同时，通过更系统、更直观的知识呈现和及时的学习反馈，使学习者能自主地对学习过程进行有效监控。

整个系统的建设依据上述的资源库设计原则，同时以各种能够激发学习者学习的理论(尤其是建构主义学习理论)为基础，以培养学习者自主学习能力为主要目标。在具体实现上由学习者、学习分析库、学习策略库、知识领域库和数据挖掘中心五部分组成，如图 11-6 所示。

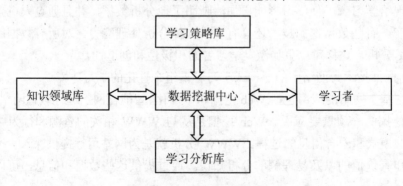

图 11-6 数据挖掘技术实现建构学习资源库的模式

数据挖掘中心在这里扮演着大脑的角色，是整个系统的核心组件，有效地连接起其他各部分，并控制着各部分之间的信息数据的交流和转换。

下面以数据挖掘中心为主体，详细介绍一下系统是如何有效地整合在一起的。由前文介绍的数据挖掘过程可知，数据挖掘中心的体系框架由三部分构成：信息数据准备区、建模挖掘区、学习结果解释评价区。然而，在实际应用中，这三部分并没有明显的界限(就如数据挖掘过程并没有明显的界限一样)，因为整个过程其实就是学习者个体主动实现知识的有意义建构的过程。从信息数据准备区的知识提取到建模挖掘区的知识分析，再到学习结果解释评价区的知识呈现，学习者可依据自身的特点和学习风格选择各种适合自主学习的学习策略，通过及时提供反馈，返回到前面任何一个环节。这是一个反复循环、不断试验的过程，直到学习者对学习结果满意为止，如图 11-7 所示。

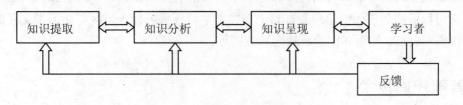

图 11-7 整个学习过程模式示意图

1) 信息数据准备区

信息数据准备区是数据挖掘过程中的一个重要环节。如果信息数据准备区的工作做得好，挖掘的数据质量高，那么对学习者个体的学习特征以及对学习结果的解释和评价也就越真实可靠，同时也能向学习者提供更系统、更科学合理的知识结构。准备的数据主要包含两大方面：学习者信息数据和学习资源数据。对学习者信息数据从个性特点、能力特点、认知发展水平、原有知识水平、学习动机、兴趣和态度等多个维度进行抽取和清洗，这里面既包含了学习者内在相对稳定的特征信息，又兼顾了随时间和空间而不断变化的阶段性信息数据。对学习资源数据的筛选和划分应该按主题和知识点来进行。将各种学习问题归纳为不同的学习专题，能提高学习者解决问题的实际能力，便于知识的理解和转化。而知识点是原子化的知识单元，它是一块块不可再分的模块，这便于知识内容的重组和扩展。知识点和知识点之间通过知识链连接成一个网络，从而可以将广义型知识、特征型知识、差异型知识、关联型知识、预测型知识和偏离型知识相互连接。

2) 建模挖掘区

建模挖掘区是智能的和自动化的，主要根据从信息数据准备区提取出的比较系统的数据信息，通过一定算法和数理统计技术、人工智能技术等相关技术，对数据进行分析，挖掘出数据之间内在的联系和潜在的规律，为学习者提供学习策略指导和学习结果评价。这是学习模型和学习策略被从各种有效数据中抽象出来的过程，属于数据挖掘的高级阶段。模型的建立过程主要是选择一定的挖掘算法来处理数据，它需要考察不同已有的模型以判断哪个对问题最有效。为了保证得到的模型具有较好的精确度，还需要一个定义完善的训练——验证过程，有时也称此过程为带指导的学习。它的主要思想就是先用一部分数据建立模型，然后再用剩下的数据来测试和验证这个得到的模型。这一分析过程需要具备一定的知识背景和专业技术，各种数据参数的选取和技术的合理运用直接影响到整个学习过程的效率和准确性。

3) 学习结果解释评价区

学习结果解释评价区是学习者与数据挖掘系统进行交互的接口，属于用户界面。它包括学习内容呈现和学习结果评价与验证两大部分。学习内容呈现将发现的知识以结构化的、易于理解的形式展示给学习者，学习者可以自由选择不同形式，从不同学习情景、不同角度解决同一问题，同时也可主动参与到学习形式、学习情景的创建中去。学习结果评价与验证对模型的可靠性和实用性进行评估，并在理解模型的基础上调整和改进模型。它还对学习者的整体学习结果和个体学习者进行评价，使学习者可以更好地对学习进行有效监控。这里特别强调学习结果解释评价区非常重视学习者的交互和反馈。学习者如果对最后结果不满意，可以返回到前面的每一步，自由调控。学习结果解释评价区与学习者交互的主要形式有报表和表格、图形和图像、概念和规则等。

五、智能代理技术

1. 什么是智能代理

智能代理，即 Intelligent Agent，又称智能体，是人工智能研究的新成果，它是在用户没有明确具体要求的情况下，根据用户需要，代替用户进行各种复杂的工作，如信息查询、筛选及管理，并能推测用户的意图，自主制定、调整和执行工作计划。广义的智能代理包括人类、物理世界中的机器人和信息世界中的软件机器人；狭义的智能代理则专指信息世界中的软件机器人，它是以主动服务方式自动完成一组操作的机动计算程序！"主动"包含下面两层意思。

(1) 主动适应。即在完成操作过程中，可自动获得关于操作对象的知识以及关于用户意图和偏好的知识，并在以后操作中加以利用。

(2) 主动代理。即无须用户发出指令，只要当前状态符合某种条件就可代表用户执行相应操作。代理是当前计算机科学领域中的一个重要概念，已被广泛应用于 AI(人工智能)、分布计算、计算机支持协同工作、人机界面等计算机科学领域。代理的含义通常依赖于具体的研究领域并随应用环境的不同而不同。

智能代理技术一般具有以下特征。

1) 代理性(Action On Behalf Others)

代理具有代表他人的能力，即它们都代表用户工作。这是代理的第一特征。

2) 自制性(Autonomy)

一个代理是一个独立的计算实体，具有不同程度的自制能力。它能在非事先规划、动态的环境中解决实际问题，在没有用户参与的情况下，独立发现和索取符合用户需要的资源、服务等。

3) 主动性(Proactivity)

代理能够遵循承诺采取主动，表现面向目标的行为。例如，Internet 上的代理可以漫游全网，为用户收集信息，并将信息提交给用户。

4）反应性(Reactivity)

代理能感知环境，并对环境做出适当的反应。

5）社会性(Social Ability)

代理具有一定的社会性，即它们可能同代理代表的用户、资源、其他代理进行交流。

6）智能性(Intelligence)

代理具有一定程度的智能，包括推理到自学习等一系列的智能行为。代理一定程度上可能表现其他的属性。

7）合作性(Callaboration)

更高级的代理可以与其他代理分工合作，共同完成单个代理无法完成的任务。

8）移动性(Mobility)

代理具有移动的能力，为完成任务，可以从一个节点移动到另一个节点。比如访问远程资源、转移到环境适合的节点进行工作等。还有诚实性、顺从性、理智性等。由于 Agent 的特性，基于 Agent 的系统应是一个集灵活性、智能性、可扩展性、鲁棒性、组织性等诸多优点于一身的高级系统。

2. 智能代理技术在网络资源库开发中的应用

在网络资源库的开发中应用智能代理技术的具体含义是：作为教师代理，它可以实现对学习者有针对性的帮助、辅导，做到因材施教；作为学生代理，则可充当学习者的学习伙伴，与学习者进行平等的讨论、交流；还可作为秘书代理，帮助学习者到有关资源站点去查找和搜集与当前学习内容有关的资料，或是帮助学习者处理日常事务(如收、发电子邮件，提示应交作业，提醒复习、备考等)。总之，智能代理技术在教或学的过程中均大有用武之地，与过去的智能辅助教学相比，在智能化方面更灵活、更多样化。

(1) 网络资源库作为一个服务应用系统，其体系结构应该包括以下三个方面。

① 资源库：包括多媒体素材库、课件库以及试题库。这些数据以约定的方式组织起来，供教学交互系统使用。每个库都定义好数据保存的格式、建立高效的索引，为在网上进行方便的资源共享打好基础。

② 支持平台：提供教师上传或下载素材的界面、教师上传课件的界面，及学生下载的界面。

③ 应用系统：提供学生与教师用于教学用的交互式界面，包括保证安全的身份验证、课件的点播、各种实时的交互方式等。

(2) 网络资源库开发中的智能代理主要在下面三方面发挥作用，即教学分析、信息过滤、协作学习。

① 教学分析。网络资源中的教学分析是智能代理的主要作用，它通过对学生学习行为的分析，智能地解决学生在学习过程中遇到的问题，并给出具体指导，协助学生自主完成学习任务。利用具备教学分析功能的智能代理，学生可以像询问一位自己身边有经验的老师一样，提出自己的问题。而代理则通过查询自身知识库，将正确回答呈现给学生。基于

网络的智能教学系统可以实现虚拟老师指导学生的学习；同时还可以主动推理学习者的学习状态，推荐适合学习者学习特征的学习材料等。

② 信息过滤和信息推荐。网络教学资源中的智能代理系统应该具备网络信息过滤和信息推荐功能。在使用网络教学资源中，学习者往往会迷失于网络的信息海洋里，不仅浪费学习者的学习时间，而且也不利于学习者的针对性学习。使用代理的信息过滤和信息推荐功能可以避免此种情况的出现。在组织和链入中，首先应确定用户兴趣范围，其将会自动在网络中寻找对学习者学习过程有帮助的数据信息，经过信息搜索后提供给用户一个范围，以方便用户迅速进入包含有用信息的页面，与此同时，对于一些含有有害、危险信息的网页，信息过滤代理会对其进行有效屏蔽。在不断的校正中，信息过滤代理达到对用户概念的理解与细化，最终可有效地帮助用户找到所需信息。

③ 协作学习。在组织、设计网络资源时，智能代理可以作为教学的指导者、管理者，还可以作为学习者的伙伴，协助学习者完成学习。

3. 基于 Agent 的网络教学的两种模式

随着网络教育研究的不断深入，原有的教育理论有了新的发展。认知理论、建构主义等教学理论被引入网络教育中，各种教学方法层出不穷。但一些教育的理论由于技术的原因，没有转化为教育行为。目前的网络教育课程很大程度上是把传统的教育课程搬到了网上，原有的教育体系中一些好的方面没有被继承和发扬。在网络教学中，教学方式单一，教学内容没有很好的针对性，对于学生的关心程度几乎为零。Agent 技术的引入，有望较好地解决这些存在的问题。针对教学内容和教学条件的差异，可以设计基于 Agent 的网络教学的两种模式——集中模式与分布模式。

1) 分布式(如图 11-8 所示)

本模式把整个教学分成三个层次，分别为监督指导层、资源层、学习层，通过 Internet或局域网连成整体。监督层的主要作用是监督学习者的学习情况，并对整个教学资源和过程作宏观的调控；资源层为学生的学习和教师的工作提供相应的资源保障；学习层主要为学习者建立一个良好的学习资源和环境。

下面介绍各个 Agent 及相关部分的功用和相互的关系。

(1) 教师或指导 Agent：这是教师与整个教学体系的接口。通过这个 Agent，教师或其他的指导人员可以较好地实现与整个教学系统的交互，对教学的过程进行相关的指导和监控。Agent 可以主动地从学生特征数据库中获得各个学习者相关学习情况的纪录，了解各个学习者的学习状况，通过监控某个学生的控制 Agent 和讨论 Agent，对相关学习者作有针对性的指导，并对总资源 Agent 中的学科专业知识库进行干预和调整。

(2) 管理 Agent：主要是对整个教学情况作宏观的调控。Agent 主动获得其他 Agent 的数据和资料，并自动地生成相关的管理数据，如学习者的学习时间、地区分布、学习者水平统计、教师工作统计等，协助管理者进行有效而快速的反应。

(3) 总资源 Agent：是专业知识的资料库和主动收集者，能对每一个学习者提供本专业的最大的资源数据，有相关的课程或课程框架(指包含教学过程、教学方法、教书步骤等，而没有教学的具体内容)可供课程生成 Agent 选择。根据教师的干预和学生的反应对本身的知识库进行主动的调整和扩充，主动从网络上获取相关的信息，重组成为更有意义的知识。

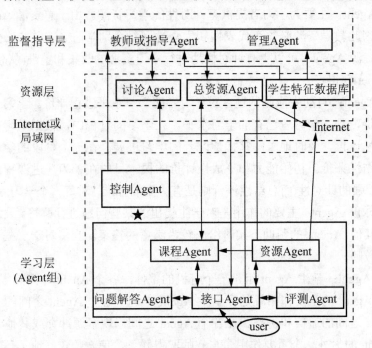

图 11-8　基于 Agent 分布式网络教学模式示意图

(4) 学生特征数据库：记录每一个学习的特征。这些特征主要包括基本特征和学习特征。基本特征主要是学习者的基本个人资料，如姓名、年龄、学号等；学习特征则是对学习者学习情况的记录，包括学习的时间、次数、内容、学习的水平(初始水平、目前水平)、学习者学习能力级别等一系列的学习状况。这些数据通过每一个学生的接口 Agent 获得。此数据库是进行教学工作的出发点。

(5) 讨论 Agent：为学习者的相互协助和讨论提供了一个场所，Agent 对讨论的内容进行自主记录、统计，对一些较普遍问题进行汇总，并就这些问题组织主题讨论。这也是教师了解学生、指导学生的一个重要手段。教师可以在一个公平、平等的地位与学生进行交流，从而了解一些学生的普遍问题，并根据这些问题可以对教学资源和过程进行调整。

(6) 接口 Agent：是学习者与整个教学体系的接口。提供人性化的交互界面，完成学习者与整个教学体系的交互。对学习者的特征(如学习内容、学习时间分布，甚至于学习的方式、动机等)进行分析记录，对学习者的要求进行分类，并传递给相关的 Agent。总之，此 Agent 是学习者和教学系统的桥梁。其他的 Agent 通过这个 Agent 获得学习者的特征。

(7) 课程 Agent：结合学习者的特征(初始水平、能力、学习中遇到的难点等)以及学习者本身的意愿，从总资源 Agent 中主动取得相关的课程，对其中的内容进行与学习者特征相符合的重组。或者从总资源 Agent 取得课程框架，从资源 Agent(包括总资源和学生个人的资源)中获得教学的内容和相关的资料，生成适合学习者的教学课程(或叫教学程序)。随着教学过程的进行，根据学习者学习进度和效果调整课程内容和方式。另外一个重要的作用是调节学习的进度，对学习某段内容的课程有一个最大的学习时间限制，以保证学习者在一个最大允许时间范围内完成对整个课程的学习。

(8) 资源 Agent：主要为学习者提供有针对性的学习资源。由于总资源 Agent 是针对所有的学习者，因此教学资源必须有代表性和大众性，对个别学习者的关心必然降低。引入学习者个人的资源 Agent，可以更有针对性地进行学习资源的收集和整理(从总 Agent 获得，或直接从 Internet 获得)。

(9) 评测 Agent：自动生成测试题，对学习者的学习水平进行评价。学习开始前，进行初始能力的评价，判定学习者已有的学习水平。在学习的过程中，根据学习内容的记录、组卷进行形成性评价，及时地了解掌握学习者的学习进展。在一个阶段的学习完成以后，进行客观的总结性评价。初始能力和形成性评价的根本目的在于为改进课程的模式和内容提供依据，有较强的针对性;而总结性评价则是有客观的标准，对每一个学习者都是公平的。

(10) 问题求解 Agent：主要的作用是对学生提出的某些问题进行解答。要求智能化的程度较高，能在其他 Agent 的帮助下实时给出较为满意的答案。当然对于一些无法回答的问题可以求助于教师。

(11) 控制 Agent：学生 Agent 组是一个有机的整体，各个 Agent 之间有很强的联系性、协助性，控制 Agent 的主要作用就是在学生 Agent 中调节各个 Agent 之间的关系，并维护管理各个 Agent 之间的通信和协作。在各个 Agent 之间出现资源冲突或其他矛盾时予以化解。控制 Agent 的另外一个重要作用是与教师取得联系，使教师较好地了解学生的学习进展情况。

2) 集中式(如图 11-9 所示)

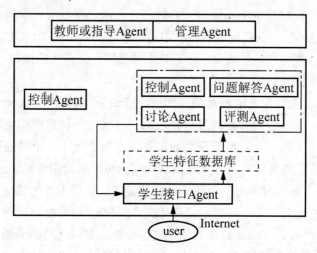

图 11-9　基于 Agent 集中式网络教学模式示意图

本模式各个部分的功用与分布式基本相同，不同之处在于所有的 Agent 都是共享的。这样做的好处在于学习者不依赖于某一个特定的机子，可以在任何一台接入 Internet 的计算机上学习。

3) 两种模式的比较

(1) 运行方式。

分布式模式需要用户在使用以前下载(或者通过其他的介质)并安装用户端的程序,需要固定的机器,而集中式则就不必。分布式模式把程序的运行任务分摊到各个用户机上,从而加强了整个教学体系的处理能力,这样做的好处在于,可以更好地实现 Agent 的智能性,使每一个学习者的特征都得到足够的重视,每一个学习者的 Agent 都有很强的针对性;而集中式则在实现智能性的同时强调学习的方便,对学习者学习环境的要求较低,但由于服务器运行能力的限制,Agent 的智能性必然受到一定的限制,对每一个学习者的关注程度有一定的下降。

(2) 运用领域。

由于两种模式在物理上的差异,两者都有其自身的特长和不足,对于不同的情况就要求采用不同的模式。分布式更适合于规模较大、系统性较强、用户条件较好的课程。比如说目前各个大学开展的网络课程,课程有规模,而且学习者一般都有其独立的计算机,就可以采用这种模式。而分布式的模式则更适合于短期的培训。该模式中课程变动的灵活性更强,比如说各个公司所作的各种培训、在假期中对中小学教师的短期培训等。

本 章 小 结

基于 Web 的网络环境在发展的同时,也会为推动网络教育发展带来契机。目前,其开发网络教育应用的主流技术有:动态 Web 网页技术、流媒体技术、虚拟现实技术、数据挖掘技术、智能代理技术。

【思考与练习】

1. 我国的网络教育现状如何?试举例说明。

2. 新的网络环境给网络教育带来了哪些冲击?

3. 简述网络教育应用的开发的新技术。

4. 试举例说明流媒体技术在现实中的应用。

【推荐阅读】

1. 黄解军. 数据挖掘的体系框架研究[J]. 计算机应用研究,2003(5): 1-3.

2. 祝智庭. 网络教育应用教程[M]. 北京: 北京师范大学出版社,2001.

3. 耿浩. 智能代理技术在 CAI 系统中的应用[J]. 计算机仿真,2007(12): 303-305.

4. 陈建伟. ASP 动态网站开发教程[M]. 北京: 清华大学出版社,2005.

5. http://hi.baidu.com/liujiaoling584/blog/item/e2b52adbb6303d66d1164e2f.html.

6. http://www.lib.tsinghua.edu.cn/chinese/INTERNET/JavaScript/.

7. http://www.hongen.com/pc/homepage/applet/.

8. http://www.hongen.com/pc/homepage/flash/fla101.htm.

9. http://baike.baidu.com/view/32614.htm.

10. http://baike.baidu.com/view/3387.htm.

11. http://zhidao.baidu.com/question/33508255.html.

12. http://baike.baidu.com/view/276562.htm.

13. http://zhidao.baidu.com/question/14952997.html.

14. http://iask.sina.com.cn/b/7910725.html?from=related.

参 考 文 献

1. 黎军. 网络教育学的理论与实践[M]. 北京：中国人民大学出版社，2006.

2. 黎军. 网络学习概论[M]. 上海：上海人民出版社，2006.

3. 黎军. 甘青宁民族地区现代远程教育[M]，北京：民族出版社，2004.

4. 丁兴富. 远程教育学[M]. 北京：北京师范大学出版社，2001.

5. 何克抗. 李文光. 教育技术学[M]. 北京：北京师范大学出版社，2002.

6. 祝智庭. 教师教育网络课程的设计策略[J]. 中国远程教育，2000(12)：25-27.

7. 何克抗. 教学系统设计[M]. 北京：北京师范大学出版社，2002.

8. 黄荣怀. 第六届全球华人计算机教育应用大会论文集(上下册)[C]. 北京：中央广播电视大学出版社，2002.

9. 程智. 网络教育基础[M]. 北京：人民邮电出版社，2002.

10. 丁刚. 创新：新世纪的教育使命[M]. 北京：教育科学出版社，2000：44-55.

11. 陈志荣. 实用计算机网络技术教程[M]. 北京：电子工业出版社，2001.

12. 胡道元. 计算机网络[M]. 北京：清华大学出版社，1999.

13. 骆耀祖. 计算机网络实用教程[M]. 北京：机械工业出版社，2005.

14. 聂真理，李秀琴，李啸. 计算机网络基础教程[M]. 北京：北京工业大学出版社，2005.

15. 张剑平，杨传斌. Internet 与网络教育应用[M]. 北京：科学出版社，2002.

16. 王以宁. 网络教育应用[M]. 北京：高等教育出版社，2003.

17. 祝智庭. 网络教育应用教程[M]. 北京：北京师范大学出版社，2001.

18. 陈建伟. ASP 动态网站开发教程[M]. 北京：清华大学出版社，2005.

19. 黄解军. 数据挖掘的体系框架研究[J]. 计算机应用研究，2003(5)：1-3.

20. 胡德海. 教育学原理[M]. 兰州：甘肃教育出版社，1998.

21. 谢新观. 远程教育概论[M]. 北京：中央广播电视大学出版社，2000.

22. [英]安东尼·吉登斯. 社会学(第4版)[M]. 北京：北京大学出版社，2003.

23. 曼纽尔·卡斯特. 网络社会的崛起[M]. 北京：社会科学文献出版社，2003.

24. 施良方. 课程理论：课程的基础、原理与问题[M]. 北京：教育科学出版社，1996.

25. 唐清安，韩平. 网络课程的设计与实践[M]. 北京：人民邮电出版社，2003.

26. 武法提. 网络教育应用[M]. 北京：高等教育出版社，2003.

27. 熊亚蒙. 略论我国网络教育资源的建设问题[J]. 高等函授学报(自然科学版)，2006(10)：14-15.

28. 冯博琴. 计算机网络[M]. 北京：高等教育出版社，1999.

29. 陈金龙. 网络教育概论[M]. 北京：科学出版社，2003.

30. 吴弘. 计算机信息网络法律问题研究[M]. 北京：立信会计出版社，2001.

31. 薛虹. 网络时代的知识产权法[M]. 北京：法律出版社，2000.

32. 万新恒. 信息化校园：大学的革命[M]. 北京：北京大学出版社，2000.

33. 文军. 网络阴影：问题与对策[M]. 贵阳：贵州人民出版社，2002.

34. 李宝元. 人力资本与经济发展[M]. 北京：北京师范大学出版社，2000.

35. 王正东. 关于远程教育学学科建设的若干理论思考[J]. 现代远距离教育，2001(2).

36. 教育部现代远程教育资源建设委员会. 现代远程教育资源建设技术规范[S], 2000(5).

37. 马颖峰. 网络课程开发的问题与对策[J]. 天津电大学报, 2001(3): 19-21.

38. 吴沁. 学习学概论[M]. 长春: 东北师范大学出版社, 2000.

39. 王松涛. 论网络学习[J]. 教育研究, 2000(3): 58-61.

40. 刘学兰, 刘鸣. 网络学习与人的主体性发展[J]. 华南师范大学学报(社会科学版), 2004(10): 129-160.

41. 张丽丽, 潘俊. 网络化学习必将成为终身教育过程的主要学习方式[J]. 黑龙江教育学院学报, 2004(1): 53-54.

42. 王宇飞, 孔维宏. 浅谈网络教育环境下的个别化学习和协作学习[J]. 现代远距离教育, 2004(1): 52-54.

43. 樊泽恒. 有效开展网络化学习的五自原则[J]. 江苏高教, 2004(3): 94-96.

44. 赵海霞. 基于网络的协作式自主学习模式研究[J]. 电化教育研究, 2004(2): 44-47.

45. 徐红彩, 冯秀琪. 基于网络的研究性学习模式初探[J]. 中国电化教育, 2002(7): 30-32.

46. 李岩. 实施多元评价提升信息素养[J]. 宁夏教育, 2004(4): 55-56.

47. 曹卫真. 网络化学习评价的理论思考[J]. 中国电化教育, 2002(9): 56-59.

48. 黄瑞华, 贾文中. 信息立法初探[J]. 中国信息导报, 1996(3): 13-15.

49. 闻海. 加强信息法律建设, 推进我国信息产业发展[J]. 政治与法律, 1998(6): 25-29.

50. 韩嘉玲. 西部开发应在基础教育上加大投入[J]. 民族教育研究, 2000(2).

51. 发展博士论坛[C]. 北京: 民族出版社, 2001: 114~116.

52. 南洋商报. 教育投资与回报[N]. 世界教育信息, 2000(8): 10.

53. 郭晓玲. 谈高校远程教育系统模式的构成[J]. 中国电化教育, 1999(9): 52-53.

54. 陈向东. 一种新的教育网站评价方法链接分析[J]. 中国电化教育, 2007(7): 64-67.

55. 胡小勇, 祝智庭. 网络教育资源整合的技术观[J]. 中国远程教育, 2002(10): 53-55.

56. 余胜泉, 何克抗. 网络教学平台的体系结构与功能[J]. 中国电化教育, 2001(8): 60-63.

57. 余胜泉. 典型教学支撑平台的介绍[J]. 中国远程教育, 2001(2): 57-61.

58. 白静. 我国网络教育平台现状[J]. 第四军医大学学报, 2002(23): 91-93.

59. 赖德生, 吴旭峰. 网络教育支撑平台结构与设计开发原则模式[J]. 中国远程教育, 2003(3): 62-65.

60. 程建钢, 韩锡斌. 清华教育在线网络教育支撑平台的研究与设计[J]. 中国远程教育, 2002 (23): 56-60.

61. 周雪梅. 谈谈校园网建设[J]. 科技资讯, 2006, (17): 170.

62. 张元丰. 关于数字化校园建设的设想[J]. 现代电子技术, 2003(10): 35-36.

63. 沈曙明. 校园信息网的建设与应用[J]. 教育信息化, 2004(10): 16-17.

64. 查道贵. 校园网设计与建设[J]. 宿州学院学报, 2006(04): 82-84.

65. 范正薇. 高等学校怎样建立完善校园网[J]. 湖北广播电视大学学报, 2000(3): 63-64.

66. 王耀武, 余胜泉. 城域教育网的设计与实施[J]. 中小学信息技术教育, 2002(5): 45-48.

67. 李灯熬. 城域教育网建设的重要意义[J]. 山西教育, 2002(02): 16-17.

68. 杜兴义. 城域教育网建设过程中应注意的问题[J]. 人民教育, 2001(12): 44-46.

69. 郑永柏. 城域教育网: 教育信息化的新阶段[J]. 中国远程教育, 2001(08): 69-72.

70. 董杰. 浅谈我国网络教育的现状和发展前景[J]. 成都电子机械高等专科学校学报, 2005(3): 45-48.

71. 张力. 新的网络环境下网络教育发展趋势及实施方法[J]. 电化教育研究, 2006(10): 33-37.

72. 耿浩. 智能代理技术在 CAI 系统中的应用[J]. 计算机仿真, 2007(12): 303-305.

73. 朱萍. 智能代理技术在课件资源库开发中的应用[J]. 大众科技, 2005(9): 85-86.

74. 彭玉青，等. 数据挖掘技术及其在教学中的应用[J]. 河北科技大学学报，2001(4)：21-29.

75. 文孟飞，徐峥立，阳春华. 基于智能代理技术的远程开放网络教学系统[J]. 中国电化教育，2006(1)：89-92.

76. http://it. nku. cn/netlab/resource/home_resource. htm(计算机网络教学支持网站).

77. http://www. ddvip. net/(豆豆技术网).

78. http://www. edu. cn/(中国教育科研网).

79. http://www. qiexing. com/post/jiaoyujishu-lunwen-zongshu1. html.

80. http://news. xinhuanet. com/newmedia/2004-11/17/content_2228652. htm.

81. Sousa M S，Mattoso M L Q，Ebecken N F F. Data Mining：a Database Perspective[M]. Riode Janeiro: COPPE. 1998.

82. Paul Catherall. Delivering E-Learning for Information Services in Higher Education[M]. Oxford: Chandos Publishing，2005.7.

83. http://www. cnnic. com. cn1.

84. http://www. chinalaw. net/owa.

85. Garrison D R，Terry Anderson. E-Learning in the 21st Century：A Framework for Research and Practice[M]. London: RoutledgeFalmer(Taylor & Francis Group)，2003.

86. Vreeland R C. Law libraries in hyperspace： a citation analysis of World Wide Web sites[J]. Law library Journal，2002.

读者回执卡

欢迎您立即填妥回函

您好！感谢您购买本书，请您抽出宝贵的时间填写这份回执卡，并将此页剪下寄回我公司读者服务部。我们会在以后的工作中充分考虑您的意见和建议，并将您的信息加入公司的客户档案中，以便向您提供全程的一体化服务。您享有的权益：

★ 免费获得我公司的新书资料；

★ 寻求解答阅读中遇到的问题；

★ 免费参加我公司组织的技术交流会及讲座；

★ 可参加不定期的促销活动，免费获取赠品；

读者基本资料

姓　　名_____　性　别 □男　　□女　　年　　龄_____

电　　话_____　职　业_____　文化程度_____

E-mail_____　邮　编_____

通讯地址_____

请在您认可处打√ （6至10题可多选）

1、您购买的图书名称是什么：_____

2、您在何处购买的此书：_____

3、您对电脑的掌握程度：　　□不懂　　　　　□基本掌握　　　□熟练应用　　　□精通某一领域

4、您学习此书的主要目的是：□工作需要　　　□个人爱好　　　□获得证书

5、您希望通过学习达到何种程度：□基本掌握　　□熟练应用　　　□专业水平

6、您想学习的其他电脑知识有：□电脑入门　　　□操作系统　　　□办公软件　　　□多媒体设计

　　　　　　　　　　　　　　　□编程知识　　　□图像设计　　　□网页设计　　　□互联网知识

7、影响您购买图书的因素：　　□书名　　　　　□作者　　　　　□出版机构　　　□印刷、装帧质量

　　　　　　　　　　　　　　　□内容简介　　　□网络宣传　　　□图书定价　　　□书店宣传

　　　　　　　　　　　　　　　□封面，插图及版式　□知名作家（学者）的推荐或书评　□其他

8、您比较喜欢哪些形式的学习方式：□看图书　　　□上网学习　　　□用教学光盘　　□参加培训班

9、您可以接受的图书的价格是：□20元以内　　□30元以内　　　□50元以内　　　□100元以内

10、您从何处获知本公司产品信息：□报纸、杂志　□广播、电视　　□同事或朋友推荐　□网站

11、您对本书的满意度：　　　　□很满意　　　□较满意　　　　□一般　　　　　□不满意

12、您对我们的建议：_____

技术支持与资源下载：http://www.tup.com.cn　http://www.wenyuan.com.cn

读 者 服 务 邮 箱：service@wenyuan.com.cn

邮　购　电　话：(010)62791865　(010)62791863　(010)62792097-220

组　稿　编　辑：孙兴芳

投　稿　电　话：(010)62788562-311　13810495417

投　稿　邮　箱：yuyu_fang@163.com